教育部中等职业教育改革创新示范教材
机电类专业教学用书

传感器与PLC应用技术

主　编　李兴莲
参　编　袁　琳
主　审　朱劲松

机械工业出版社

本书是经过出版社初审、申报，由教育部专家组评审、教材遴选工作领导小组审定确定的首批“教育部中等职业教育改革创新示范教材”。教材以常用传感器和PLC实验箱为载体，秉承“任务引领，工作过程导向”的职业教育教学理念，设置了认识传感器、使用传感器、认识PLC、PLC的外部接线、PLC编程软件、三相异步电动机的PLC控制、按一定规律变化的灯的PLC控制、液体自动混合装置的PLC控制、自动送料装车系统的PLC控制、机械手搬运系统的PLC控制、传送带输送机系统的PLC控制，共11个训练项目，每个训练项目中又包含多个工作任务，让读者在完成这些工作任务的过程中，掌握项目要领。在项目任务完成后，每个项目后面还有总结提高、评价反思，进一步拓宽拓深，最终学会使用各类传感器和各类PLC控制程序的编写。

本书可作为五年制高职及三年制中职中专学校机电类、电气类和电子类专业的专业课教材，也可供相关岗位技术人员参考。

本书配有电子教案，选用本书作为授课用书的教师可登录www.cmpedu.com网站进行注册、免费下载。书后附注册及下载流程说明。

图书在版编目（CIP）数据

传感器与PLC应用技术/李兴莲主编.—北京：机械工业出版社，2011.5（2026.1重印）
教育部中等职业教育改革创新示范教材　机电类专业教学用书
ISBN 978-7-111-34089-8

Ⅰ.①传…　Ⅱ.①李…　Ⅲ.①传感器—高等职业教育—教材②可编程序控制器—高等职业教育—教材　Ⅳ.①TP212②TP332.3

中国版本图书馆CIP数据核字（2011）第062040号

机械工业出版社（北京市百万庄大街22号　邮政编码100037）
策划编辑：高　倩　　责任编辑：高　倩　张利萍
责任校对：闫玥红　　责任印制：单爱军
封面设计：路恩中

北京盛通数码印刷有限公司印刷

2026年1月第1版第14次印刷
184mm×260mm·13.25印张·310千字
标准书号：ISBN 978-7-111-34089-8
定价：34.00元

凡购本书，如有缺页、倒页、脱页，由本社发行部调换
电话服务　　　　　　　　网络服务
服务咨询热线：010-88379833　　机 工 官 网：www.cmpbook.com
读者购书热线：010-88379649　　机 工 官 博：weibo.com/cmp1952
　　　　　　　　　　　　教育服务网：www.cmpedu.com
封面无防伪标均为盗版　　金 书 网：www.golden-book.com

前　言

本书是经过出版社初审、申报，由教育部专家组评审、教材遴选工作领导小组审定确定的首批“教育部中等职业教育改革创新示范教材”。

随着社会经济的发展，社会上对职业教育人才的用工需求越来越大，职业技术人才出现了“用工荒”现象，职业教育的重要性日益显现。同时对职业教育的教育理念、培养模式、教学方法都提出了新的要求。

职业教育要具有实用性，职业教育的内容要根据当前社会对受培训者的需求来设定，其教学方法、过程与步骤要做到因材施教，因人而异。正是在这样一个大背景下，我们编写了本书。

按职业能力形成的规律和职业学校学生的认知特点进行本书的编写是本书的编写思路。在编写本书的过程中，遵循了以下原则：

1. 用“以项目为载体，任务引领，工作过程导向”的职业教育教学理念，指导教材的编写。本书根据学生的认知特点由易而难地规划学习项目，每个学习项目中整合专业知识和工作过程知识的学习，整合专业技能的训练。在每一个任务中，用【工作任务】表述学生需要做的事情和要求，**让学生明确要“做什么、学什么”**。在【相关知识】中，介绍完成指定的工作任务涉及的专业知识和工作过程知识。在【任务实施】中，引导学生思考与探究，再给出参考方案。在【总结提高】中，提出问题，引导学生拓宽拓深，再提出进一步要求。在【评价反思】中，利用自评、学生互评、教师评分，给学生完成整个项目的各个环节打分，总结经验，反思不足。

2. 规范、有序地组织学生进行职业训练，是职业学校实训基地建设的根本目的。为了让职业学校的学生规范、有序地学习与掌握 PLC 和常用传感器的应用，按照由简单到复杂、由单一到综合、由一般功能到特殊功能的循序渐进的原则，组织教学项目、规划工作任务。因此，从认识传感器、认识 PLC 到具体任务的 PLC 控制，按照由浅入深、层层推进的顺序，组织教材内容的编写，让学生一步一步地掌握传感器和 PLC 的原理与实际应用，形成并提升学生的职业能力。

本书由李兴莲任主编，袁琳参编，项目一～项目四由袁琳编写，项目五～项目十一由李兴莲编写。全书由李兴莲统稿，由朱劲松审稿。

由于编者的水平有限，编写时间仓促，书中难免存在错误与不足，恳请读者与使用本书的师生批评指正。

编　者

目　　录

项目一 认识传感器

传感器是实现自动检测与自动控制的首要环节，不仅广泛应用在工业自动化、国防军事以及以宇宙、海洋开发为代表的尖端科学技术领域中，而且渗透到交通运输、安全防范、医疗卫生、生物工程、环境保护、家用电器等与人类生活息息相关的各个层面。通过本项目的学习，能认识一些常用的传感器，知道常用传感器的作用和基本结构，并了解传感器的分类和发展。

任务一 知道传感器的基本组成、分类、应用和发展

工作任务

1. 说出传感器一般由哪几部分组成和各部分的作用。
2. 说出几种传感器的分类方法和传感器的发展方向。
3. 举例说明传感器在日常生活中的应用。

相关知识

传感器是能够把被测量（如被测物理量、化学量、生物量等）的信息转换成与之有确定关系的电量并输出的装置。在有些国家或学科领域又把它称为变换器、检测器或探测器。简单地说，传感器就是一种代替人体的五种感觉器官来完成信息获取与处理的装置。人体的感觉器官就是一套完美的传感系统，通过眼、耳、皮肤来感知外界的光、声、温度、压力等物理信息，通过鼻、舌感知气味和味道这样的化学刺激。

1. 传感器的组成

由传感器定义可知，传感器要能感受到被测量，并能转换成电量输出，因此传感器一般由敏感元件和转换元件两大部分组成。但很多时候也可将转换电路及辅助电源作为其组成部分，当今传感器绝大多数都是将转换电路、辅助电源、敏感元件与转换元件做成一体化的器件。

传感器的组成框图如图 1-1-1 所示。其中，敏感元件是传感器的核心，它是可以利用

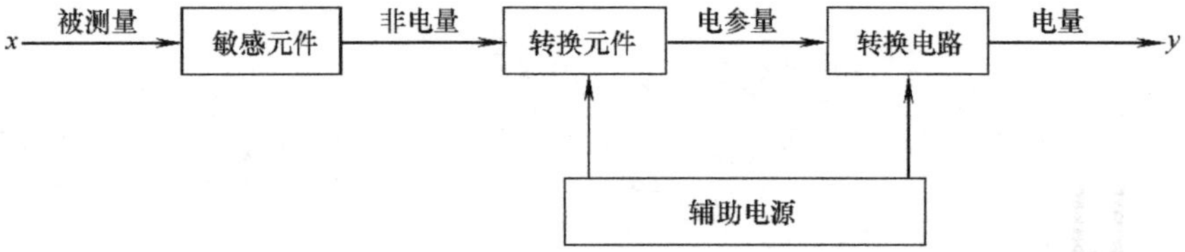

图 1-1-1 传感器的组成框图

各种物理、化学和生物效应直接感受被测量，并输出与被测量成确定关系的其他物理量（包括电量）的元件（如电阻应变片、光敏电阻、热敏电阻等）。

转换元件是将敏感元件的输出量转换成电参量的元件。

转换电路是将转换元件输出的电参量进行处理，并以电压、电流或频率量的形式输出的电路。

2. 传感器的分类

传感器种类繁多，功能各异。由于同一被测量可用不同转换原理实现探测，利用同一种物理、化学或生物效应可设计制作出检测不同被测量的传感器，而功能大同小异的同一类传感器可用于不同的技术领域，故传感器有不同的分类法。常见传感器分类方法见表1-1-1。

表 1-1-1 传感器分类

分类方法	传感器的种类	说 明
按依据的效应分类	物理传感器 化学传感器 生物传感器	基于物理效应（光、电、声、磁、热） 基于化学效应（吸附、选择性化学分析） 基于生物效应（酶、抗体、激素等分子识别和选择功能）
按是利用场的定律还是利用物质的定律分类	结构型传感器 物性型传感器	通过敏感元件几何结构参数的变化实现信息转换 通过敏感元件材料物理性质的变化实现信息转换
按工作原理分类	应变式、电容式、电感式、电磁式、压电式、热电式传感器等	传感器以工作原理命名
按输入信号分类	位移、速度、温度、压力、气体成分、浓度等传感器	传感器以被测量命名
按输出信号分类	模拟式传感器 数字式传感器	输出为模拟量 输出为数字量
按能量关系分类	能量转换型传感器 能量控制型传感器	直接将被测量转换为输出量的能量 由外部供给传感器能量，而由被测量控制输出量能量
按是否依靠外加电源分类	有源传感器 无源传感器	传感器工作需外加电源 传感器工作无需外加电源
按使用的敏感材料分类	半导体传感器、光纤传感器、陶瓷传感器、金属传感器、高分子材料传感器、复合材料传感器等	传感器以使用的敏感材料命名

3. 传感器的应用

近年来，由于传感器的不断发展和完善，它已经广泛应用于国防军事、航空航天、土木工程、电力、能源、机器人、工业自动控制、环境保护、交通运输、医疗化工、家用电器及遥感技术等领域。下面来看几个典型的应用。

(1) 传感器在航空航天领域中的应用

图 1-1-2 所示宇宙飞船除使用传感器进行速度、加速度和飞行距离的测量外，飞行的方向、飞行姿态、飞行环境、飞行器本身的状态及内部设备的监控也都要通过传感器进行检测，还有飞船内部环境（如湿度、温度、空气成分等）都要通过传感器进行检测。

图 1-1-2 传感器在航空航天领域中的应用实例（一）

另外，从飞机、人造卫星、宇宙飞船及船舶上对远距离的广大区域的被测物体及其状态进行大规模探测应用的就是遥感技术。图 1-1-3 所示为在卫星上通过遥感技术拍摄的某空军基地。

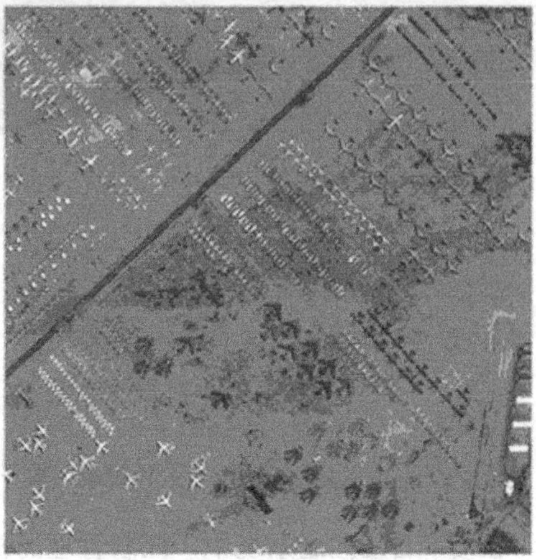

图 1-1-3 传感器在航空航天领域中的应用实例（二）

(2) 传感器在机器人中的应用

在劳动强度大或危险作业的场所和一些高速度、高精度的工作中，已逐步使用机器人取代人的工作。但要使机器人和人的功能更为接近，就要给机器人安装视觉传感器和触觉传感器，使机器人通过视觉对物体进行识别和检测，通过触觉对物体产生压觉、力觉、滑动感觉和重量感觉。图 1-1-4 所示为传感器在机器人中的应用实例。

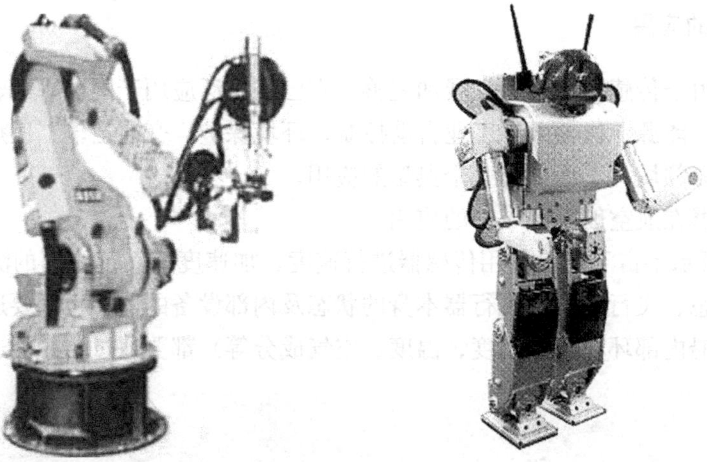

图 1-1-4　传感器在机器人中的应用实例

(3) 传感器在工业自动控制系统中的应用

传感器是自动检测与自动控制的首要环节，如果没有传感器对原始信息（信号或参数）进行精确、可靠地测量，就无法实现从信号的提取、转换、处理到生产或控制过程的自动化。可见，传感器在自动控制系统中是必不可少的。图 1-1-5 所示是传感器在楼宇自动控制系统中的应用实例。

图 1-1-5　传感器在楼宇自动控制系统中的应用实例

在楼宇自动控制系统中，控制管理的机电设备——空调制冷、给水排水、变配电系统、照明系统、电梯等等，使用了温度、湿度、液位、流量、压差、空气压力传感器；实现安全防护的设备——防盗、防火、防燃气泄漏、CCD（电子眼）监视器，使用了烟雾传感器、气体传感器、红外传感器、玻璃破碎传感器；自动识别设备——门禁管理系统，使用了感应式IC卡识别、指纹识别传感器；远程抄收与管理系统设备——水、电、气、热量通过传感器设置远程自动化抄表；等等。

（4）传感器在环境保护中的应用

环球的大气污染、水质污浊及噪声已严重地破坏了地球的生态平衡和人们赖以生存的环境，为保护环境，利用传感器制成的各种环境监测仪器正在发挥着积极的作用。如水质的监测，排污监控系统中排污量的检测，污水成分的鉴定等，都使用传感器来监测。图1-1-6所示为传感器在环境保护中的应用实例——传感器在烟气测量中的应用。

图1-1-6　传感器在环境保护中的应用实例

（5）传感器在医学上的应用

传感器在医学上可以用来对人体的表面和内部温度、血压、腔内压力、血液及呼吸流量、肿瘤、血液的分析、脉搏及心音、心脑电波等进行高难度的诊断。它在早期诊断、早期治疗、远距离诊断及人工器官的研制等广泛的范围内发挥了作用。

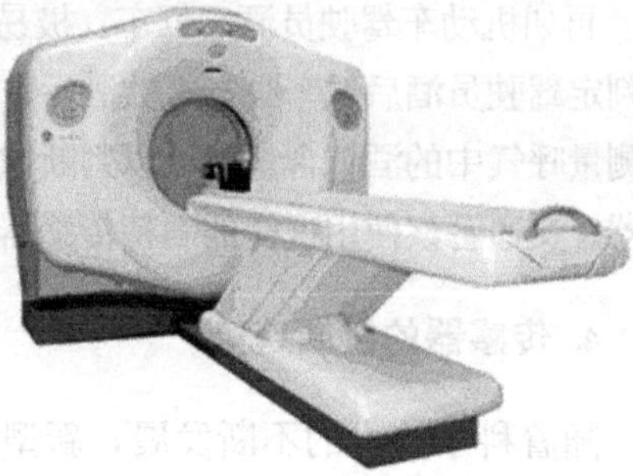

图1-1-7　传感器在医学上的应用实例

例如：光纤光栅传感器能够通过最小限度的侵害方式测量人体组织内部温度、压力、声波场等精确的局部信息。光纤光栅传感器还可用来测量心脏的效率，实现心脏功能监测。生物医学传感器在现代医学仪器设备中是必不可少的一个关键部件。图1-1-7所示为传感器在医学上的应用实例。

（6）传感器在交通运输中的应用

传感器在交通运输中应用也非常广泛，例如用于车轴数、轴距检测，车速监控，车型分类，动态称重，收费站地磅，闯红灯拍照，停车区域监控，交通信息采集（道路监控）及机场跑道监控。传感器在车辆内部还用于安全监控，如汽车安全气囊系统、防盗装置、防滑控制系统、防抱死装置、电子变速控制装置、排气循环装置、电子燃料喷射装置及汽车“黑匣子”等。

(7) 传感器在日常生活中的应用

传感器在日常生活中随处可见，图 1-1-8 所示的家用电器中都使用了传感器：电冰箱、电饭煲中的温度传感器；空调中的温度和湿度传感器；洗衣机中的液位传感器；煤气灶中的煤气泄漏传感器；水表、电表、电视机和影碟机中的红外遥控器；照相机中的光传感器；汽车中的燃料计和速度计等。

图 1-1-8 传感器在日常生活中的应用实例

如当 SARS 肆虐时，在机场、车站等公共场所都配备了红外测温仪。这是一种将红外辐射波转换成电信号的传感装置，能够非接触快速测温，可帮助机场、车站工作人员快速检测旅客体温，而又不会造成交叉感染。

再如机动车驾驶员酒后驾车，极易发生交通事故，严重危害交通安全和人身安全。怎样才能判定驾驶员酒后驾车呢？人饮酒后，酒精通过消化系统被人体吸收，经血液循环。因此，通过测量呼气中的酒精含量就可以判断饮酒程度。我国已制成对低浓度酒精有高灵敏性的酒精传感器。交通警察使用这样的酒精传感器，就能迅速检查出机动车驾驶员是否酒后驾车。

4. 传感器的发展趋势

随着科学技术的不断发展，新型的传感器（例如无线传感器、光纤传感器、智能传感器和金属氧化传感器）在市场所占份额越来越大，传感器将向以下几个方向发展。

(1) 微型化

微型传感器是基于半导体集成电路技术发展起来的 MEMS（MICRO-ELECTRO-MECHNICAL SYSTEM 微电子机械系统）技术，利用微机械加工技术将微米级的敏感组件、信号处理器、数据处理装置封装在一块芯片上，具有体积小、成本低、便于集成等明显优势，并可以提高系统测试精度。现在已经开始用基于 MEMS 技术的传感器来取代已有的产品。随着微电子加工技术，特别是纳米加工技术的进一步发展，传感器技术还将从微型传感器进化到纳米传感器。微型传感器的研制和应用将越来越受到各个领域的青睐。

(2) 集成化与多功能化

多功能集成传感器是传感器发展的一个重要方向，即在一个芯片上集成多种功能的敏感组件和同一功能的多个敏感组件，使得一个传感器可以同时检测多种信息。例如日本研制出复合压阻传感器，一个芯片可同时检测压力与温度。

(3) 智能化

智能化传感器是一个或多个敏感元件、微处理器、外围控制及通信电路、智能软件系统相结合的产物，它兼有检测、判断、信息处理等功能。与传统传感器相比，它具有很多特点。例如，它可以确定传感器的工作状态，对测量资料进行修正，以便减少环境因素(如温度、湿度)引起的误差；它可以用软件解决硬件难以解决的问题；它可以完成数据计算与信息处理工作等。而且智能传感器的精度、量程覆盖范围、信噪比、智能水平、远程可维护性、准确度、稳定性、可靠性和互换性都远高于一般的传感器。

(4) 仿生化

仿生传感器是通过对人的种种行为(如视觉、听觉、感觉、嗅觉和思维等)进行模拟，研制出的自动捕获信息、处理信息、模仿人类的行为装置。仿生技术是近年来生物医学和电子学、工程学相互渗透发展起来的一种新型的信息技术。随着生物技术等的进一步发展，在不久的将来，模拟身体功能的仿生传感器将超过人类五官的能力，完善目前机器人的视觉、味觉、触觉和对目标进行操作的能力。仿生传感器将有广阔的应用前景。

任务实施

1. 说明什么是传感器，并画出传感器的组成框图。
2. 举例说明传感器在日常生活中的应用。
3. 搜集资料，设想未来传感器在人们生活中所占的地位。
4. 写一篇关于传感器某一方面的报道。

总结提高

1. 小组内评定一篇最好的报道在全班进行交流。
2. 小组交流编一个以传感器应用为内容的游戏。

任务二　认识几种常用的传感器

工作任务

1. 能认出常用传感器的外形。
2. 能识读电气原理图中传感器的图形和文字符号。

相关知识

传感器的种类繁多，结构多样，应用广泛，下面将介绍电感式传感器、电容式传感器、光电传感器、磁敏传感器等几种常用的传感器。

1. 电感式传感器

电感式传感器是利用电磁感应把被测的物理量如位移、压力、流量、振动等转换成线圈的自感系数和互感系数的变化，再由电路转换为电压或电流的变化量输出，实现非电量到电量转换的装置。根据其引起电感量变化的参数不同，可分为自感式、互感式和涡流式三种。

(1) 电感式传感器的外形结构

电感式传感器根据应用场合和工作原理的不同有多种外形结构，部分电感式传感器的外形结构如图 1-2-1 所示。

接近开关

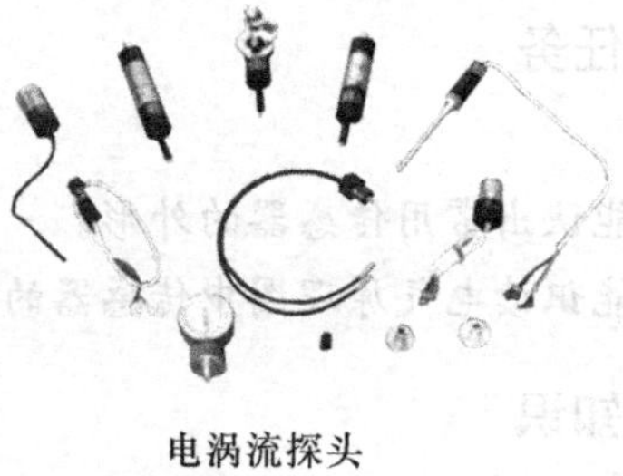

位移振荡传感器　　液位变送器　　电涡流探头

图 1-2-1　部分电感式传感器的外形结构

(2) 电感式传感器的符号

电感式传感器的图形符号如图 1-2-2 所示。

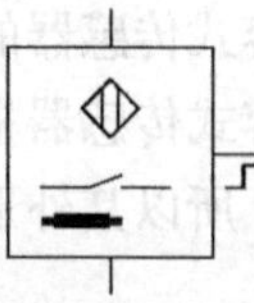

图 1-2-2 电感式传感器的图形符号

(3) 电感式传感器的应用

电感式传感器的应用非常广泛，主要用于位移测量和可以转换成位移变化的机械量（如力、张力、压力、压差、加速度、振动、应变、流量、厚度、液位、密度、转矩等）的测量。在自动控制系统中作为一个反馈元件，它起着非常重要的作用。图 1-2-3 所示是电感式传感器的应用实例。

a) 识别罐和盖子

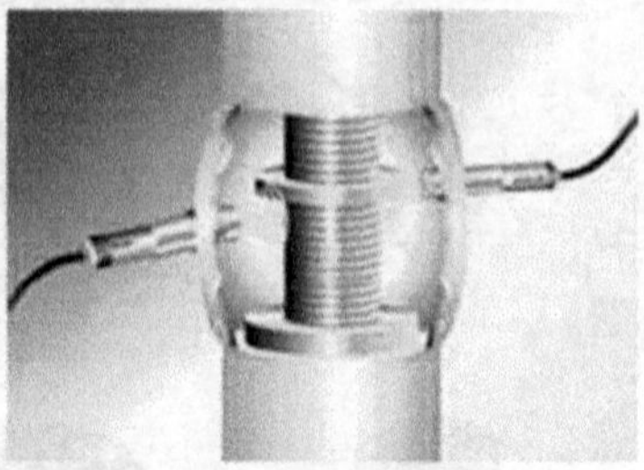

b) 识别阀的位置

c) 检测速度和方向

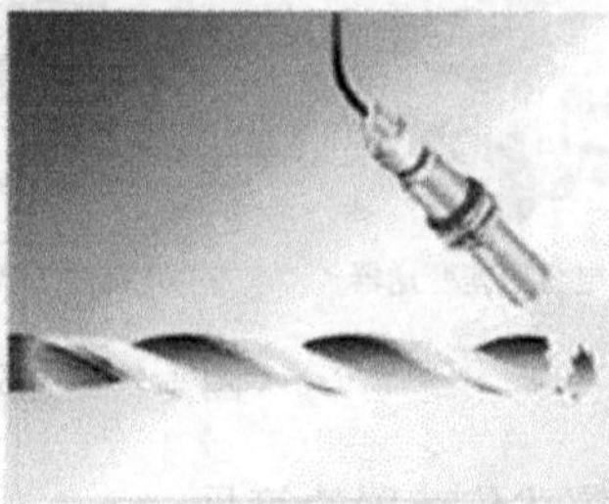

d) 识别断裂的钻头

图 1-2-3 电感式传感器的应用实例

(4) 电感式传感器的特点

1) 结构简单，传感器无活动电触点，因此工作可靠、寿命长。

2) 灵敏度和分辨力高，能测出 0.01μm 的位移变化。传感器的输出信号强，电压灵敏度高，一般每毫米的位移可达数百毫伏的输出。

3) 线性度和重复性都比较好，在一定位移范围（几十微米至数毫米）内，传感器非线性误差可达 0.05%~0.1%。

4) 无输入时有零位输出电压，易产生测量误差。

5) 对激励电源的频率和幅值稳定性要求较高。

6) 它的频率响应较低，不适用于高频动态测量。

2. 电容式传感器

电容式传感器是一种能将被测非电量转换成电容量变化的传感器件。根据引起电容量变化参数的不同，电容式传感器可分为极距变化型、面积变化型、介质变化型三类。

(1) 电容式传感器的外形结构

尽管电容式传感器根据其引起电容量变化参数的不同只分为三类，但是由于应用场合和用途不同，所以其外形结构多种多样，图 1-2-4 所示是部分电容式传感器的外形结构。

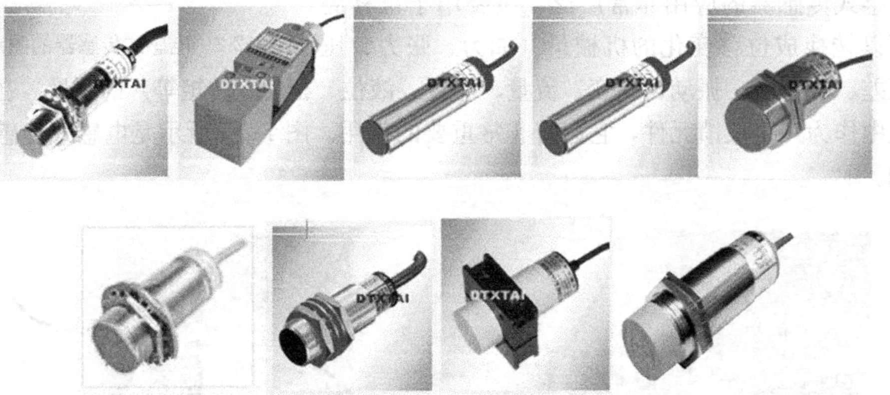

a) 电容式接近开关

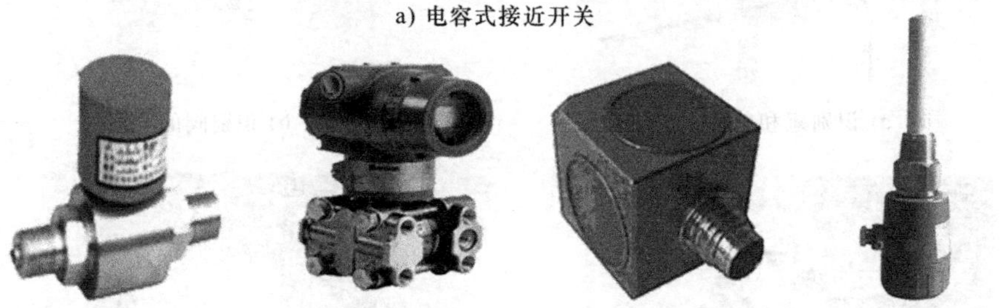

b) 电容压差变送器　c) 电容压差传感器　d) 电容式加速度传感器　e) 电容式物位开关

图 1-2-4　部分电容式传感器的外形结构

(2) 电容式传感器的符号

电容式传感器的图形符号如图 1-2-5 所示。

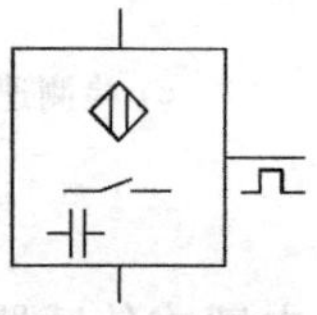

图 1-2-5　电容式传感器的图形符号

(3) 电容式传感器的应用

电容式传感器不但能用于位移、振动、角度、加速度等机械量的精密测量，而且正逐步应用于压力、压差、液面、料面、成分含量以及各种介质的温度、密度、湿度等的检测。图 1-2-6 所示为电容式指纹识别传感器的应用，图 1-2-7 所示为电容式加速度传感器的应用。

a) 笔记本指纹识别　b) 手机指纹识别　c) 汽车防盗指纹识别

图 1-2-6　电容式指纹识别传感器的应用

a) 在钻地导弹中的应用　　b) 在汽车安全气囊中的应用

图 1-2-7　电容式加速度传感器的应用

（4）电容式传感器的特点

1）结构简单，易于制造，价格便宜。

2）功率小、阻抗高、输出信号强。由于电容式传感器中带电极板之间的静电引力很小，因此在信号检测过程中，只需施加较小的作用力就可以获得较大的电容变化量及高阻抗的输出信号。

3）灵敏度高，过载能力强，动态响应特性好。

4）对高温、辐射、强振等恶劣条件的适应性强，能在比较恶劣的环境中工作。

5）输出为非线性。

6）寄生电容和分布电容对灵敏度和测量精度的影响较大，连接电路较复杂。

3. 光电传感器

光电传感器是一种将光信号转换为电信号的传感器。使用这种传感器测量非电量时，只要将这些非电量的变化转换为光信号的变化，就可以最终转换为电量的变化。光电传感器在一般情况下由发射器、接收器和检测电路三部分构成。发射器对准物体发射光束，发射的光束一般来源于发光二极管和激光二极管等半导体光源。接收器由光敏二极管或光敏晶体管组成，用于接收发射器发出的光线。检测电路可滤出有效信号并应用该信号。常用的光电传感器可分为漫射式、反射式、对射式等几种。

（1）光电传感器的外形结构

光电传感器的种类很多，应用场合也各不相同，外形结构更是多种多样。图 1-2-8 所示是部分光电传感器的外形结构。

（2）光电传感器的符号

光电传感器的图形符号如图 1-2-9 所示。

（3）光电传感器的应用

它可用于检测直接引起光量变化的非电量，如光强、光照度、辐射测温、气体成分分析等；也可用来检测能转换成光量变化的其他非电量，如零件直径、表面粗糙度、应变、位移、振动、速度、加速度，以及物体的形状、工作状态的识别等。图 1-2-10 所示为光电传感器的应用实例。

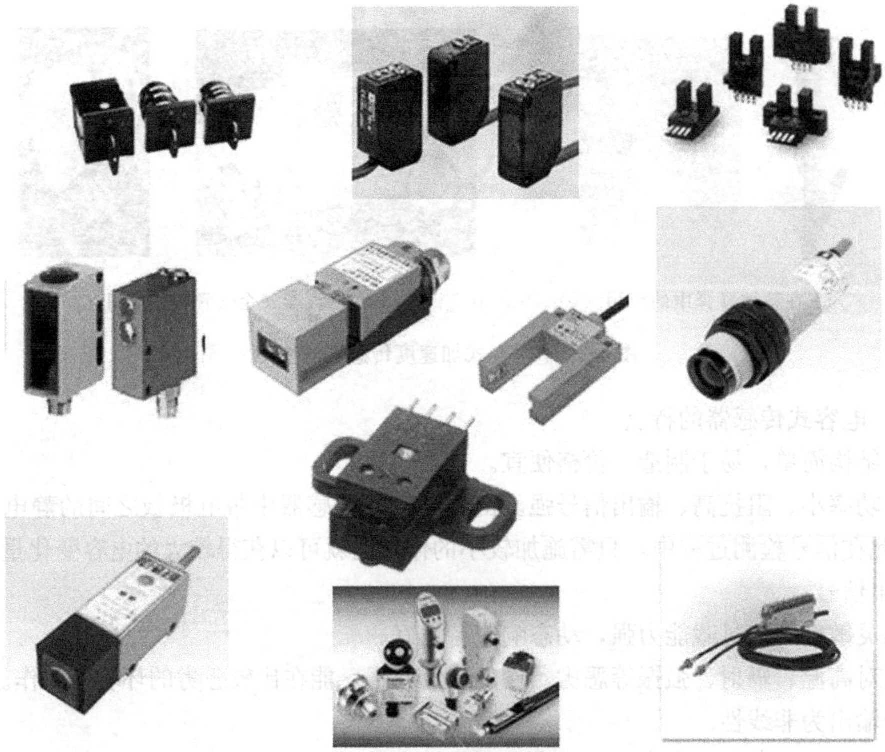

图 1-2-8 部分光电传感器的外形结构

(4) 光电传感器的特点

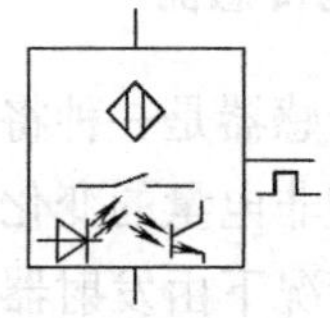

图 1-2-9 光电传感器的图形符号

1) 检测距离长。在对射型检测中，若检测距离在10m以上，光电传感器便能实现其他检测手段（磁敏、超声波等）无法实现的检测。

2) 对检测物体的限制少。由于以检测物体引起的遮光和反射为检测原理，所以不像接近传感器等将检测物体限定在金属材质上，它可对玻璃、塑料、木材、液体等几乎所有物体进行检测。

3) 响应时间短。光本身速度高，并且传感器的电路都由电子零件构成，所以不存在机械动作时间，响应时间非常短。

4) 分辨率高。能通过高级设计技术使投光光束集中在小光点，或通过结构特殊的受光光学系统，来实现高分辨率；也可进行微小物体的检测和高精度的位置检测。

5) 可实现非接触的检测。可以无需机械性地接触检测物体而实现检测，故不会对检测物体和传感器造成损伤。因此，传感器使用寿命长。

6) 可实现颜色判别。根据物体对光的反射率和吸收率会随被投光的光线波长和检测物体的颜色组合而变化的性质，检测物体的颜色。

7) 便于调整。在投射可见光的类型中，投光光束是眼睛可见的，因此便于对检测物体的位置进行调整。

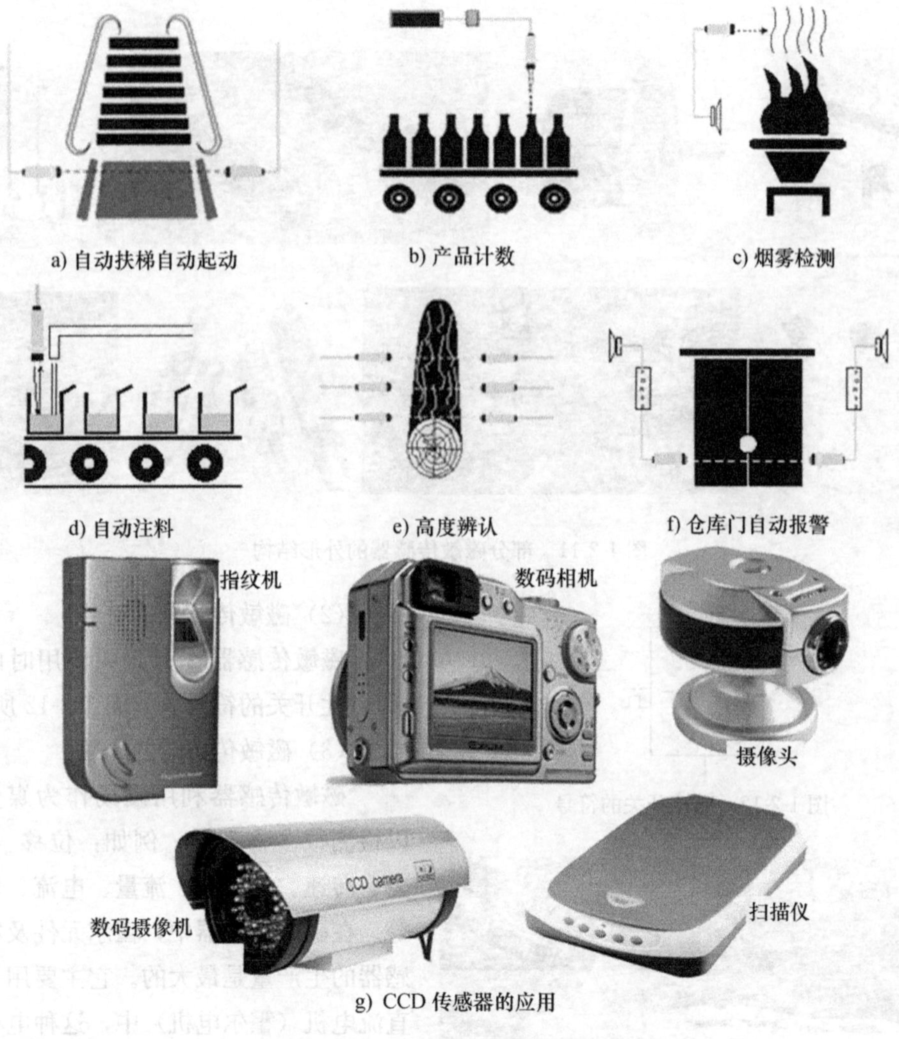

图 1-2-10　光电传感器的应用实例

4. 磁敏传感器

磁敏传感器是利用导体或半导体的磁电转换原理，将磁场信息转换成相应电信号的传感器。目前应用最广泛的是半导体磁敏传感器，包括霍尔元件、磁阻元件、磁敏二极管、磁敏晶体管及磁敏集成电路等。此外，强磁性金属制作的磁敏元件、韦根特磁敏传感器及超导金属制成的约瑟夫逊超导量子干涉器件（SQUID）等，也是近年来开发的极重要的磁敏传感器。

（1）磁敏传感器的外形结构

磁敏传感器的种类很多，应用场合也各不相同，外形结构更是多种多样。图 1-2-11 所示是部分磁敏传感器的外形结构。

图 1-2-11 部分磁敏传感器的外形结构

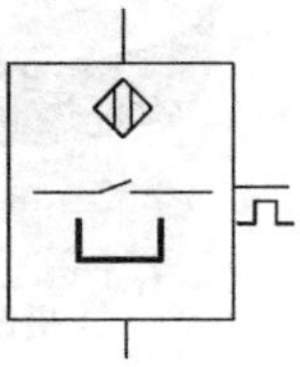

图 1-2-12 磁性开关的符号

(2) 磁敏传感器的符号

磁敏传感器作为开关使用时的符号即磁性开关的符号，如图 1-2-12 所示。

(3) 磁敏传感器的应用

磁敏传感器利用磁场作为媒介，可以检测很多物理量，例如：位移、振动、力、转速、加速度、流量、电流、电功率等。在磁敏传感器中，霍尔元件及霍尔传感器的生产量是最大的。它主要用于无刷直流电机（霍尔电机）中，这种电机用于磁带录音机、录像机、XY 记录仪、打印机、电唱机及仪器中的通风风扇等。另外，霍尔元件及霍尔传感器还用于测转速、流量、流速及利用它制成高斯计、电流计、功率计等仪器。磁敏传感器在车辆检测中的应用实例如图 1-2-13 所示。

图 1-2-13 磁敏传感器在车辆检测中的应用实例

5. 其他传感器

除前面介绍的四类传感器外，还有很多种传感器，如人们生活中常用的气敏传感器、湿敏传感器和温度传感器等。图 1-2-14 所示为其他类型传感器。

a) 气敏传感器

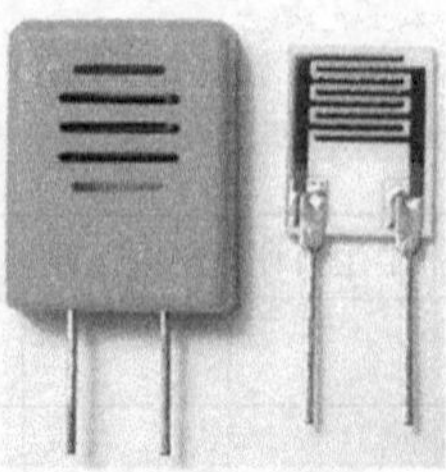

b) 湿敏传感器

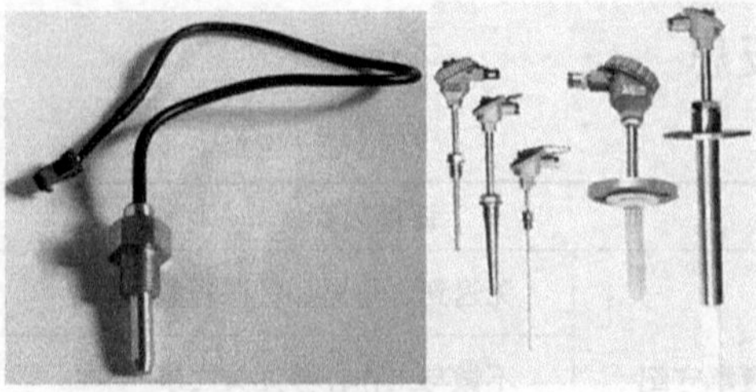

c) 温度传感器

图 1-2-14 其他类型传感器

任务实施

1）画出电感式传感器、电容式传感器、光电传感器和磁敏开关的图形符号。
2）举例说明电感式传感器、电容式传感器、光电传感器和磁敏传感器的应用。
3）说明电感式传感器、电容式传感器、光电传感器各自的特点。
4）写出图 1-2-15 所示各传感器的类型。

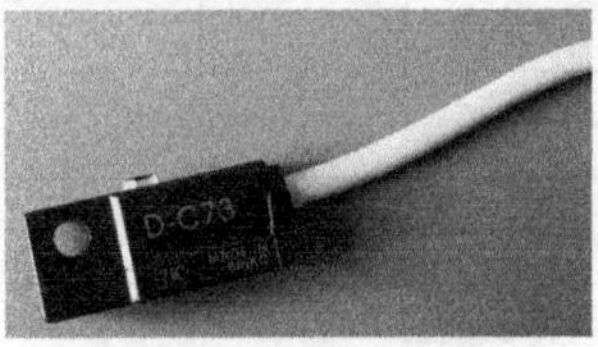

a) ________________

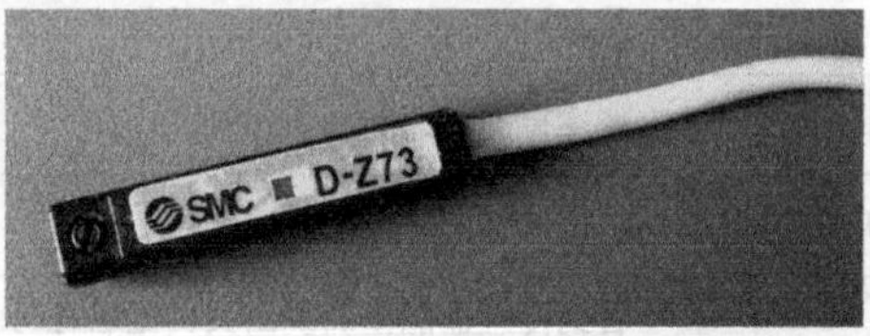

b) ________________

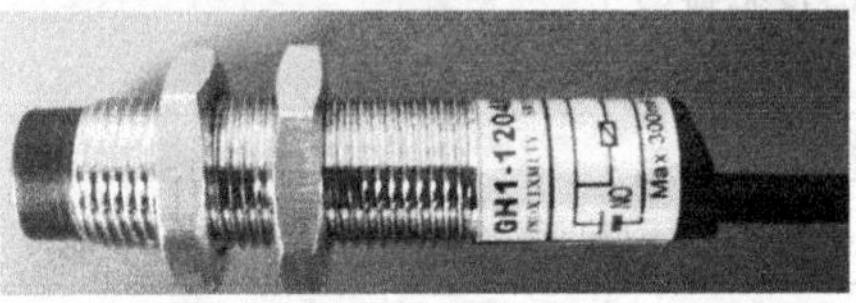

c) ________________

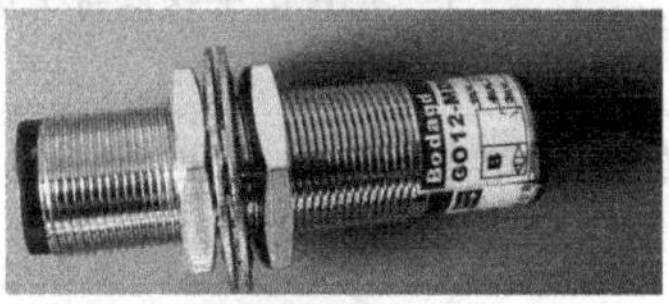

d) ________________

e) ________________

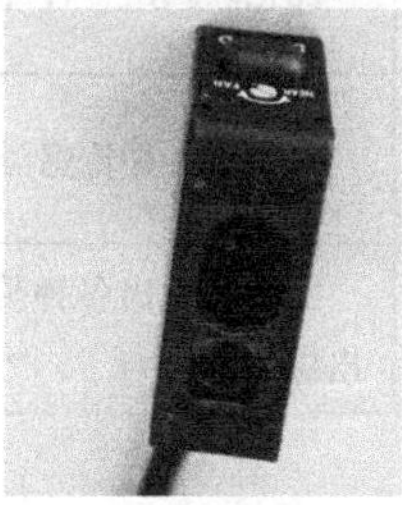

f) ________________

图 1-2-15

总结提高

1. 和同学交流传感器图形符号的画法，说明怎样画得又快又准。
2. 找到家里电冰箱内所使用的传感器，说明其型号和类型。
3. 调查学校实验、实训设备上用到了哪些传感器。

评价反思

项目	评价内容		分值	学生自评	小组互评	教师评分
学习过程评价	遵章守纪	无迟到、早退和旷课现象	4			
		不做与工作任务无关之事	4			
		不将识别的元器件当玩具	4			
	学习态度	学习用品齐全	4			
		仪表仪态端正	4			
		笔记、作业工整	4			
		学习认真积极	4			
	交流和沟通	能大胆提出问题	4			
		能准确口头回答问题	4			
		能向同学或老师表达自己的想法和意见	4			
	协作互助	能注重同学之间的协作互助	5			
	创新意识	有创新意识	5			
学习结果评价	各种传感器外部结构认识	看到传感器能正确说出其类型名称	6			
		能说出本校设备上所用到的传感器的名称	6			
	传感器的组成	能正确画出传感器的组成框图，并说明各部分的作用	8			
	各种传感器的符号认识	能正确画出各种传感器的图形符号	10			
	各种传感器的特点认识	能说出各种传感器的特点	10			
	各种传感器的应用认识	能正确说出各种传感器的应用，并列举出应用实例	10			
总分			100			

项目二 机电设备中常用传感器的使用

传感器在机电控制设备中应用非常广泛，要能进行机电设备的组装、调试、使用和日常维护，首先就要会使用各种传感器。通过本项目的学习，能进行常用传感器的安装、检测和调试。

任务一　电感式传感器的使用

工作任务

1. 会安装电感式传感器并进行调试。
2. 能说出电感式接近开关产生信号的条件和电感式接近开关的工作原理。
3. 会检测电感式传感器的好坏。

相关知识

1. 传感器的电路连接

传感器的输出方式不同，电路连接也有些差异，但输出方式相同的传感器的电路连接方式相同。实训装置或实验中使用的传感器通常有直流两线式和直流三线式两种，其中光电传感器、电感式传感器、电容式传感器、光纤传感器均为直流三线式传感器，磁敏传感器为直流两线式传感器。下面只介绍电感式传感器的电路连接方式。

直流三线式传感器有棕色、蓝色和黑色三根连接线，其中两根线接直流电源（棕色线（BN）接直流电源“+”，蓝色线（BU）接直流电源“−”），黑色线（BK）为信号线，接信号输入端。直流两线式传感器有蓝色和棕色两根连接线，其中蓝色线（BU）接公共端，棕色线（BN）接信号输入端。传感器电路连接示意图如图 2-1-1 所示。

2. 使用传感器的注意事项

1）传感器不宜安装在以下场所：阳光直射处，湿度高、可能会结霜处，有腐蚀性气

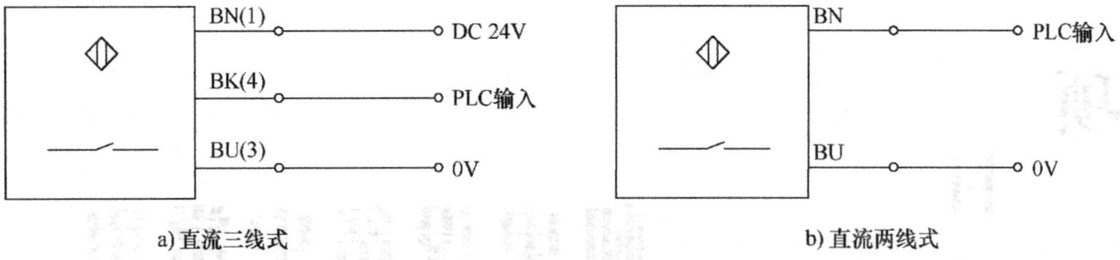

图 2-1-1　传感器电路连接示意图

体处。

2）连接导线不要和电力线、动力线使用同一配线管或者配线槽，原则上请分开配线或使用屏蔽线。

3）连接导线不能过细，长度不能过长。

4）接通电源后要等待一定时间才能进行检测。

3. 传感器安装工艺要求

传感器安装方法要正确，安装结束后要进行传感器的位置或灵敏度调节，使传感器能准确地检测到相应信号。

4. 电路的安装工艺要求

1）连接导线选用正确。

2）电路各连接点连接可靠、牢固，外露铜丝最长不能超过 2mm。

3）进接线排的导线都要编号，并套好号码管。

4）同一接线端子的连接导线最多不能超过两根。

5. 安装工作的安全要求

在装配工作过程中，必须做到"安全第一"，请认真阅读以下要求：

1）要正确使用一字或十字螺钉旋具、尖嘴钳、剥线钳，防止在操作中发生螺钉旋具或钳子伤手的事故。

2）安装结束确认接线正确无误后，才能送电进行检测。

3）拆装要在断电状态下进行。

4）使用仪表带电测量时，一定要按照仪表使用的安全规程进行。

5）安装时，不要用工具敲击安装器件，以防造成器件的损坏。

6. 电感式接近开关的工作原理

电感式接近开关内部用电磁线圈作为传感元件，利用电磁感应原理来产生信号，因此，能非接触式地检测到金属目标物，即有金属目标物进入它的检测范围之内时产生信号输出。

电感式传感器一般都是三线制传感器且有传感器指示灯，当传感器有信号输出时，指示灯亮；当传感器没有信号输出时，指示灯熄灭。

任务实施

1. 电感式传感器的安装

将图 1-2-15a 所示传感器安装在图 2-1-2 所示支架上。

图 2-1-2 电感式传感器的固定支架

思考与探究：☞

1）应按怎样的操作步骤才能将图 1-2-15a 所示的传感器安装到图 2-1-2 所示的支架上？

2）安装时应注意什么？

参考方案：☞

根据传感器的结构和安装支架的结构完成安装，首先要拆下传感器上的一个固定螺母，然后将传感器插入支架安装孔内，再将拆下的螺母旋上拧紧，传感器就固定在支架上了。参考的具体安装方法和步骤如图 2-1-3 所示。

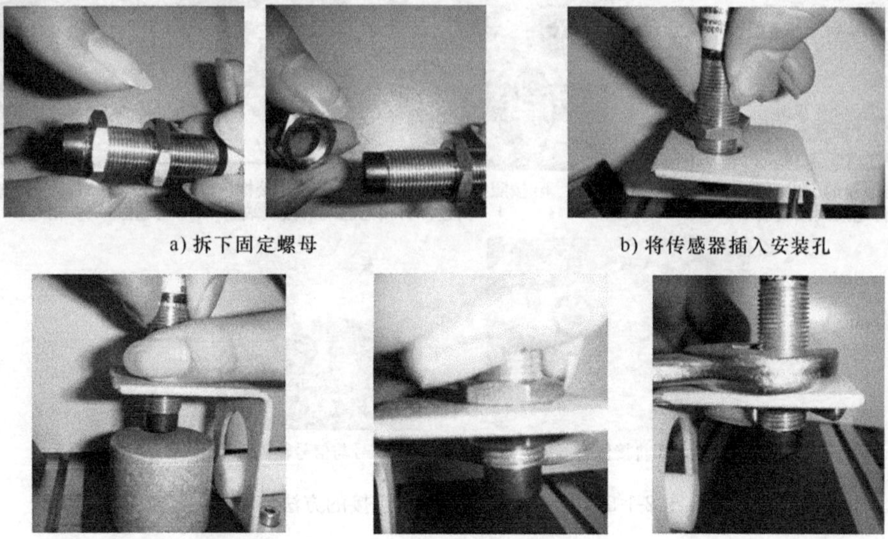

a) 拆下固定螺母　b) 将传感器插入安装孔

c) 根据被检测物料的高度和距离调节传感器高度　d) 旋上固定螺母　e) 拧紧固定螺母

图 2-1-3 电感式传感器固定的安装方法和步骤

> 注：所需安装的电感式传感器的检测距离为 2～4mm，因此，安装时要保证电感式传感器与被检测物之间的间隔在检测距离范围之内，过长或过短都不能正常检测。

2. 电感式传感器的电路连接

思考与探究：☞

1）需要安装的传感器是两线制传感器还是三线制传感器？工作电压是多少？

2）安装电路时应注意什么？

参考方案：☞

所需安装的电感式传感器的工作电压为DC 10～30V，因此，安装时要保证给电感式传感器提供合适的工作电压，一般选用DC 24V的电源给传感器供电。进行电路安装时，将棕色线接电源的“+”，蓝色线接电源的“－”，黑色线接信号输入端。当传感器用来为PLC提供信号时，可按图2-1-4所示的电气接线图进行接线。

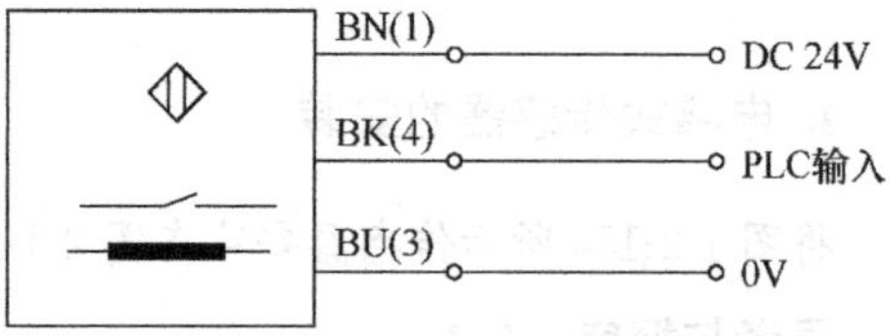

图 2-1-4 电感式传感器接线图

连接线路时，传感器的引出线一般通过接线端子排与电源及PLC相连接，具体的连接方法和步骤如图2-1-5所示。

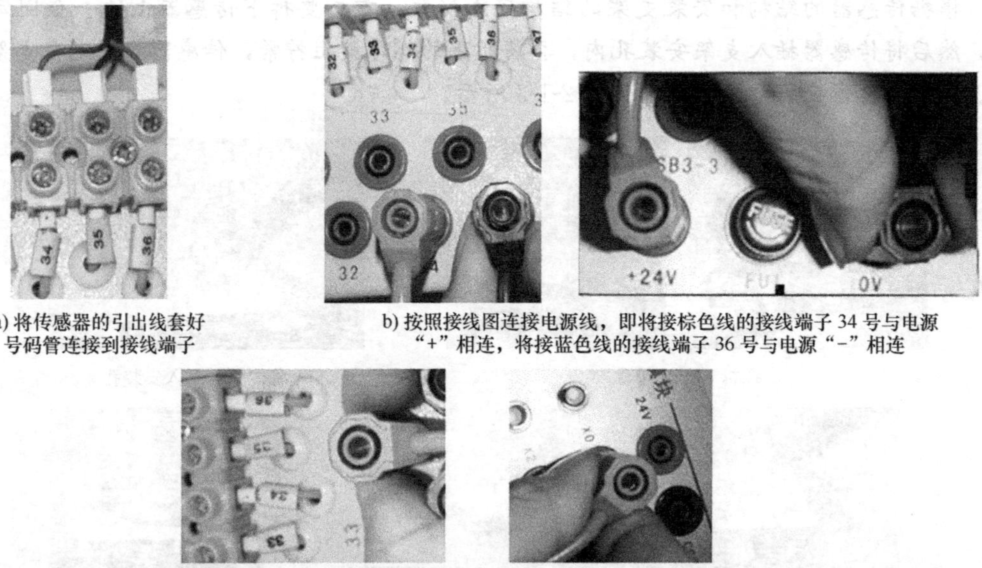

a) 将传感器的引出线套好号码管连接到接线端子

b) 按照接线图连接电源线，即将接棕色线的接线端子34号与电源“+”相连，将接蓝色线的接线端子36号与电源“-”相连

c) 连接信号线，即将接传感器黑色线的接线端子35号与信号输入端相连

图 2-1-5 电感式传感器电路连接的方法与步骤

3. 电感式传感器的调试

思考与探究：☞

1）进行调试时要注意哪些事项？

2）电感式传感器在什么情况下有信号输出？什么情况下输出信号消失？

3）按怎样的过程进行调试才能确保传感器正常使用？

参考方案：☞

进行传感器的调试也就是要检查传感器是否能完成要求的检测过程。传感器要能准确地进行检测，除要求其安装位置、方法和安装线路正确外，还要求传感器本身完好。因此可以通过观察传感器是否能准确地产生检测信号，来判断安装是否准确到位。具体的调试步骤如下：

1）接通电源前，检测传感器与被检测物之间的距离是否在检测范围之内。

2）检查电路连接是否满足工艺要求，并用万用表检测电路连接是否可靠。

3）在确保电路连接正确后接通电源。

4）将被检测的金属件放置在检测位置，应能观察到传感器的指示灯亮，同时PLC对应的输入端有信号。

5）再将被检测的金属件移开，应能观察到传感器的指示灯熄灭，同时PLC对应的输入端信号消失。

6）将步骤4）、5）重复几次。

如果检测位置有金属件时，传感器的指示灯不亮，则可以移动被检测的金属件，改变它与传感器之间的距离，如果在改变过程中能观察到传感器指示灯亮，则说明传感器的安装高度不合适，应重新进行调整；如果传感器的指示灯亮，但PLC对应的输入端没有信号，则可能有三种情况：a）传感器信号输出与PLC输入端之间的连接有断点；b）PLC没有接通电源；c）传感器已损坏。是否属于后两种情况很容易判断：PLC电源是否接通，通过观察（或者用万用表测量PLC电源连接端口是否有合适的电压）就能判断；将被检测件移开，还能观察到传感器的指示灯亮，则说明传感器已损坏，若指示灯熄灭，则说明传感器是好的。

总结提高

1. 在任务实施过程中你使用的方法和步骤与参考方案中有什么不同？
2. 在任务实施过程中发生了哪些问题？你是怎样解决的？
3. 在完成该工作任务的过程中，你最大的感受是什么？
4. 在完成该工作任务的过程中，你有什么收获？

任务二　光电传感器的使用

工作任务

1. 会安装光电传感器并进行调试。
2. 能说出光电接近开关产生信号的条件和光电接近开关的工作原理。
3. 会检测光电传感器的好坏。
4. 会进行光电传感器灵敏度的调节。

相关知识

常用的光电传感器可分为漫射式、反射式、对射式等几种，下面分别介绍它们的工作原理。

1. 漫射式光电传感器

漫射式光电传感器集发射器与接收器于一体，在前方无物体时，发射器发出的光不会被接收器接收到，开关不动作，如图 2-2-1a 所示。当前方有物体时，接收器就能接收到物体反射回来的部分光线，通过检测电路产生开关量的电信号输出使开关动作，如图 2-2-1b 所示。漫射式光电传感器的有效作用距离是由目标的反射能力决定的，即由目标表面性质和颜色决定。

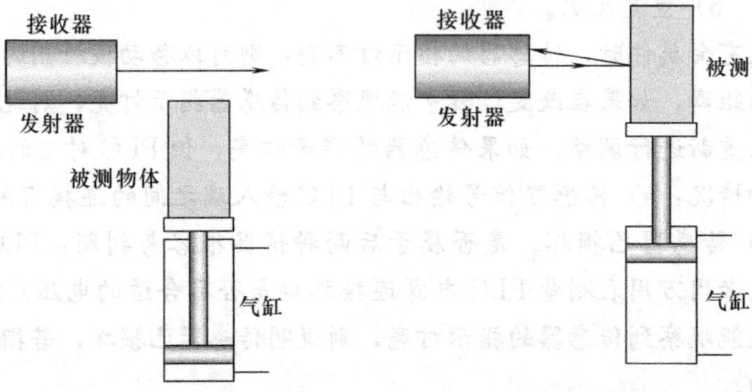

a) 无检测信号　　b) 有检测信号

图 2-2-1　漫射式光电传感器工作原理示意图

2. 反射式光电传感器

反射式光电传感器也是集发射器与接收器于一体，但与漫射式光电传感器不同的是其前方装有一块反射板。当反射板与发射器之间没有物体遮挡时，接收器可以接收到光线，开关不动作，如图 2-2-2a 所示。当被测物体遮挡住反射板时，接收器无法接收到发射器发出的光线，传感器产生输出，开关动作，如图 2-2-2b 所示。这种光电传感器可以辨别不透明的物体，借助反射镜部件，形成较大的有效距离范围，且不易受干扰，可以可靠地

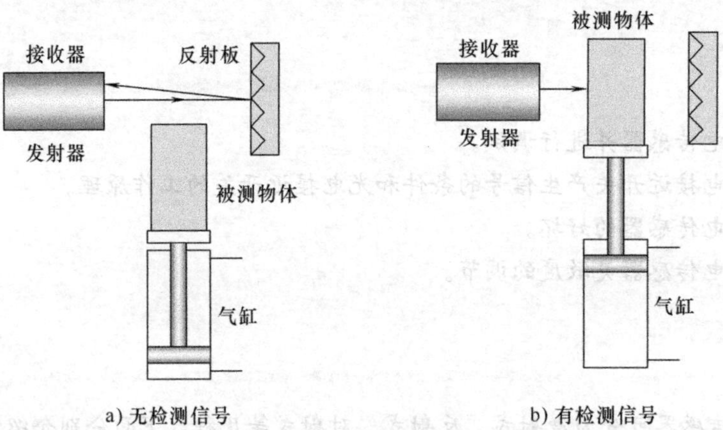

a) 无检测信号　　b) 有检测信号

图 2-2-2　反射式光电传感器工作原理示意图

用于野外或者粉尘污染较严重的环境中。

3. 对射式光电传感器

对射式光电传感器的发射器和接收器是分离的。在发射器与接收器之间如果没有物体遮挡，发射器发出的光线能被接收器接收到，开关不动作，如图 2-2-3a 所示。当有物体遮挡时，接收器接收不到发射器发出的光线，传感器产生输出信号，开关动作，如图 2-2-3b所示。这种光电传感器能辨别不透明的反光物体，有效距离大。因为发射器发出的光束只跨越感应距离一次，因此不易受干扰，可以可靠地用于野外或者粉尘污染较严重的环境中。

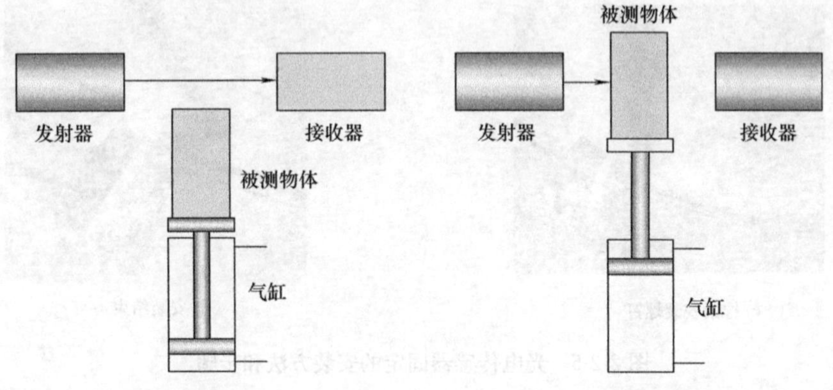

图 2-2-3 对射式光电传感器工作原理示意图

任务实施

1. 光电传感器的安装

将图 1-2-15c 所示 E3Z－LS61 型光电传感器安装在图 2-2-4 所示支架上。

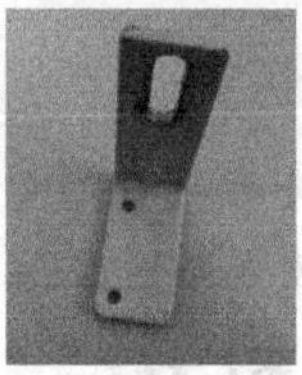

图 2-2-4 光电传感器固定支架

思考与探究：☞

1）安装传感器时应注意什么？

2）图 1-2-15c 所示 E3Z－LS61 型光电传感器是由什么来固定的？

3）应按怎样的操作步骤才能将图 1-2-15c 所示 E3Z－LS61 型光电传感器安装在图 2-2-4所示支架上？

参考方案：☞

根据传感器和安装支架的结构完成安装，首先要将传感器连接导线按图 2-2-5a 所示从孔中穿过，再将传感器的固定孔和安装支架上的安装孔对准后，插入螺钉并固定，传感器就固定在支架上了。参考的具体安装方法和步骤如图 2-2-5 所示。

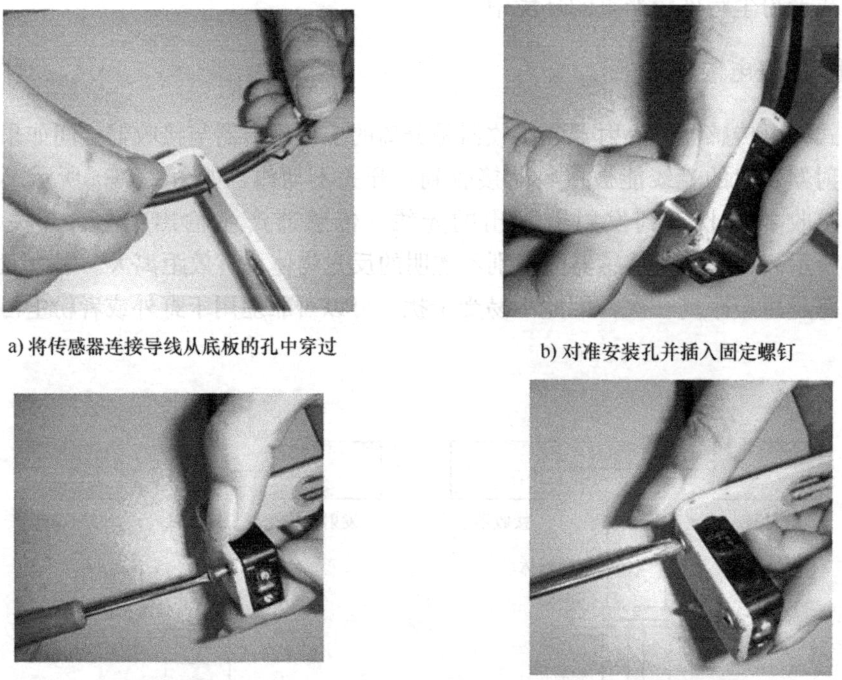

a) 将传感器连接导线从底板的孔中穿过
b) 对准安装孔并插入固定螺钉
c) 拧紧安装螺钉
d) 安装结束

图 2-2-5　光电传感器固定的安装方法和步骤

注：务必先将传感器的连接线穿过支架后再来固定传感器，否则容易使传感器的连接线折断。

2. 光电传感器的电路连接

思考与探究：

1）需要安装的光电传感器是两线制传感器还是三线制传感器？工作电压是多少？

2）安装电路时应注意什么？

参考方案：

所需安装的光电传感器和前面安装的电感式传感器的电路连接方法完全相同，可参考电感式传感器电路安装的方法和步骤。

3. 光电传感器的调试

思考与探究：

1）传感器调试过程中应注意哪些事项？

2）光电传感器在什么条件下有信号输出？什么条件下输出信号消失？

3）应按怎样的过程进行调试？

参考方案：

进行传感器的调试也就是要检查传感器是否能完成要求的检测过程。传感器要能准确地进行检测，除要求其安装位置、方法和安装线路正确外，还要求传感器本身完好。因此可以通过观察传感器是否能准确地产生检测信号，来判断安装是否准确到位。具体的调试步骤如下：

1）接通电源前，检查传感器的安装是否牢固。

2）检查电路连接是否满足工艺要求，并用万用表检测电路连接是否可靠。

3）将工作模式切换开关置于“L”。（E3Z－LS61 型光电传感器有“L”和“D”两种工作模式可供选择，当置于“L”时为常开工作模式；当置于“D”时为常闭工作模式。）

4）在确保电路连接正确后接通电源，电源接通后若观察到光电传感器的指示灯亮，表示电源电路连接正确。

5）调节光电传感器的灵敏度调节螺钉，使没有被检测件时，光电传感器只有绿色指示灯亮。光电传感器灵敏度调节的具体方法如图 2-2-6 所示，当顺时针调整螺钉时将增大有效检测距离，逆时针调整时将减小有效检测距离。

6）将被检测件放置在检测位置，应能观察到传感器的红色指示灯亮，同时 PLC 对应的输入端有信号。

7）再将被检测件移开，应能观察到传感器的红色指示灯熄灭，同时 PLC 对应的输入端信号消失。

8）更换不同的被检测件，重复步骤 6）、7）应能观察到相同的情况。

图 2-2-6 E3Z－LS61 型光电传感器的灵敏度调节

如果接通电源后，没有被检测件，而光电传感器的红色指示灯和绿色指示灯都亮，则可能是工作模式选择错误或者传感器的检测灵敏度太高，检测到周围其他物体而产生了信号；若是工作模式选择错误，则只需要调节工作模式选择旋钮，选择“L”，若是检测灵敏度太高，则逆时针调整灵敏度调节螺钉，减小有效检测距离，则红色指示灯就会熄灭。

如果接通电源后，光电传感器指示灯不亮，则先用万用表检测电源是否给传感器提供了合适的工作电压。

总结提高

1. 在任务实施过程中你使用的方法和步骤与参考方案中有什么不同？
2. 在任务实施过程中发生了哪些问题？你是怎样解决的？
3. 在完成该工作任务的过程中，你最大的感受是什么？
4. 在完成该工作任务的过程中，你有什么收获？

任务三 光纤传感器的使用

工作任务

1. 会安装光纤传感器并进行调试。
2. 能说出光纤接近开关产生信号的条件和光纤接近开关的工作原理。
3. 会检测光纤传感器的好坏。

相关知识

1. 光纤传感器的工作原理

光导纤维是利用光的完全内反射原理传输光波的一种介质，它由高折射率的纤芯和包层所组成。包层的折射率小于纤芯的折射率，直径为0.1～0.2mm。当光线通过端面透入纤芯，在到达与包层的交界面时，由于光线的完全内反射，光线反射回纤芯层。这样经过不断的反射，光线就能沿着纤芯向前传播且只有很小的衰减。光纤传感器就是把发射器发出的光线用光导纤维引导到检测点，再把检测到的光信号用光纤引导到接收器来实现检测的。按动作方式的不同，光纤传感器也可分为对射式、漫射式等多种类型。光纤传感器可以实现被检测物体在较远区域的检测。由于光纤损耗和光纤色散的存在，在长距离光纤传输系统中，必须在线路适当位置设立中级放大器，以对衰减和失真的光脉冲信号进行处理及放大。

2. 光纤传感器的使用注意事项

1）不能安装在以下场所：阳光直射处，湿度高、可能会结霜处，有腐蚀性气体处，对本体有直接振动或冲击影响处。

2）电力线、动力线与光纤接近开关使用同一配线管或者配线槽时，会由于感应引起误动作或者使产品损坏，原则上应分开配线或者使用屏蔽线。

3）导线的延长使用截面积为0.3mm^{2}以上的线，并控制在100m以下。

4）电源接通后，经过200ms以上才可以进行检测，负载与光纤传感器的电源分开时，一定要先接通光纤传感器的电源。

5）在切断电源时会发生输出脉冲情况，所以要先切断负载或负载线的电源。

6）使用接插件时，为了防止触电或短路，应在不使用的连接电源端子上贴上保护用贴片。

7）放大器拆卸和安装时一定要切断电源。

8）不要在光纤单元固定于放大器单元的状态下施加拉伸、压缩等动作。

9）在使用时一定要确保保护罩已盖好。

10）不要使用香蕉水、汽油、丙酮、灯油类进行清洁。

3. 光纤传感器的拆装

光纤传感器由放大器单元、光纤单元和配线接插件单元三个组件组成，其安装相对电感式传感器、电容式传感器要复杂一些，下面分别介绍光纤传感器的三个组件的拆装。

(1) 放大器单元的安装

先将光纤传感器放大器单元中与光纤单元相连接的一侧的钩爪嵌入固定导轨后，再压下另一侧，直到挂钩完全锁定，如图 2-3-1 所示。

注：务必将与光纤单元相连的一侧先嵌入导轨进行安装，逆向安装会导致安装强度下降。

(2) 放大器单元的拆卸

压住 1 方向后，将光纤传感器插入部往 2 的方向提，即可将放大器单元拆卸下来，如图 2-3-2 所示。

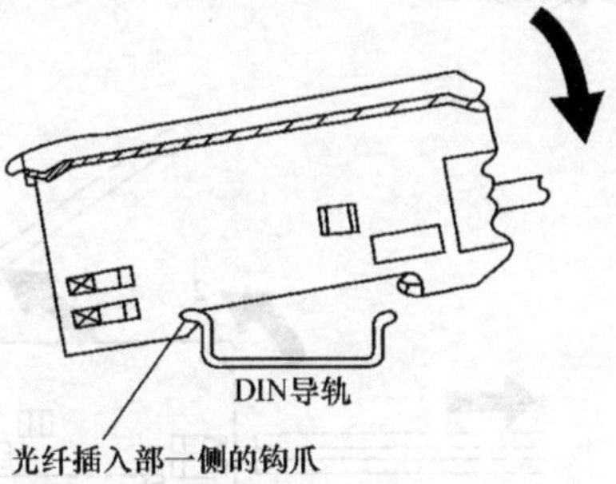

图 2-3-1　放大器单元导轨安装示意图

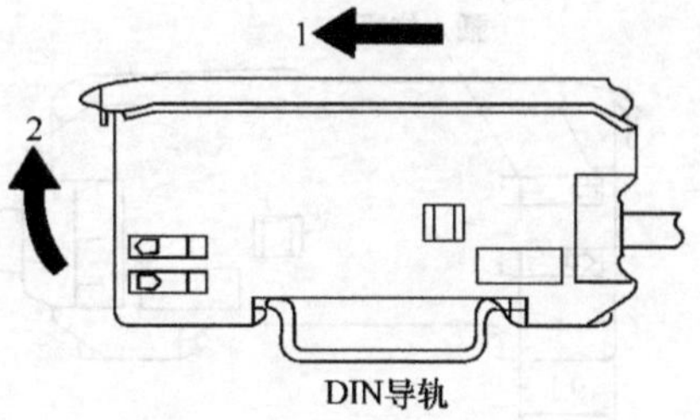

图 2-3-2　放大器单元拆卸示意图

(3) 配线接插件单元的安装

将配线接插件单元插入放大器单元的母接插件中，直到发出“咔”的声音，如图 2-3-3 所示。

(4) 配线接插件单元的拆卸

滑动子接插件，按下接插件的扳钮，使母/子接插件完全分离，如图 2-3-4 所示。

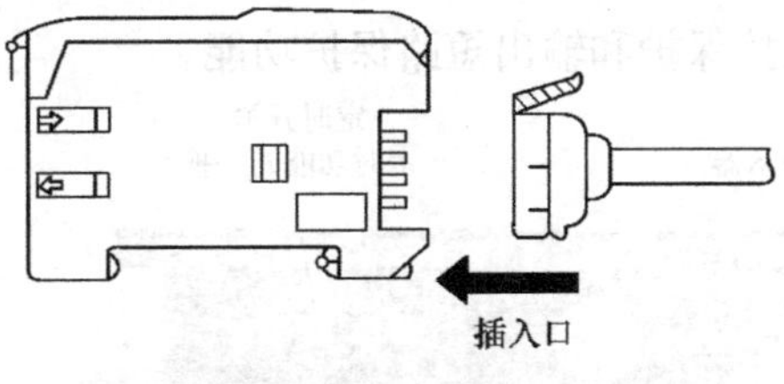

图 2-3-3　配线接插件连接示意图

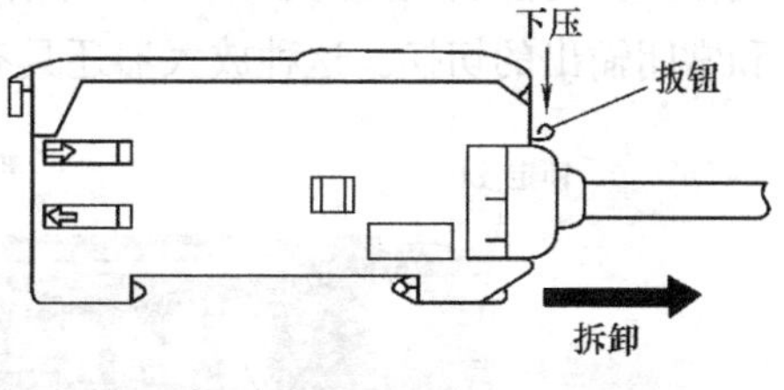

图 2-3-4　配线接插件拆卸示意图

(5) 光纤单元的安装

按 1 方向打开保护罩，按 2 方向打开锁定拨杆，按 3 方向将光纤插入放大器单元插入口并确保插到底部，再按 4 方向将锁定拨杆拨回原来位置固定住光纤，最后盖上保护罩，如图 2-3-5 所示。

> 注：光纤的插入位置要到位，具体位置要求如图 2-3-6 所示。如不完全插入可能会引起检测距离下降。

（6）光纤单元的拆卸

打开保护罩，解除锁定扳钮，然后拔出光纤，如图 2-3-7 所示。

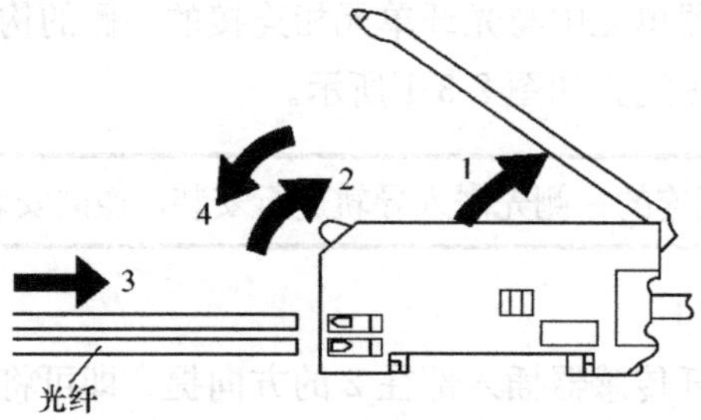

图 2-3-5　光纤单元安装示意图

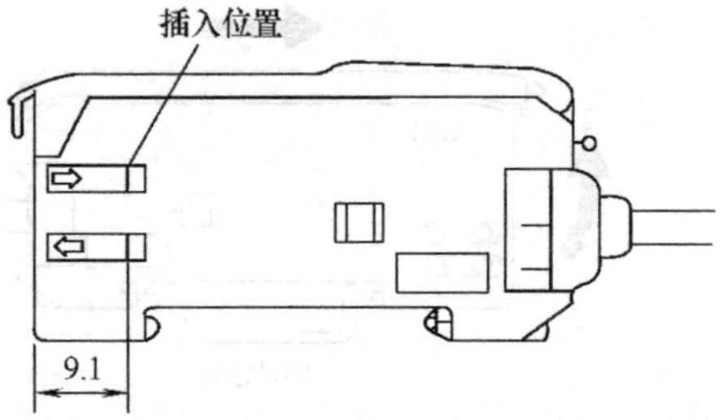

图 2-3-6　光纤的插入位置示意图

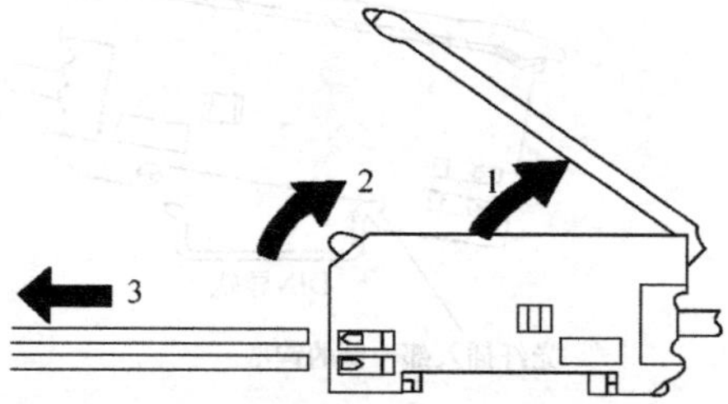

图 2-3-7　光纤单元拆卸示意图

4. 光纤传感器灵敏度的调节

在物料传送分拣系统中用到了两个光纤传感器。它们的放大器单元采用的是 E3X—NA11 型放大器，其面板构成如图 2-3-8 所示。它带有八个档位的灵敏度调节旋钮；通过定时开关可以实现开/关 40ms 延时断电功能；利用动作模式切换开关可以进行常开输出和常闭输出的切换。这种放大器还具有电源反接保护和输出短路保护功能。

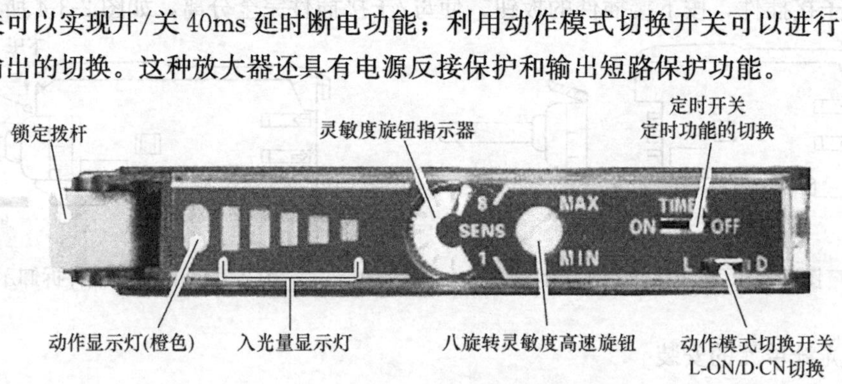

图 2-3-8　E3X—NA11 型放大器的面板构成

这种光纤传感器反射入光量与放大器入光量指示灯的关系如图 2-3-9 所示。

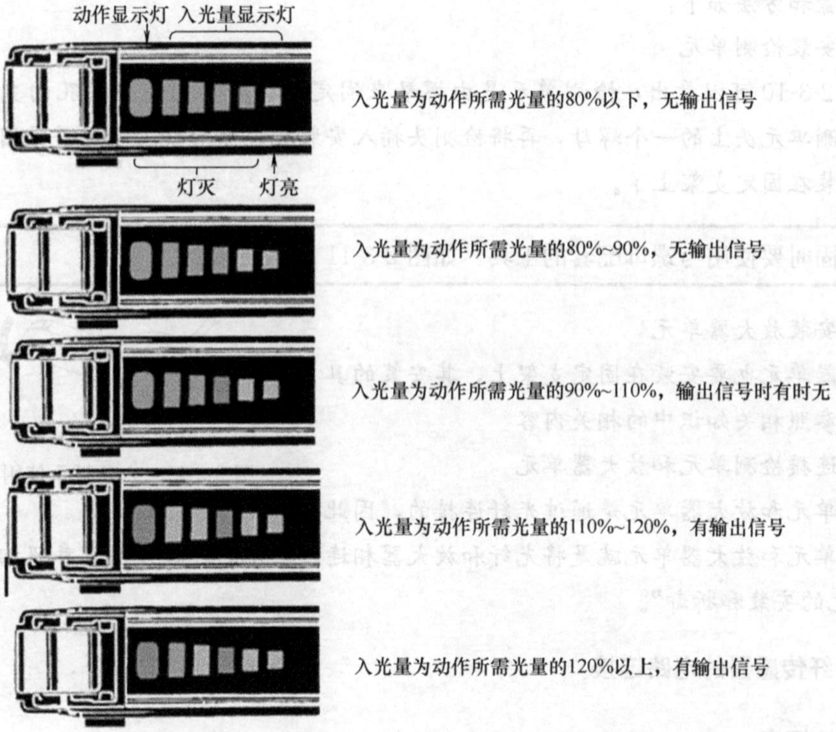

图 2-3-9　E3X－NA11 型光纤传感器的入光量与指示灯的关系

任务实施

1. 光纤传感器的安装

完成 E3X－NA11 型光纤传感器的安装，其安装示意图如图 2-3-10 所示。

思考与探究：☞

1）安装传感器时应注意什么？

2）图 2-3-10 所示的 E3X－NA11 型光纤传感器有哪几部分需要安装？

3）光纤传感器的各部分如何安装？

4）按怎样的安装步骤来安装光纤传感器？

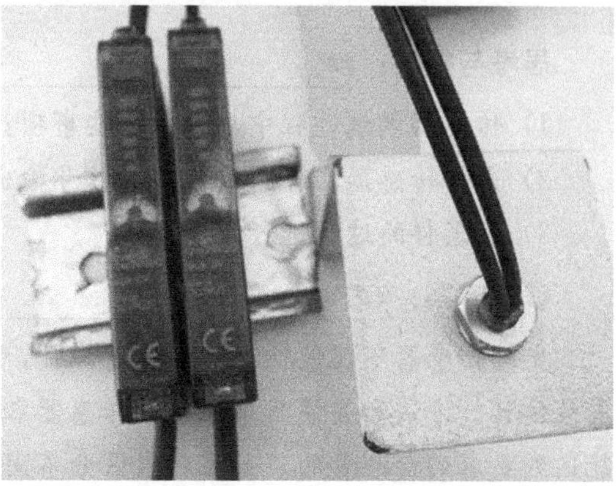

图 2-3-10　E3X－NA11 型光纤传感器的安装示意图

参考方案：☞

光纤传感器的安装包括检测单元和放大器单元的安装及两者之间的连接。可以先将检测单元和放大器单元分别安装后，再将两个单元连接起来；也可以先将两个单元连接好后再进行安装。下面介绍前一种方法，安装的参考步骤和方法如下：

(1) 安装检测单元

从图 2-3-10 可以看出，检测单元是由螺母来固定的，并要用有安装孔的支架，因此先拆下检测单元头上的一个螺母，再将检测头插入安装孔，然后旋上螺母并紧固，就将检测单元安装在固定支架上了。

注：紧固时要使用与螺母配套的工具，如图 2-3-11 所示。

(2) 安装放大器单元

放大器单元也要安装在固定支架上，其安装的具体方法可参照相关知识中的相关内容。

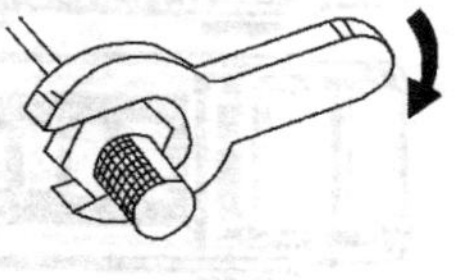

图 2-3-11　六角扳手使用方法

(3) 连接检测单元和放大器单元

检测单元和放大器单元是通过光纤连接的，因此连接检测单元和放大器单元就是将光纤和放大器相连，具体的连接方法可参照相关知识中“光纤单元的安装和拆卸”。

2. 光纤传感器的电路连接

思考与探究：☞

1) 需要安装的光纤传感器是两线制传感器还是三线制传感器？工作电压是多少？

2) 安装电路时应注意什么？

参考方案：☞

所需安装的光纤传感器和前面安装的电感式传感器的电路连接方法完全相同，可参考电感式传感器电路安装的方法和步骤。

3. 光纤传感器的调试

思考与探究：☞

1) 传感器调试过程中应注意哪些事项？

2) 光纤传感器在什么条件下有信号输出？什么条件下输出信号消失？

3) 按怎样的过程进行调试？

参考方案：☞

光纤传感器不仅能检测到是否有工件，还可以区分不同颜色的工件，因此除了要求其安装位置、方法和安装线路正确，传感器本身完好外，还要求其灵敏度调节准确，这样才能达到要求的检测目的。如果要求区分不同颜色，就要对不同的工件进行调试。具体的调试步骤如下：

1) 接通电源前，检查传感器的安装是否牢固。

2）检查电路连接是否满足工艺要求，并用万用表检测电路连接是否可靠。

3）将工作模式切换开关置于“L”。（光纤传感器有“L”和“D”两种工作模式可供选择，当置于“L”时为常开工作模式，当置于“D”时为常闭工作模式。）

4）在确保电路连接正确后接通电源，电源接通后观察到光纤传感器有指示灯亮，表示电源电路连接正确。

5）调整光纤传感器的灵敏度，使其能正确地产生检测信号。光纤传感器的检测任务不同时，灵敏度要求也不同，下面介绍三种不同检测功能的灵敏度调节方法。

① 能同时检测到金属、白色塑料和黑色塑料三种物料。

在需要检测的三种物料中，由于黑色塑料所需的灵敏度最大，只要能检测到黑色塑料，就必定能检测到金属和白色塑料，所以只需要用黑色塑料来调节。具体的调整过程为：在检测位放置被检测的黑色塑料件，将灵敏度调节旋钮往“min”方向调节，直到入光量指示灯只有一盏灯亮，然后再往相反方向慢慢调节，直到入光量指示灯全亮时停止调节。然后将被检测件移开再放入，能观察到：放入被检测件时入光量指示灯全亮，移开被检测件时入光量指示灯全灭，则说明传感器的灵敏度调节合适。

② 能检测到白色塑料，但不能检测到黑色塑料。

开始的调节过程和情况①相同，只需要将黑色塑料换成白色塑料即可，但调节好后，要在被检测位放置黑色塑料，此时若观察到入光量指示灯不亮，再将物料换成白色塑料，若入光量指示灯全亮，则说明灵敏度调节合适。当在被检测位放置黑色塑料时，观察到入光量指示灯亮，则应将灵敏度调节旋钮往“min”方向慢慢调节，直到入光量指示灯熄灭，则可停止调节。

③ 能检测到金属，但不能检测到白色或黑色塑料。

调节的具体方法可参照情况②，但是需要把白色塑料换成金属，把黑色塑料换成白色塑料。

> 注：如果接通电源后，没有指示灯亮，则很可能是电源供电电路有问题，则先用万用表检测电源是否给传感器提供了合适的工作电压；如果接通电源后，所有指示灯都亮，且将灵敏度调节旋钮往“min”方向调节时，入光量指示灯一直保持亮，则可能是工作模式选择了“D”。

总结提高

1. 你认为安装光纤传感器的方法和过程有什么地方可以改进的？
2. 在安装和调试光纤传感器的过程中，发生过哪些问题？你是怎样解决的？
3. 在完成该工作任务的过程中，你有什么收获？

任务四 磁敏传感器的使用

工作任务

1. 会安装磁敏传感器并进行调试。
2. 能说出磁敏传感器产生信号的条件和磁敏开关的工作原理。
3. 会检测磁敏传感器的好坏。

相关知识

1. 磁敏开关的工作原理

磁敏开关是流体传动系统中所特有的。磁敏开关可以直接安装在气缸缸体上，当带有磁环的活塞移动到磁敏开关所在位置时，磁敏开关内的两个金属簧片在磁环磁场的作用下吸合，发出信号。当活塞移开时，舌簧开关离开磁场，触点自动断开，信号切断。通过这种方式可以很方便地实现对气缸活塞位置的检测。

2. 磁敏传感器的工作状态

磁敏传感器一般都是二线制传感器且有传感器指示灯。当传感器指示灯亮时，表示有信号输出；当传感器指示灯熄灭时，表示没有信号输出。因此，可以通过指示灯的亮灭来观察传感器的工作是否正常。

任务实施

1. 磁敏传感器的安装

完成图 2-4-1 所示的 D－C73 型和 D－Z73 型磁敏传感器的安装

a) D—C73型磁敏传感器

b) D—Z73型磁敏传感器

图 2-4-1　磁敏传感器外形示意图

思考与探究：☞

1）安装传感器时应注意什么？

2）两种需要安装的磁敏传感器是通过什么来固定的？

3）D—Z73 型和 D—C73 型磁敏传感器需按怎样的步骤来安装？

参考方案：☞

由图 2-4-1 可知，D—Z73 型和 D—C73 型两种磁敏传感器的结构不同，其固定方法也不同，下面分别进行介绍。

(1) D—Z73 型磁敏传感器的固定

D—Z73 型磁敏传感器只有一个固定螺钉，但其底部有凸出部分，正好可以嵌入被检测气缸缸体的安装槽内。具体的安装方法如下：先将磁敏传感器嵌入安装槽内，并将传感器移到检测位置，然后旋紧固定螺钉。

注：将磁敏传感器嵌入气缸安装槽内时，要注意传感器的嵌入方向不能反。

(2) D—C73 型磁敏传感器的固定

D—C73 型磁敏传感器只有一个固定孔，它需要专门的固定支架。具体的安装方法及步骤如图 2-4-2 所示。

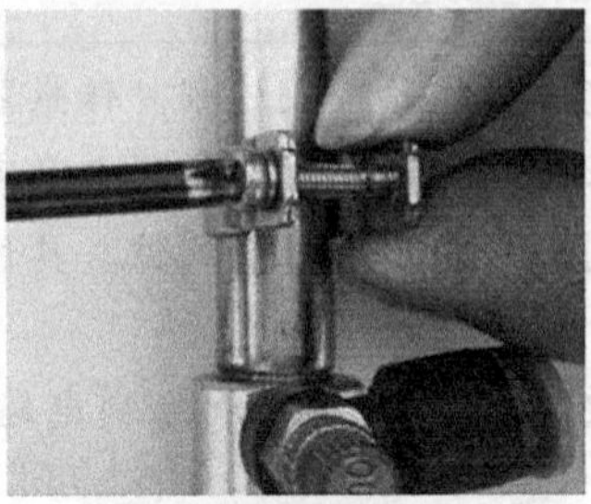

a) 将固定支架螺钉松开

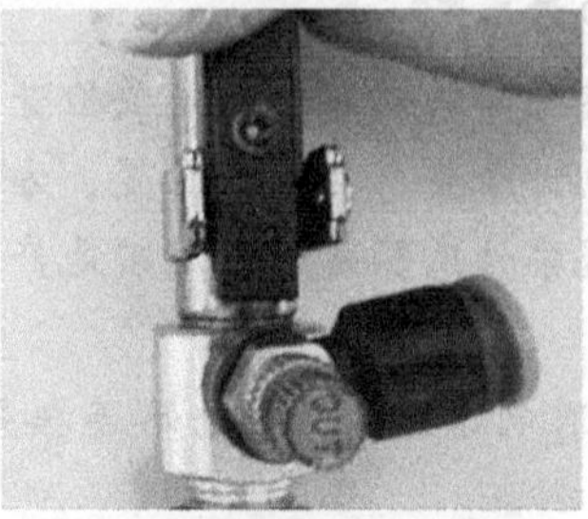

b) 将磁敏传感器放入安装位置

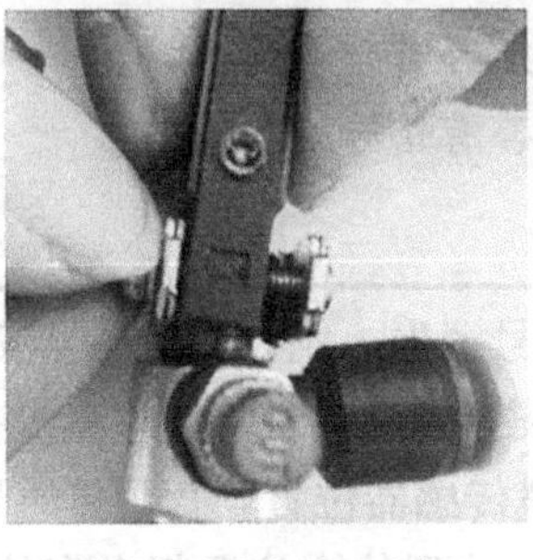

c) 将螺钉孔和安装孔对准

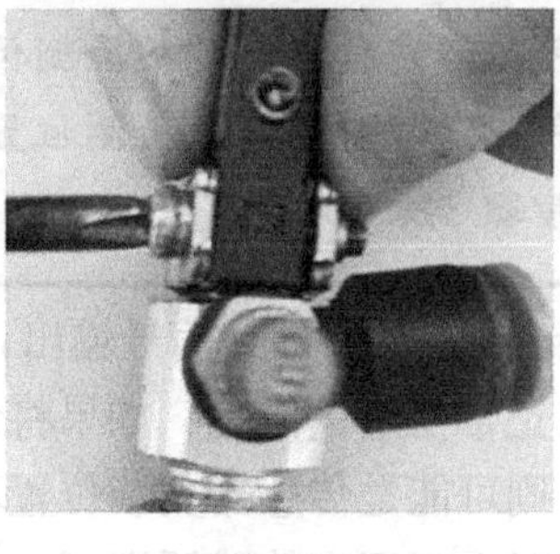

d) 拧紧螺钉

图 2-4-2　D—C73 型磁敏传感器安装的方法和步骤

2. 磁敏传感器的电路连接

思考与探究：☞

1）需要安装的传感器是两线制传感器还是三线制传感器？工作电压是多少？

2）安装电路时应注意什么？

参考方案：☞

所需安装的磁敏传感器均为两线制传感器，它们的工作电压都为 DC 10～30V，因此安装时要保证给磁敏传感器提供合适的工作电压，一般选用 DC 24V 的电源给传感器供电。进行电路安装时，将棕色线接信号输入端，蓝色线接公共端。当传感器用来为 PLC 提供信号时，可按图 2-4-3 所示的电气接线图进行接线。

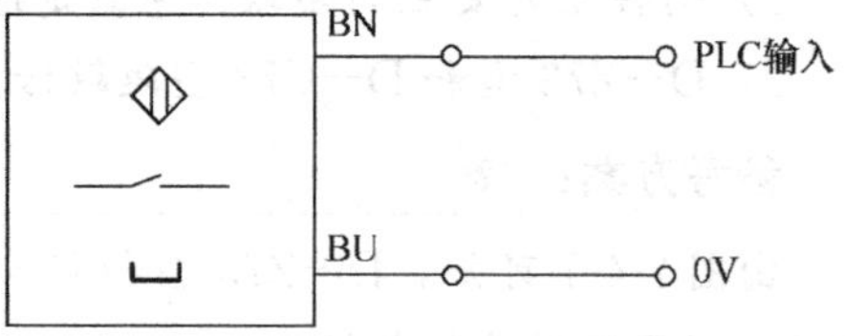

图 2-4-3　磁敏传感器接线图

连接线路时，传感器的引出线一般通过接线端子排与电源及 PLC 相连接，具体的连接方法和步骤可参考电感式传感器的电路连接。

3. 磁敏传感器的调试

思考与探究：

1）进行调试时要注意哪些事项？

2）磁敏传感器在什么情况下有信号输出？什么情况下输出信号消失？

3）按怎样的过程进行调试才能确定传感器能正常使用？

参考方案：

进行传感器的调试也就是要检查传感器是否能完成要求的检测过程。传感器要能准确地进行检测，除要求其安装位置、方法和安装线路正确外，还要求传感器本身完好。因此可以通过观察传感器是否能准确地产生检测信号来判断安装是否准确到位。具体的调试步骤如下：

1）接通电源前，检查电路连接是否满足工艺要求，并用万用表检测电路连接是否可靠；

2）在确保电路连接正确后接通电源；

3）将气缸活塞杆移动到被检测位置，观察传感器是否有信号输出；

4）将气缸活塞杆离开被检测位置，观察传感器是否有信号输出；

5）将步骤 3）、4）重复几次。

注：若步骤 3）观察到有信号输出，步骤 4）输出信号消失，则说明传感器安装正确，可以正常使用。但是，如果将气缸活塞杆移到被检测位置时，传感器没有信号输出，则可能是传感器安装位置不准确，只要调整传感器位置，直到传感器有信号输出时重新固定传感器即可，若无论将传感器移动到什么位置都没有信号输出，则说明传感器损坏或传感器线路有问题。

总结提高

1. 在安装 D−Z73 型磁敏传感器时，当嵌入安装槽时方向反了会造成什么后果？
2. 在任务实施过程中发生了哪些问题？你是怎样解决的？
3. 你认为磁敏传感器的安装方法和步骤有什么需要改进的？
4. 在完成该工作任务的过程中，你有什么收获？

评价反思

项目	评价内容		分值	学生自评	小组互评	教师评分
实践操作过程评价（50%）	安全文明操作（20%）	按要求穿着工作服、电工鞋	2			
		工具摆放整齐	2			
		完成任务后及时清理工位	2			
		不乱丢杂物	2			
		不带电进行电路连接	3			
		不擅自连接或改接设备线路	3			
		未发生触电事故	3			
		未造成设备或元器件损坏	3			
	工作程序规范（15%）	操作先后顺序安排恰当	3			
		操作过程规范	2			
		操作程序合理	3			
		操作技能娴熟	4			
		工具使用规范	3			
	个人职业素养（15%）	操作时不大声喧哗	2			
		不做与工作无关的事	2			
		遵守操作纪律	2			
		仪表仪态端正	1			
		工作态度积极	2			
		注重交流和沟通	2			
		能够注重协作互助	2			
		创新意识强	2			
实践操作成果评价（50%）	传感器工作原理认识（10%）	电感式传感器工作原理认识正确	2			
		电容式传感器工作原理认识正确	2			
		光电传感器工作原理认识正确	2			
		光纤传感器工作原理认识正确	2			
		磁敏传感器工作原理认识正确	2			
	传感器的固定（14%）	传感器安装方法正确	4			
		传感器安装位置合理	3			
		传感器安装牢固又不会损坏传感器	4			
		传感器固定支架安装正确	3			
	传感器的电路连接及检测（12%）	传感器电路连接正确	4			
		传感器电路连接符合工艺要求	4			
		传感器电路检测正确	4			
	传感器的调试和测试（14%）	能正确地进行各种传感器的调整	5			
		能准确地测试各种传感器的性能	5			
		能准确地判断调试过程中出现的问题	4			

项目三 认识可编程序控制器

使用可编程序控制器，首先要能认识它，知道其基本结构和组成。通过本项目的学习，就能认识可编程序控制器（以后简称 PLC），能知道 PLC 面板上各部分的名称和作用，知道 PLC 如何和其他电气设备连接等等。

任务一 了解 PLC 的结构、特点和工作原理

工作任务

1. 能说出 PLC 面板上的各种指示灯、标志及接线端子的作用或含义。
2. 能说出 PLC 由哪几部分组成。
3. 知道 PLC 的工作原理和应用。

相关知识

1. 概述

早期的 PLC 是用来替代继电器、接触器控制的。它主要用于顺序控制，只能实现逻辑运算，因此被称为可编程序逻辑控制器（Programmable Logic Controller，PLC）。随着电子技术、计算机技术的迅速发展，可编程序控制器的功能已远远超出了顺序控制的范围，被称为可编程序控制器（Programmable Controller，PC）。为区别于 Personal Computer（PC），故沿用 PLC 这个简称。

PLC 是在传统的顺序控制器的基础上引入了微电子技术、计算机技术、自动控制技术和通信技术而形成的一代新型工业控制装置，目的是用来取代继电器，执行逻辑、计时、计数等顺序控制功能，建立柔性的程序控制系统。国际电工委员会（IEC）颁布了对 PLC 的定义：PLC 是一种数字运算操作的电子系统，专为在工业环境下应用而设计。它采用可编程序的存储器，用来在其内部存储执行逻辑运算、顺序控制、定时、计数和算术运算等操作的指令，并通过数字的、模拟的输入和输出，控制各种类型的机械或生产过程。PLC 及其有关设备，都应按易于与工业控制系统形成一个整体，易于扩充其功能的原则设计。该定义强调了 PLC 应直接应用于工业环境，因此其必须具有很强的抗干扰能

力、广泛的适应能力和应用范围。

2. PLC 的分类

PLC 有多种分类方法，下面介绍两种：

(1) 按 I/O 点数分类

微型 PLC（小于 32 点）、微小型 PLC（32～127 点）、小型 PLC（128～255 点）、中型 PLC（256～1024 点）、大型 PLC（1025～4000 点）、超大型 PLC（4000 点以上）。以上划分不包括模拟量 I/O 点数，且划分界限不是固定不变的。

(2) 按结构形式分类

① 整体式 PLC：又称单元式或箱体式。整体式 PLC 是将电源、CPU、I/O 部件都集中装在一个机箱内，其外形结构如图 3-1-1 所示。它适用于小型 PLC，包括基本单元和扩展单元。

② 模块式 PLC：将 PLC 各部分分成若干个单独的模块，如 CPU 模块、I/O 模块、电源模块和各种功能模块。模块式 PLC 由框架和各种模块组成，模块插在模块插座上，其外形结构如图 3-1-2 所示。一般大、中型 PLC 采用模块式结构，有的小型 PLC 也采用这种结构。

图 3-1-1 整体式 PLC 的外形结构

图 3-1-2 模块式 PLC 的外形结构

③ 叠装式 PLC：有的 PLC 将整体式和模块式结合起来，称为叠装式 PLC。

3. PLC 的结构

(1) PLC 的外部结构

虽然 PLC 的品种很多，不同品种的 PLC 外形各不相同，但是其结构组成基本相同，图 3-1-3 所示为三菱 FX_{2N}系列 PLC 的外部结构图。

输入端子侧包括 PLC 输入端子和电源输入端子，各端子名称都标记在面板上，电源接线端子分别标有“L”（相线）、“N”（零线）和“⊥”（接地），其他输入端子分别标记了相应的输入地址编号；输出端子同样也标记了相应的输出地址编号，一般来说输出端子分成几组，每组共用一个公共端“COM”，如 FX_{2N}—48MR 型 PLC 的输出端子分成了五组，因此共有五个“COM”端。

在图 3-1-3 中“7”所示的接线盖板（图 3-1-3 中“7”）内有控制 PLC 运行和停止的转换开关和编程电缆的插线口，如图 3-1-4 所示。

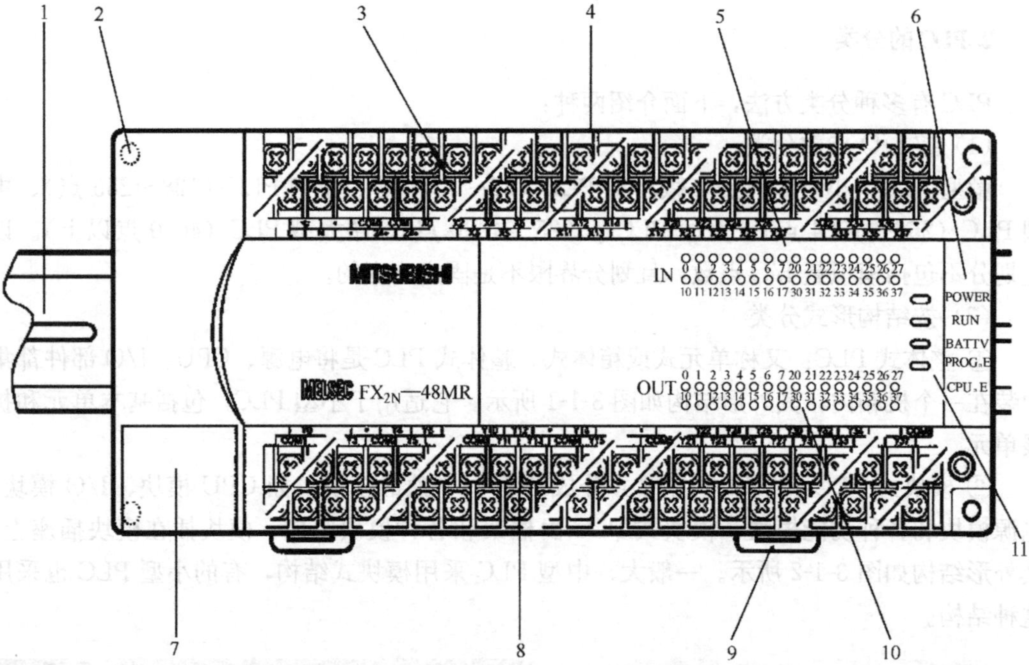

图 3-1-3　三菱 FX_{2N}系列 PLC 的外部结构

1—35mm 宽 DIN 安装导轨　2—安装孔（4 个）　3—电源、辅助电源、输入信号用的装卸式端子　4—透明端子盖板　5—输入信号 LED 指示灯　6—工作状态面板　7—外围设备接线插座盖板　8—输出用的可装卸端子　9—DIN 导轨装卸用卡子　10—输出信号 LED 指示灯　11—PLC 工作状态指示灯

（2）PLC 面板各种标记和指示灯

1）输入指示灯：标有“IN”标记旁边的一排指示灯为输入信号指示灯，如图 3-1-3 中的“5”，每一盏指示灯分别对应 PLC 的一个输入信号，当对应的输入端有信号时，该指示灯就亮；当对应的输入端无信号时，该指示灯就熄灭。

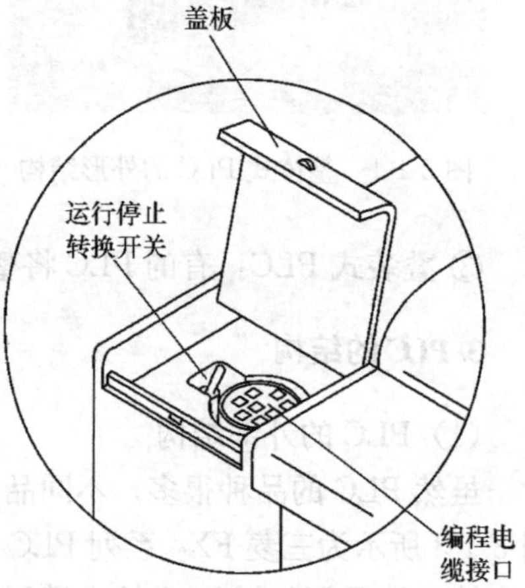

图 3-1-4　接线盖板内部组成示意图

2）输出指示灯：标有“OUT”标记旁边的一排指示灯为输出信号指示灯，如图 3-1-3 中的“10”，每一盏指示灯分别对应 PLC 的一个输出信号，当对应的输出端有信号输出时，该指示灯就亮；当对应的输出端无信号输出时，该指示灯就熄灭。

3）型号标记：图 3-1-3 中的“$\underset{①}{\underline{FX_{2N}}}-\underset{②③④}{\underline{48MR}}$”就是 PLC 的型号标记，其型号各部分的含义如下：

①为系列名称；②为输入和输出点数之和，48 为 24 点输入 24 点输出；③为单元种类，M 表示基本单元，E 表示输入输出混合扩展模块及扩展单元，EX 表示输入专用扩展模块，EY 表示输出专用扩展模块；④为输出形式，R 表示继电器输出，T 表示晶体管输

出，S表示晶闸管输出。

4）工作状态指示灯：PLC共有四盏工作状态指示灯，标有“POWER”的指示灯为PLC电源指示灯，当PLC接通电源时，该指示灯亮；标有“RUN”的指示灯为PLC运行指示灯，当PLC处于运行状态时，该指示灯亮；标有“BATT. V”的指示灯为PLC内部锂电池欠电压指示灯，当锂电池电压降低到需要更换时，该指示灯亮；标有“PROG-oE”和“CPUoE”的指示灯为错误指示灯，当该指示灯闪烁时，表示写入PLC的程序有错误，当该指示灯常亮时，表示PLC内部CPU出错。

（3）PLC的内部结构

PLC控制系统与计算机控制系统一样，也由硬件和软件组成。硬件包括CPU、存储器、输入输出部分；软件则包括系统程序和用户程序等。PLC控制系统的硬件主要由CPU模块、输入模块、输出模块、编程器和电源单元组成，如图3-1-5所示。现在很多PLC还可以配备特殊功能模块，用来完成某些特殊的任务。

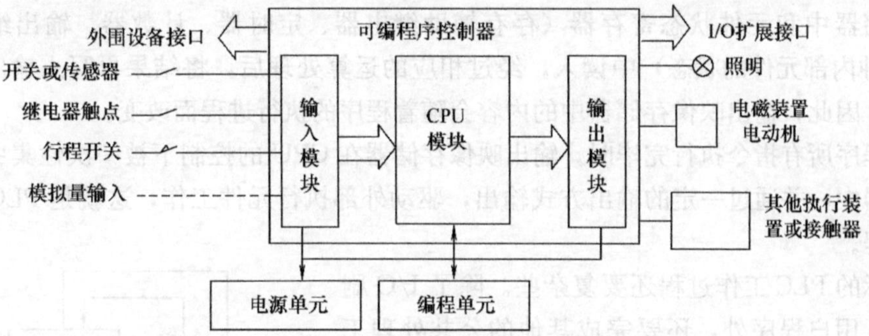

图3-1-5 PLC硬件结构示意图

CPU模块是PLC的核心，起神经中枢的作用。它按PLC的系统程序赋予的功能接收并存储用户程序和数据；用扫描的方式采集由现场输入装置送来的状态或数据，并存入规定的寄存器中；同时诊断电源和PLC内部电路的工作状态和编程过程中的语法错误；开始运行后，CPU从用户程序存储器中逐条读取指令，经分析后再按指令规定的任务产生相应的控制信号，去指挥有关的控制电路。

输入（INPUT）模块和输出（OUTPUT）模块简称I/O模块，它们是外部现场设备和CPU模块的联系桥梁。输入模块用来接收和采集输入信号，开关量输入模块用来接收从按钮开关、拨码开关、限位开关、接近开关等输入元件发出的开关量信号；模拟量输入模块用来接收电位器、测速发电机和各种变送器提供的连续变化的电流、电压信号。

4. PLC的工作原理

PLC的工作方式与微型计算机相比有较大的不同。微型计算机一般采用等待命令和中断的工作方式。而PLC采用循环扫描的工作方式，即PLC对用户程序进行反复的循环扫描，逐条地解释用户程序，并加以执行。在每次扫描过程中按指令的序号进行，如果没有跳转指令，则开始下一轮循环。

(1) PLC的工作过程

PLC投入运行时，要完成一系列的操作。大致可分为三个阶段：输入处理、程序执行、输出处理。这三个过程循环往复地进行。

输入处理阶段完成的主要工作是刷新输入状态表的内容。送入PLC输入端子上的信号，经光电隔离、电平转换、滤波处理后，进入缓冲器内进行CPU采样。在PLC的存储器中，有一个专门存放I/O数据的区域，其中对应存放输入端子的数据区称为输入映像存储器；对应存放输出端子的数据区称为输出映像存储器。当CPU采样时，输入信号由缓冲区进入映像区，这一过程称为输入采样或输入刷新。随后关闭输入端口，进入程序执行阶段。在程序执行阶段，即使输入端状态有变化，输入映像存储器中的内容也不会变化。变化了的输入信号状态只能在下一个扫描周期的输入刷新阶段才能被读入。

PLC在程序执行阶段，按用户程序顺序扫描执行每条指令，所需执行条件可从输入映像存储器中和元件状态寄存器（存有辅助继电器、定时器、计数器、输出继电器等PLC各种内部元件的状态）中读入，经过相应的运算处理后，将结果再写入输出映像存储器中。因此，输出映像存储器中的内容会随着程序的执行进程而改变。

当程序所有指令执行完毕时，输出映像存储器在CPU的控制下被一次性集中送到输出锁存器中，并通过一定的输出方式输出，驱动外部执行元件工作，这就是PLC的输出处理过程。

实际的PLC工作过程还要复杂些。除了I/O刷新及运行用户程序外，还要完成其他的公共处理工作。公共处理工作有循环时间监视、外设服务及通信处理等。监视循环时间的目的是防止用户程序出现“死循环”，保证PLC正常工作。为此PLC设置有“看门狗”定时器，监测用户程序的运行时间，只要循环超时，即报警或作相应处理。外设服务是让PLC可接受编程器对它的操作，或通过接口向输出设备输出数据。通信处理是实现与计算机、其他PLC或智能设备进行信息交换的过程。所以PLC的实际工作过程总是按公共处理→输入刷新→执行用户程序→输出刷新这个过程不断循环，如图3-1-6所示。

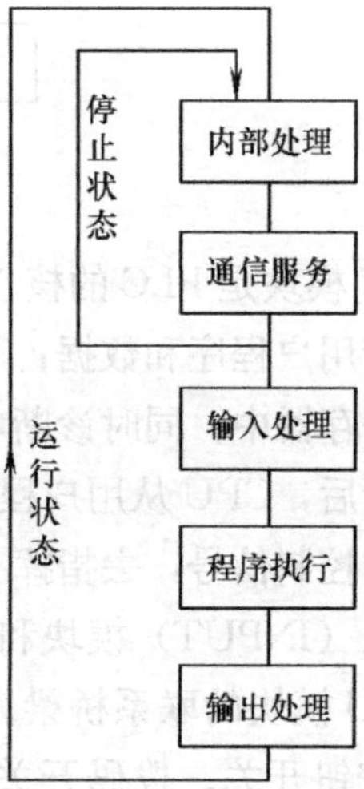

图3-1-6 PLC的实际工作过程

(2) PLC工作过程的特点

从PLC工作过程可知，PLC采用循环扫描工作方式，每一个过程中的处理分开进行，没有交叉，因此具有以下三个特点：输入信号集中批量处理、输出信号集中批量处理、程序集中按顺序执行。

5. PLC的特点

PLC的输入与输出在物理上是相互隔离的，其间不再像继电-接触器控制电路那样进行实际连接，而主要靠控制程序来实现。其输入输出主要为软联系，它的工作基础是信息流。根据PLC的工作原理，它主要具有以下特点：

(1) 功能强大

PLC具有丰富的指令系统，有各种各样的I/O接口，有大容量的内存，可以完成逻辑处理、数据运算、精确定时、高速计数、联网通信等各种工作。这是传统的继电-接触器控制电路无法比拟的，也为PLC的广泛应用提供了可能。

(2) 可靠性高，抗干扰能力强

PLC在硬件和软件上采取了许多有效措施，对系统控制的可靠性远高于继电-接触器控制。

硬件上，PLC采用密封、防尘、抗振的外壳封装结构，以适应工作现场的恶劣环境；对用户程序和有关数据用电池进行后备，一旦断电或运行停止，有关数据和信息不会丢失；采取了光电隔离、滤波电路和开关电源等措施有效抑制干扰信号的影响。

软件上，PLC具有完善的自诊断功能，可对CPU等内部电路进行检测，一旦出错，立即报警；利用“看门狗”定时器进行用户程序监控，保证用户程序的正常运行；提供大量防止故障和检测故障的指令，对各重要模块的工作是否正常进行实时监控；采用循环扫描工作方式，保证PLC的有序工作，避免了继电-接触器控制系统中常出现的“冒险竞争”现象。

通过上述方法和其他各种保障措施，保证了PLC工作的高可靠性。

(3) 安装简便，调试方便，维护工作量小

PLC用软件功能取代了继电-接触器控制系统中大量的中间继电器、时间继电器、计数器等器件，使控制柜的设计、安装、接线工作量大大减少；控制程序的设计和调试可以在实验室里进行，用模拟实验开关代替输入信号，其输出信号则可以用各输出点对应的发光二极管状态来指示，大大缩短了调试时间；PLC本身故障率很低，又有完善的自诊断能力和显示功能，一旦发生故障，可根据PLC上的发光二极管或编程器提供的信息，迅速查明原因。

(4) 编程方法简单易学

PLC提供多种编程语言，最常用的是梯形图编程语言，其电路符号和表达方式与继电-接触器电路原理图相似，电气技术人员可以用很短的时间熟悉这种语言并用来编写控制程序。其他的还有指令表（助记符）语言、功能图语言等多种编程语言，编程人员可以根据自己的特点选用合适的语言进行控制程序的设计。

6. PLC的应用

基于PLC强大的功能和其他优良的性能，它在工业中得到了非常广泛的应用，主要有：

(1) 开关逻辑控制

PLC的“与”、“或”、“非”逻辑指令可以实现触点的串联、并联，代替继电器进行

开关量的逻辑控制。这是PLC最基本、最广泛的应用领域。

(2) 过程控制

过程控制主要是对各种连续变化的模拟量如温度、压力、流量、液位、速度等的控制，是连续生产过程中最常用的控制。

(3) 运动控制

PLC使用专门的指令或运动控制模块，可以对控制对象的位置、速度及加速度进行控制。

(4) 数据处理

现代PLC都具有数据处理能力，如算术运算、数据传送、数据比较、数据转换、浮点运算、函数运算等。

(5) 通信和联网

PLC的控制已从早期的单机控制发展到了多机控制，实现了工业自动化。现代的PLC一般都有通信的功能，它既可以对远程I/O进行控制，又能实现PLC与PLC、PLC与其他智能控制设备之间的通信。

7. PLC的发展趋势

为了满足不同场合的需要，PLC将向以下几个方面发展：a）向着高速、大容量发展；b）向超大或超小型两个方向发展；c）大力开发智能模块，加强联网通信功能；d）增强外部故障的检测与处理能力；e）编程语言的多样化；f）支持更多的工业总线。

任务实施

1. 说明PLC面板上各指示灯的含义和作用。
2. 说出PLC能在工业控制中得到广泛应用的原因。
3. 说出你所用的PLC的型号，并说明该型号PLC的输入点数、输出点数、输出方式和类型。
4. 说明PLC的工作过程和工作特点。
5. 上网搜集资料，说明PLC可应用到哪些方面，未来将有哪些发展方向。
6. 猜想一下PLC程序的编写顺序是否可能影响程序的执行结果，并说明猜想的依据。

总结提高

1. 写一份完成本工作任务的体会，并和同学交流。
2. 调查学校实验、实训设备用到了哪些PLC。
3. 调查三菱PLC在国内PLC市场的占有率。

任务二 认识PLC的编程元件

工作任务

1. 知道PLC有哪些编程元件。
2. 知道PLC各编程元件的编号及作用。
3. 会使用PLC的编程元件。

相关知识

在PLC内部提供了大量的继电器、定时器、计数器等软元件，它们都有很多对常开触点和常闭触点，将它们与线圈相连就构成了控制回路。不同品牌PLC的常用编程元件基本相同，但是其表示方式有较大的差异。以三菱FX_{2N}系列PLC为例来介绍PLC的常用编程元件。表3-2-1列出了FX_{2N}系列PLC的主要性能指标及常用编程元件。图3-2-1所示为FX_{2N}系列PLC中所具有的软元件和它们之间的信号流向。

表3-2-1 FX_{2N}系列PLC的主要性能指标及常用编程元件

项目	说明	规格编号
运算处理速度	基本指令	0.08μs/指令
	应用指令	1.52～100μs/指令
输入/输出点数	最大输入点数	X000～X267 184（八进制编号）
	最大输出点数	Y000～Y267 184（八进制编号）
	合计最大点数	最多只能256点
指令种类	应用指令	共有128种
	顺序控制指令	27个
	步进阶梯指令	2个
内部辅助继电器	一般用①	M0～M499 共500点（十进制）
	停电保持用②	M500～M1023 共524点（十进制）
	停电保持用③	M1024～M3071 共2048点（十进制）
	特殊用	M8000～M8255 共256点（十进制）
定时器	100ms	T0～T199 共200点（0.1～3276.7s）
	10ms	T200～T245 共46点（0.01～327.67s）
	1ms积分型③	T246～T249 共4点（0.001～32.767s）
	100ms积分型③	T250～T255 共6点（0.1～3276.7s）
计数器	一般用①	C0～C99 共100点（0～32767次），16位加法
	停电保持用②	C100～C199共100点（0～32767次），16位加法
	一般用①	C200～C219共20点（−2147482648～2147483647），32位加减法
	停电保持用②	C220～C234共15点（−2147482648～2147483647），32位加减法
	停电保持用②	C235～C255（X0～X5自动变为反应速度为50ms的高速计数端）

（续）

项　目	说　　明	规格编号
数据缓冲区	16位一般用①	D0～D199 共200点
	16位停电保持用②	D200～D511 共312点
	16为停电保持用③	D512～D7999 共7488点（D1000以后以500点为一个设定单位）
	16位特殊用	D8000～D8255 共256点
	16位间接指定用	V0～V7，Z0～Z7 共16点
步进点	程序初始用	S0～S9　10点（十进制）
	一般用①	S10～S499　490点（十进制）
	停电保持用②	S500～S899　400点（十进制）
	警报用③	S900～S999　100点（十进制）
嵌套回路	MC、MCR指令用	N0～N7　共8点
常数	10进制（K）	16位：−32768～32767 32位：−2147483678～2147483647
	16进制（H）	16位：0～FFFF　32位：0～FFFFFFFF
指针	CJ，CALL目的地	P0～P127　128点
	外部中断插入目的地	I00、I10、I20、I30、I40、I50、I6、I7、I8　9点
	定时中断插入目的地	I010、I020、I030、I040、I050、I060　6点

① 非停电保持区域，但可用参数将其改成停电保持区域。

② 停电保持区域，但可用参数将其改成非停电保持区域。

③ 停电保持区域、固定区域，不可用参数更改。

1. 输入继电器（X）

输入继电器与输入端相连，它是专门用来接受PLC外部输入信号的元件。在PLC进行输入刷新时，输入缓冲器中存放的输入点的状态便被映像到输入继电器。它是只读存储器，不能用程序来改变内容。在各基本单元中，按X000～X007，X010～X017等八进制数的方式分配输入继电器的地址号。

2. 输出继电器（Y）

输出继电器是用来将PLC内部信号传送到外部负载的编程元件，与输出点对应。在PLC进行输出刷新时，输出继电器的状态被映像到输出内部电路的锁存器上，锁存器再经输出电路成为输出点上的输出。输出继电器是可读可写的。在各基本单元中，按Y000～Y007，Y010～Y017等八进制数的方式分配输出继电器的地址号。

3. 辅助继电器（M）

辅助继电器是PLC内部具有的继电器，这种继电器有别于输入、输出继电器，它不能获取外部的输入，也不能直接驱动外部负载，只在程序中使用，起逻辑变换和逻辑记忆的作用。

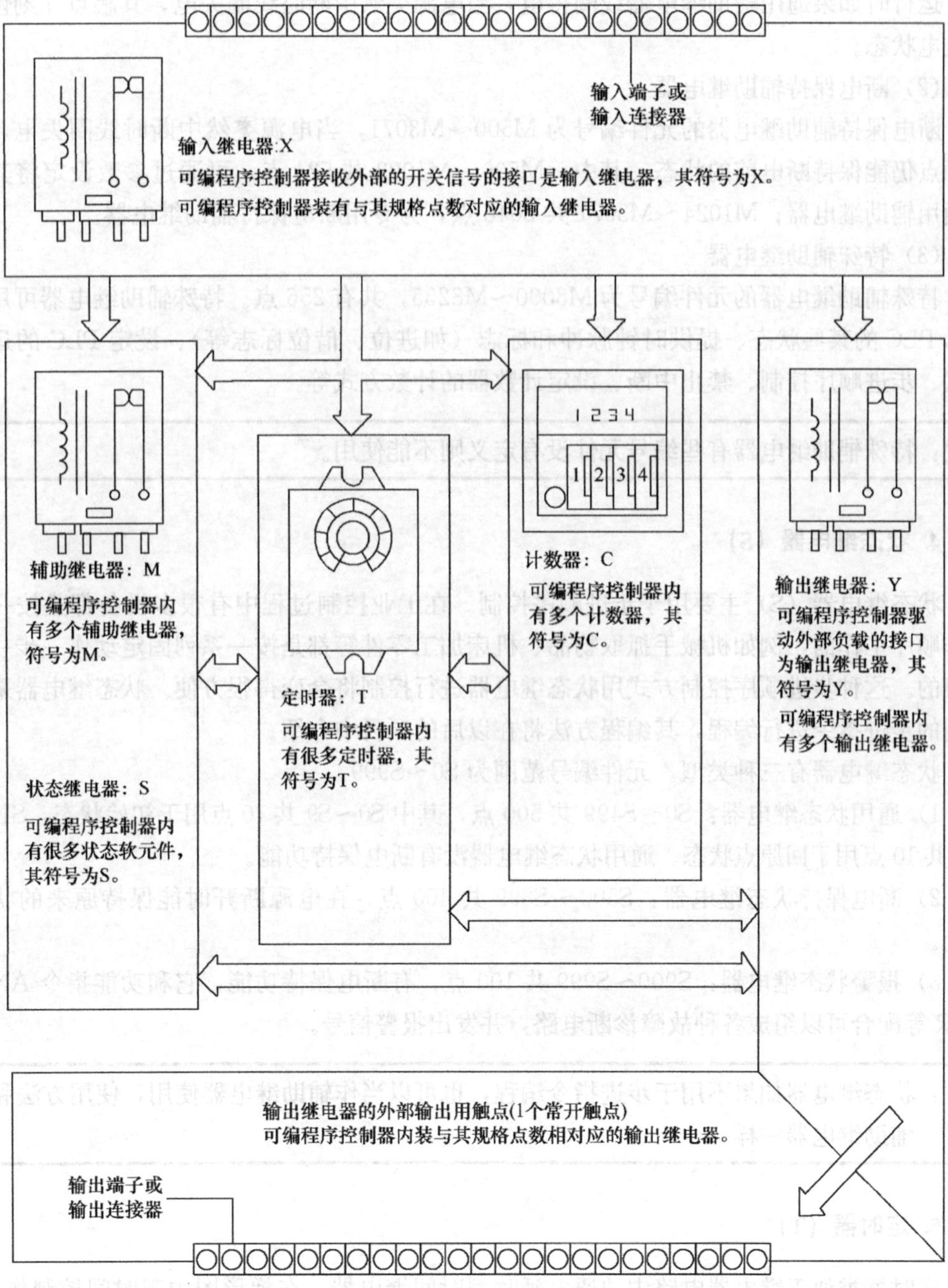

图 3-2-1 FX_{2N}系列 PLC 的常用编程元件及其信号流向

在 FX_{2N}系列 PLC 中除输入继电器和输出继电器的元件号采用八进制外，其他元件号均采用十进制，如：M6、M7、M8、M9、M8000 等。辅助继电器有通用辅助继电器、断电保持辅助继电器和特殊辅助继电器。

（1）通用辅助继电器

通用辅助继电器的元件编号为 M0～M499，共 500 点。它和普通的中间继电器功能一样，运行时如果通用辅助继电器线圈得电，当电源突然中断时线圈失电，其触点立刻恢复为失电状态。

（2）断电保持辅助继电器

断电保持辅助继电器的元件编号为 M500～M3071，当电源突然中断时线圈失电，但其触点仍能保持断电前的状态。其中，M500～M1023 共 524 点，可通过参数设定将其改为通用辅助继电器；M1024～M3071 共 2048 点，为专用断电保持辅助继电器。

（3）特殊辅助继电器

特殊辅助继电器的元件编号为 M8000～M8255，共有 256 点。特殊辅助继电器可用来表示 PLC 的某些状态、提供时钟脉冲和标志（如进位、借位标志等）、设定 PLC 的运行方式、步进顺序控制、禁止中断、设定计数器的计数方式等。

注：特殊辅助继电器有些编号元件没有定义则不能使用。

4. 状态继电器（S）

状态继电器（S）主要用于步进顺序控制。在工业控制过程中有很多设备都是按一定动作顺序工作的，例如机械手抓取物品、机床加工零件等都是按一系列固定动作一步一步完成的。这种步进顺序控制方式用状态继电器进行控制将会变得很方便。状态继电器采用专用的步进指令进行编程，其编程方法将在以后的项目中介绍。

状态继电器有三种类型。元件编号范围为 S0～S999。

1）通用状态继电器：S0～S499 共 500 点，其中 S0～S9 共 10 点用于初始状态，S10～S19 共 10 点用于回原点状态。通用状态继电器没有断电保持功能。

2）断电保持状态继电器：S500～S899 共 400 点，在电源断开时能保持原来的状态不变。

3）报警状态继电器：S900～S999 共 100 点，有断电保持功能，它和功能指令 ANS、ANR 等配合可以组成各种故障诊断电路，并发出报警信号。

注：状态继电器如果不用于步进指令编程，也可以当作辅助继电器使用，使用方法和辅助继电器一样。

5. 定时器（T）

定时器类似于继电器电路中的通电延时型时间继电器，在梯形图中起时间控制作用。FX_{2N}系列 PLC 中的定时器可对 PLC 内 1ms、10ms、100ms 不同频率的时钟脉冲进行加法计算，当达到规定的设定值时，定时器输出触点动作。定时器设定值可以用十进制常数（K）来设定，也可以用数据寄存器（D）的内容进行间接指定。T0～T199 为单位时间 100ms 累积型定时器；T200～T245 为单位时间 10ms 累积型定时器；T246～T249 为单位时间 1ms 累积型定时器；T250～T255 为单位时间 100ms 累积型定时器。

6. 计数器（C）

计数器类似于继电器电路中的计数器，用于记录脉冲输入信号的数量，即信号从OFF到ON的次数。计数器设定值可以用十进制常数（K）来设定，也可以用数据寄存器（D）的内容进行间接指定。C0～C99为16位非断电保持型加计数器；C100～C199为16位断电保持型加计数器；C200～C219为32位断电保持型加/减计数器；C220～C234为32位特殊用计数器。16位计数器计数范围为1～32767；32位计数器计数范围为－2147483648～2147483647。这些计数器供PLC的内部信号使用，其响应速度通常为10Hz以下。

7. 高速计数器

高速计数器用于高频信号的计数，它们采用中断处理方式工作，与PLC的扫描方式无关。FX_{2N}系列PLC中它们全部为32位计数器，其中C235～C245为单向单计数输入；C246～C250为单向双计数输入；C251～C255为双向双计数输入。

8. 数据寄存器（D）

数据寄存器是存储数据用的软元件。FX_{2N}系列PLC的数据寄存器都是16位的（最高位为符号位），将两个寄存器组合可进行32位（最高位为符号位）的数据处理。其中D0～D199为非断电保持数据寄存器；D200～D511为断电保持数据寄存器；D512～D7999为断电保持专用数据寄存器；D8000～D8255为特殊数据寄存器。非断电保持数据寄存器和断电保持数据寄存器的范围可通过特殊辅助继电器来设定。特殊数据寄存器是指用于写入特定目的数据或已经事先写入特定数据的数据寄存器。

9. 变址寄存器（Z、V）

变址寄存器V和Z和一般的数据寄存器一样用于16位数据的读入和写出。除此以外，在应用指令中，它还能和其他软元件编号或数值组合使用，修改软元件的编号或数值内容。在FX_{2N}系列PLC中提供了V0～V7，Z0～Z7共16个变址寄存器。

10. 常数（K、H）

在PLC所使用的各种各样的数值中，K表示十进制整数值，H表示十六进制数值。

11. 指针（P、I）

指针用于分支与中断。分支用的指针（P）用于指定条件跳转或子程序的跳转目标。中断用的指针（I）用于指定输入中断、定时中断和计数器中断的中断程序。FX_{2N}系列PLC中分支用指针为P0～P62和P64～P127；结束跳转为P63；插入输入用指针为I00、I10、I20、I30、I40和I50；插入计数用指针为I6～I8；定时器中断用指针为I010、I020、I030、I040、I050和I060。

任务实施

1. 写出 FX_{2N}－48MR 型 PLC 各部分的含义。
2. 说出 FX_{2N}－48MR 型 PLC 的输入、输出继电器的编号。
3. 简述 PLC 内部有哪些编程元件。
4. PLC 内部的辅助继电器有哪几种？它们的编号分别是多少？
5. 定时器有哪几种？编号是多少？
6. 说明一般型和累积型定时器有何不同。
7. 说明状态继电器有何功能，分为哪几种，编号各是什么。
8. 数据寄存器分为哪几种？编号分别是什么？
9. 计数器分为哪几种？编号分别是什么？

总结提高

1. 实施任务用了多长时间？
2. 在实施任务过程中存在什么困难？你感觉哪个最难？
3. 将 PLC 编程元件的名称和符号编制成一个接龙游戏，看哪一组接得又快又准。

评价反思

项目	评价内容		分值	学生自评	小组互评	教师评分
学习过程评价	遵章守纪	无迟到、早退和旷课现象	4			
		不做与工作任务无关之事	4			
		不将识别的元器件当玩具	4			
	学习态度	学习用品齐全	4			
		仪表仪态端正	4			
		笔记、作业工整	4			
		学习认真积极	4			
	交流和沟通	能大胆提出问题	4			
		能准确口头回答问题	4			
		能向同学或老师表达自己的想法和意见	4			
	协作互助	能注重同学之间的协作互助	5			
	创新意识	有创新意识	5			

（续）

项目	评价内容		分值	学生自评	小组互评	教师评分
学习结果评价	PLC外部结构认识	看到PLC实物能正确说出其类型名称	4			
		能说出PLC面板上各种接线端子、指示灯的名称和作用	6			
	PLC的工作原理	能说出PLC的工作过程和工作过程特点	4			
	各种编程元件的认识	能说出PLC的输入、输出继电器的编号和作用	6			
		能说出PLC各种辅助继电器的名称、作用和编号范围	5			
		能说出PLC各种定时器的名称、作用和编号范围	5			
		能说出PLC各种状态继电器的名称、作用和编号范围	5			
		能说出PLC各种计数器的名称、作用和编号范围	5			
		能说出PLC各种数据寄存器的名称、作用和编号范围	5			
	PLC的应用认识	能正确说出PLC的应用场合，并列举出应用实例	5			
总　分			100			

项目四 FX_{2N}系列PLC的外部接线

用PLC实现自动控制过程，首先要确定PLC的控制信号和被控设备，然后设计PLC的外部接线（绘制出PLC的电气控制原理图），然后再根据电气控制原理图完成电气接线。通过完成两个任务学会绘制PLC的电气控制原理图并完成PLC的外部接线。

任务一　绘制PLC电气控制原理图

工作任务

根据下述控制要求：用PLC控制八盏彩灯循环工作，当按一下起动按钮SB1时，八盏彩灯按HL1～HL8的顺序以1s间隔交替点亮后再重复，按一下停止按钮SB2后，彩灯立即停止工作。完成以下工作任务：

1. 列出输入/输出（I/O）地址分配表。
2. 绘制PLC电气控制原理图。

相关知识

1. 电气控制原理图的识读

电气控制原理图是用国家统一规定的图形符号，把仪器及各种电器设备按电路原理合理地连接起来，然后再进行适当排列而绘制出的图。它是反映电路的结构组成及各元器件间的连接关系的示意图。要读懂电气控制原理图，首先要熟悉各元器件的图形符号及其功能作用，熟悉各部分电路的工作原理，再按适当的方法进行识读。

（1）与PLC相连接的常用元器件符号

PLC的I/O信号可以是开关量、数字量或模拟量，其中应用最普遍的是开关量。PLC开关量的输入设备有两种形式：一种是无源开关，如各种按钮、继电器触点、控制开关等；另一种是有源开关，如各种接近开关、传感器、编码器、光电开关等。PLC开关量的输出通常有三种形式：继电器输出、晶体管输出和双向晶闸管输出；由于PLC每个输出点的负载能力较小，因此一般能直接驱动很小功率的执行机构，或驱动控制执行机构的接触器线圈或指示灯。PLC常用开关量I/O元器件的符号见表4-1-1。

表4-1-1 PLC常用开关量I/O元器件的符号

元器件名称	图形符号	文字符号	备 注
转换开关	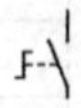	SA	
自动复位按钮	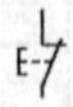	SB	常闭触点
自动复位按钮	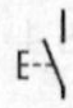	SB	常开触点
自锁按钮	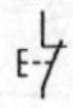	SB	常闭触点
自锁按钮	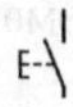	SB	常开触点
急停开关	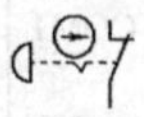	QS	具有正向操作的动断触点且有保持功能的紧急停车开关（操作蘑菇头）
磁敏开关	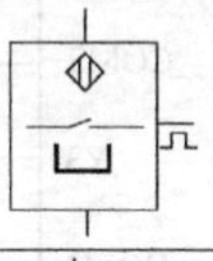	S	两线式
光电传感器	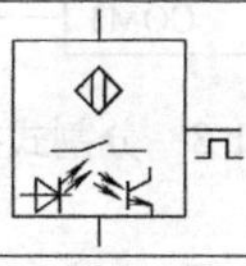	S	三线式
电感式传感器	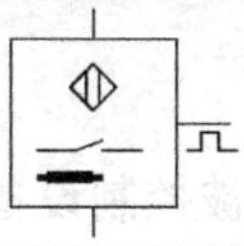	S	三线式
指示灯	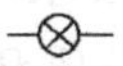	HL	如果要求指示颜色，则在靠近符号处标出下列代码：RD—红，YE—黄，GN—绿，BU—蓝，WH—白
警示灯	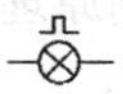	HL	闪光型信号灯
蜂鸣器	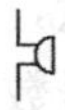	HA	
电磁阀线圈		YA	
直流永磁电动机		M	

(2) PLC 电气控制原理图的组成

PLC 电气控制原理图由电源供电电路、输入电路和输出电路三部分组成。其中 PLC 的电源供电电路很简单，只有输入电路、输出电路和具体输入信号、输出所带负载有关。

(3) PLC 的 I/O 模块的外部接线方式

PLC 模块的输入端子一般采用汇点式接线方式，如图 4-1-1 所示；输出端子的接线一般根据负载不同分组，采用分割式或分组式接线方式，分组式接线方式如图 4-1-2 所示，分割式接线方式如图 4-1-3 所示。三菱 FX_{2N}－48MR 的输出端子具体分了五个组，具体分法是：Y0～Y3，Y4～Y7，Y10～Y13，Y14～Y17，Y20～Y27，如果要将其中的不同组合成一组，则将其 COM 端短接即可。

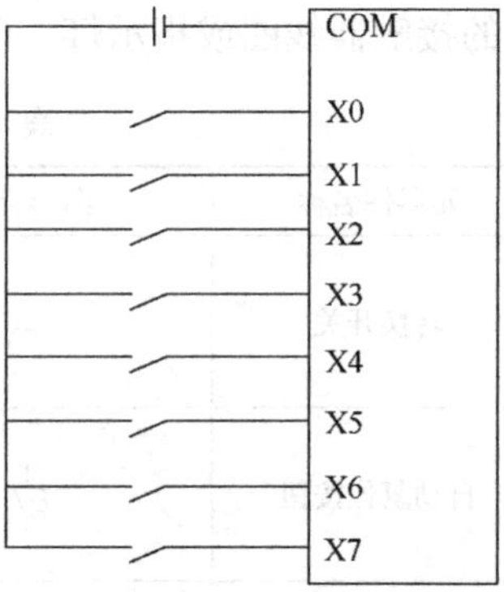

图 4-1-1　汇点式接线方式示意图

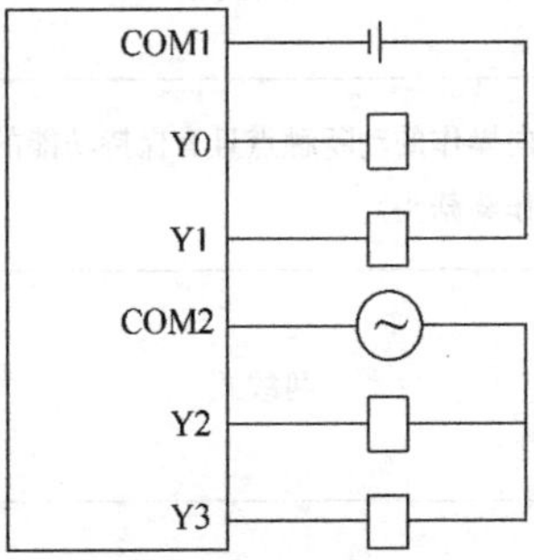

图 4-1-2　分组式接线方式示意图

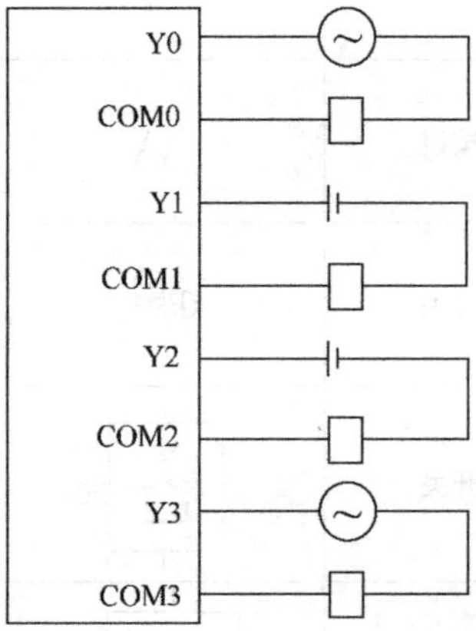

图 4-1-3　分割式接线方式示意图

2. 电气控制原理图的绘制

电气控制原理图是根据控制过程中需要的控制信号、被控制设备及控制要求绘制出来的，因此，绘制电气控制原理图首先要分析控制过程和控制要求，然后按一定的步骤来完成。设计 PLC 的电气控制原理图，首先要了解 I/O 信号的性质和相关要求，然后再根据所选用的 PLC 合理地安排 I/O 地址，最后才能完成电气控制原理图的设计。

(1) I/O 点数

根据要实现的具体工作过程和控制要求理清有哪些输入量，需要控制哪些对象，输入量的个数即所需要的输入点数，需要控制的对象所需要的信号数即所需要的输出点数。

(2) PLC 的 I/O 地址分配表

I/O 地址分配表是根据控制要求中需要的输入信号和所要控制的设备来确定 PLC 的各 I/O 端子分别对应哪些 I/O 信号或设备所列出的表。表 4-1-2 所示为控制四路抢答器的 PLC I/O 地址分配表。

表 4-1-2 控制四路抢答器的 PLC I/O 地址分配表

输入			输出		
序号	说明	地址编号	序号	说明	地址编号
1	抢答按钮 1	X0	1	蜂鸣器	Y0
2	抢答按钮 2	X1	2	第一组指示灯	Y1
3	抢答按钮 3	X2	3	第二组指示灯	Y2
4	抢答按钮 4	X3	4	第三组指示灯	Y3
5	复位按钮	X4	5	第四组指示灯	Y4
6	开始按钮	X5			

I/O 地址分配表一般要根据 I/O 信号的信息和相关要求及所选用的 PLC 型号来进行分配。关于输出信号，需要了解所控制的设备的电源电压和工作电流，然后按照所需电源的不同进行分组。如某机电一体化设备中所用的 PLC 为 FX_{2N}－48MR 型，它的输出分为五组，其中有四组是四个输出端共用一个 COM 端，有一组是八个输出端共用一个 COM 端。而该设备中的负载除变频器外都使用 DC 24V 电源，负载电流都较小，如果变频器所需输出端子数小于或等于 4，但是使用 DC 24V 电源的负载又多于 16 个，在分配 PLC 的输出地址时，Y20～Y27 这一组输出地址就不能给变频器使用，否则输出端子就不够用了。

(3) 绘制电气控制原理图的要求

在绘制电气控制原理图时，首先要求整体布局合理，一般是左边为输入电路，右边为输出电路，或者下边为输入电路，上边为输出电路，主要控制元件位于中间位置；其次要求所画原理图正确；再次要求所用元器件的图形符号应符合中华人民共和国国家标准，要求对所用元件进行标注和说明，并对所有连线进行编号。

任务实施

1. 列出 PLC 的 I/O 地址分配表

根据工作过程和控制要求，列出 PLC 的 I/O 地址分配表。

思考与探究：

1) PLC 的 I/O 地址分配表包括哪些内容？

2) 怎样列 PLC 的 I/O 地址分配表？

参考方案：

列 PLC I/O 地址分配表，首先要根据工作过程和控制要求理出所用的输入信号和所需的输出信号来确定 I/O 点数，再根据输出负载的性质和工作电源进行分组，最后再列出 I/O 地址分配表，具体可参考以下步骤来完成。

(1) 确定 I/O 点数

由控制要求可知，输入信号只有一个起动按钮和一个停止按钮，共计两个输入信号，因此只需要两个输入点；所需控制的是八盏彩灯，并没有其他的指示要求，因此输出信号只需要八个，也就是需要八个输出点。

(2) 输出点分组

由于被控对象都是彩灯，因此负载性质相同，可以任意组合。

(3) 列 I/O 地址分配表

由前面的分析可知，用 PLC 完成八盏彩灯的控制需要两个输入点和八个输出点，并且 I/O 点可任意选择，所以地址分配表并不是唯一的，表 4-1-3 列出了 PLC I/O 地址分配表中的一种。

表 4-1-3　PLC I/O 地址分配表

输入			输出		
序号	说明	地址编号	序号	说明	地址编号
1	起动按钮	X0	1	指示灯 HL1	Y0
2	停止按钮	X1	2	指示灯 HL2	Y1
			3	指示灯 HL3	Y2
			4	指示灯 HL4	Y3
			5	指示灯 HL5	Y4
			6	指示灯 HL6	Y5
			7	指示灯 HL7	Y6
			8	指示灯 HL8	Y7

2. 绘制 PLC 电气控制原理图

思考与探究：

1) 电气控制原理图的绘制有些什么要求？

2) 绘制 PLC 电气控制原理图要注意些什么？

参考方案：

参考的 PLC 电气控制原理图如图 4-1-4 所示。

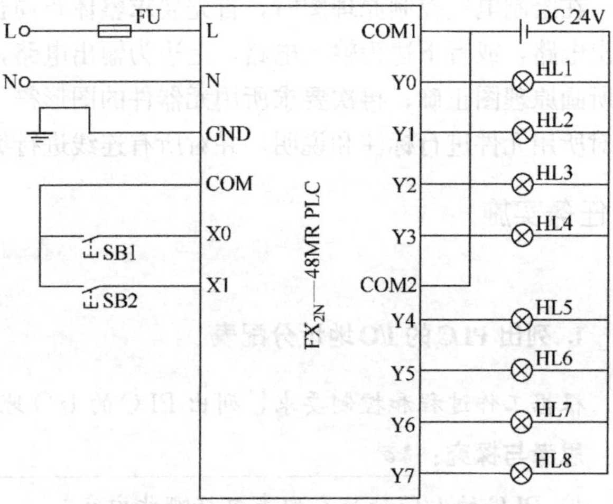

图 4-1-4　PLC 电气控制原理图

总结提高

1. 在任务实施过程中你认为参考方案是最优的吗？请说出你的理由。
2. 在任务实施过程中发生了哪些问题？你是怎样解决的？
3. 比较你所绘制的电气控制原理图和参考的电气控制原理图，说明其异同点。
4. 在你们小组中，哪位同学完成的任务质量最好？哪位完成任务的速度最快？

任务二　进行PLC的外部接线

工作任务

1. 在图4-2-1所示设备上，按图4-1-4所示的电气控制原理图完成PLC外部电路的连接。

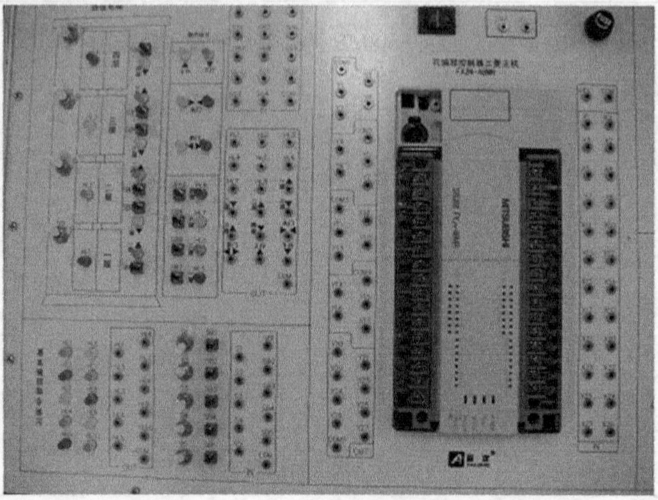

图　4-2-1

2. 对所连接的电路进行检测。

相关知识

PLC I/O电路

在使用PLC之前，必须对其I/O电路有一定的了解，否则会因为接线错误造成PLC或I/O设备的损坏。

图4-2-2所示为FX$_{2N}$－48MR的外部接线端子分布图。FX$_{2N}$供电线路要求采用额定电压为AC 100～240V，额定频率为50/60Hz的电源供电。AC电源应配线于L、N专用端子，电源线应采用截面积在2.0mm^{2}以上的导线；主机上24V端子是PLC内部直流电源引出端，不能从外部接入电源；主机上“●”表示不使用的空端子，不能接线。

（1）输入电路

PLC输入端的一次回路及二次回路间使用光耦合器作绝缘隔离，一般二次回路还设有RC滤波电路，防止输入端残余信号或外部噪声干扰。当某一输入端有信号输入时，内部电子回路导通，相应输入状态指示灯亮。一般多个输入端共同使用一个COM端子。FX$_{2N}$的输入电路（外接一传感器）如图4-2-3所示。

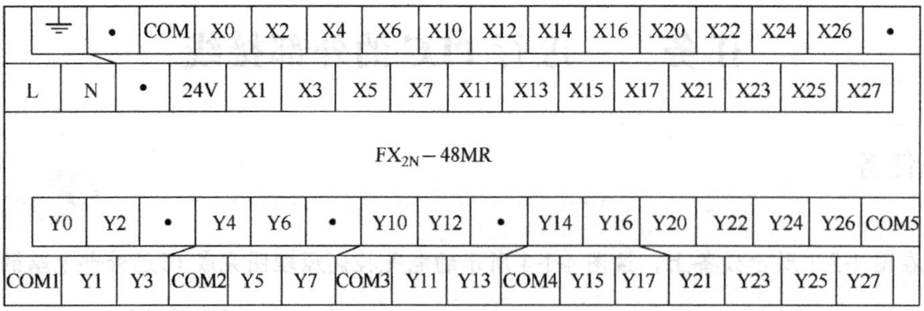

图 4-2-2　$FX_{2N}-48MR$的外部接线端子分布图

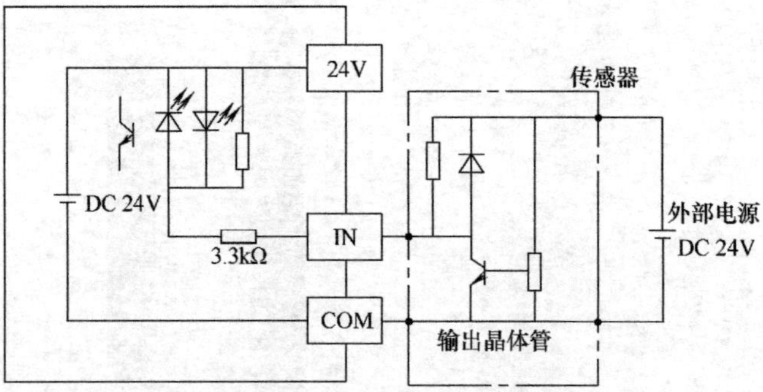

图 4-2-3　FX_{2N}的输入电路

图 4-2-4 所示为接有 PNP 型传感器时，FX_{2N}系列 PLC 输入的典型接线。

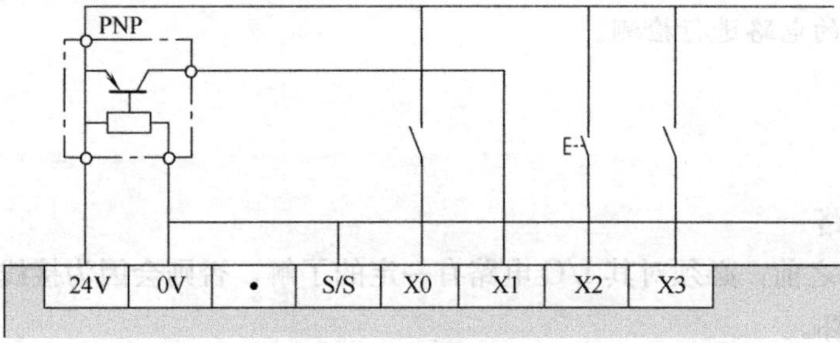

图 4-2-4　接有 PNP 型传感器的典型输入电路接线

图 4-2-5 所示为接有 NPN 型传感器时，FX_{2N}系列 PLC 输入的典型接线。

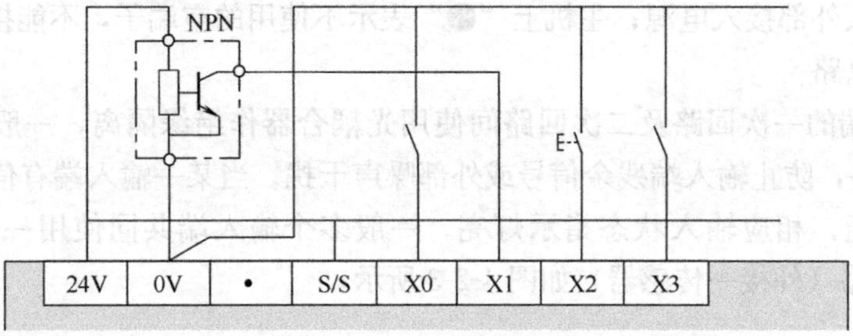

图 4-2-5　接有 NPN 型传感器的典型输入电路接线

（2）输出电路

PLC 工作时控制电路中各元件并不需要实际接线，而是由 PLC 指令的执行来代替。指令执行结果会送到 PLC 的输出点，由输出点与外接电源和负载等构成回路，达到控制负载的目的。PLC 输出方式有继电器输出、晶体管输出和晶闸管输出三种，FX_{2N}－48MR 采用的是继电器输出方式，图 4-2-6 所示为其典型的输出电路接线。

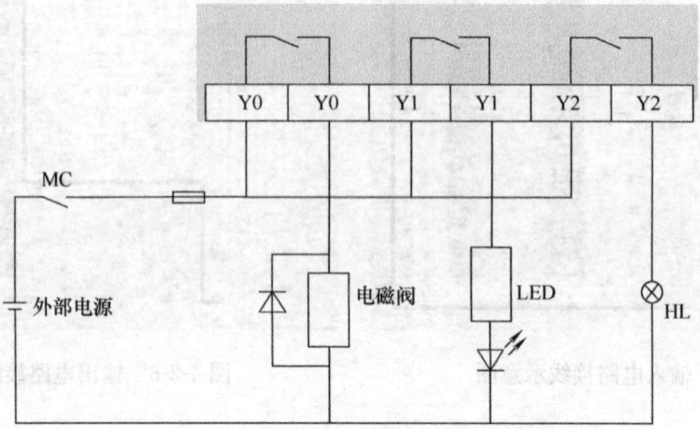

图 4-2-6　FX_{2N}－48MR 典型输出电路接线

任务实施

1. 电气控制原理图的电路连接

完成图 4-1-4 所示的电气控制原理图连接。

思考与探究：☞

1）电路的连接有何工艺要求？有哪些安全注意事项？

2）按怎样的步骤来完成该任务的电路连接？

参考方案：☞

从所提供的设备来看，彩灯、按钮以及 PLC 的外部连接点都已经连接到了面板的插孔上，因此只需要用专用的连接线将所要用到的接点按原理图连接好，就完成了电路的连接。可参考下述步骤来实施工作任务。

（1）选择元器件

设备上的彩灯的按钮有很多，可以根据需要来选择，例如可以选用基本编程指令练习模块的指示灯 HL1～HL8，起动按钮和停止按钮也用该模块的 SB1 和 SB2。PLC 为 FX_{2N}－48MR 型，只有一台，不用选择。

（2）连接电路

图 4-1-4 所示的原理图由三部分电路组成，电源供电电路、输入电路和输出电路。可按以下操作步骤来完成连线。

1）连接输入电路。输入电路只有两个按钮，只需要三根连接线，接线示意图如图

4-2-7所示。

2）连接输出电路。输出电路有一个电源和八盏彩灯，另外需要用到PLC的两组输出，因此一共需要11根连接线，其接线示意图如图4-2-8所示。

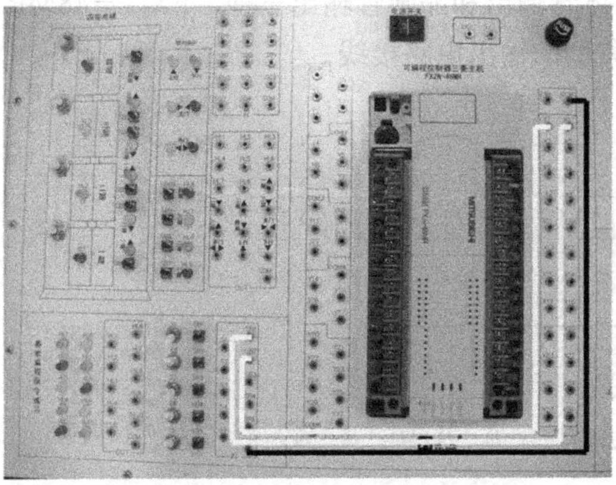

图4-2-7 输入电路接线示意图

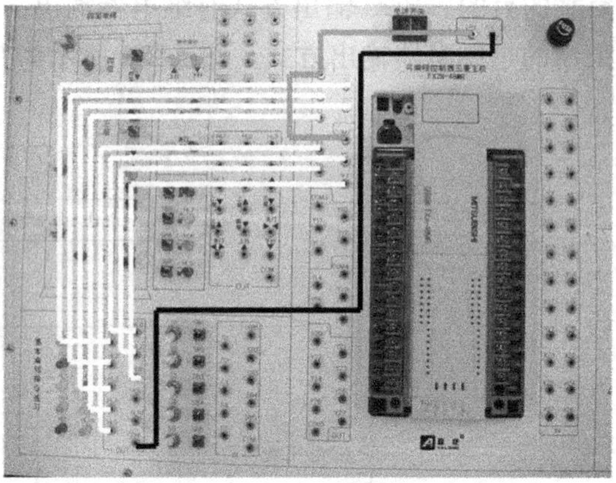

图4-2-8 输出电路接线示意图

3）外接电源。电源供电电路已经连接到一个电源插座上，只要用电源连接线接到外部电源即可。

注：在连接电路时一定要将电源开关断开。

2. 连接电路的检测

思考与探究：☞

1）电路连接完成后就可以马上接通电源吗？为什么？

2）如何判断电路是否存在短路故障？

参考方案：☞

电路的检测一般有通电前检测和通电后检测，通电前检测有目测和仪表检测。具体的检测方法如下：

（1）通电前检测

1）目测。电路连接结束后，首先要检查是否有错接或漏接的导线，然后再检查所使用的连接导线是否完好（有无脱皮、露铜等现象），连线是否满足电路连接工艺要求。

2）仪表检测。用万用表的R×1档检测电路是否存在短路现象，特别是电源两端一定要进行检测，因为一旦电源两端被短接，接通电源就会引起电源或其他设备的损坏。

（2）通电后检测

确定电路连接正确且不存在短路故障后，可接通电源进一步检测电路的正确性、可靠性，确定电路的每一部分是否完好。

1）输入电路的检测。接通电源后，若按下起动按钮，PLC对应的输入指示灯亮，松开起动按钮，PLC对应的输入指示灯熄灭，则说明起动按钮的输入电路完好；用同样的方法检查停止按钮的输入电路即可。

2）输出电路的检测。给PLC写入一个调试好的程序（老师课前准备好），使PLC处于运行工作状态，按下起动按钮，当PLC的输出指示灯亮时，对应的彩灯也亮，当PLC的输出指示灯熄灭时，对应的彩灯也熄灭，则说明输出电路完好。若某一盏彩灯不跟随对应的输出变化，则说明该路输出电路或彩灯有故障，此时，用万用表的直流电压档测量彩灯两端的电压，若有24V电压，则说明外接电路完好，否则说明外接电路有断点。

总结提高

1. 你是按怎样的顺序来完成电路接线的？
2. 电路检测过程中有没有发现什么问题？你是怎样解决的？
3. 你认为通电前检测好电路后，通电后还有必要检测吗？
4. 汇总你所在小组同学在电路连接过程中所出现的问题，交流电路连接的方法和步骤，并说明按怎样的方法和步骤来完成任务可能最不容易出错。

评价反思

项目	评价内容		分值	学生自评	小组互评	教师评分
实践操作过程评价（50%）	安全文明操作（20%）	按要求穿着工作服、电工鞋	2			
		工具摆放整齐	2			
		完成任务后及时清理工位	2			
		不乱丢杂物	2			
		不带电进行电路连接	3			
		不擅自连接或改接设备线路	3			
		未发生触电事故	3			
		未造成设备或元器件损坏	3			
	工作程序规范（15%）	操作先后顺序安排恰当	3			
		操作过程规范、程序合理	2			
		使用专用绘图工具绘图	3			
		操作技能娴熟	4			
		工具使用规范	3			

（续）

项目	评价内容		分值	学生自评	小组互评	教师评分
实践操作过程评价（50%）	个人职业素养（15%）	操作时不大声喧哗	2			
		不做与工作无关的事	2			
		遵守操作纪律	2			
		仪表仪态端正	1			
		工作态度积极	2			
		注重交流和沟通	2			
		能够注重协作互助	2			
		创新意识强	2			
实践操作成果评价（50%）	PLC I/O地址分配（10%）	能正确确定所需要的I/O点数	4			
		能将I/O信号进行正确的分组	2			
		能列出正确的I/O地址分配表	4			
	电气控制原理图的绘制（12%）	元器件采用国家统一标准规定的符号	3			
		对电气控制原理图进行正确布局	2			
		电气控制原理图原理正确	5			
		电气控制原理图清晰易读	2			
	PLC外部电路的连接（13%）	PLC外部电路连接正确	6			
		PLC外部电路连接符合工艺要求	2			
		PLC外部电路方法正确	3			
		PLC外部电路的连线分布合理、美观	2			
	PLC外部电路的检测测试（15%）	会观察电路连接是否满足工艺要求	3			
		能正确进行通电前的检测	4			
		能正确进行电路的可靠性检测	4			
		电路的检测过程正确	4			

项目五 三菱PLC编程软件的使用

不同品牌的 PLC，其编程软件各不相同，而且互不兼容，FX_{2N}系列 PLC 的编程只能用三菱 PLC 编程软件来完成，下面通过完成下列工作任务来学会三菱 PLC 编程软件 GX Developer 的使用。

工作任务

用三菱 PLC 编程软件 GX Developer 编写图 5-1 所示的梯形图程序，并将程序保存到硬盘后，写入 PLC，然后监控 PLC 的运行。

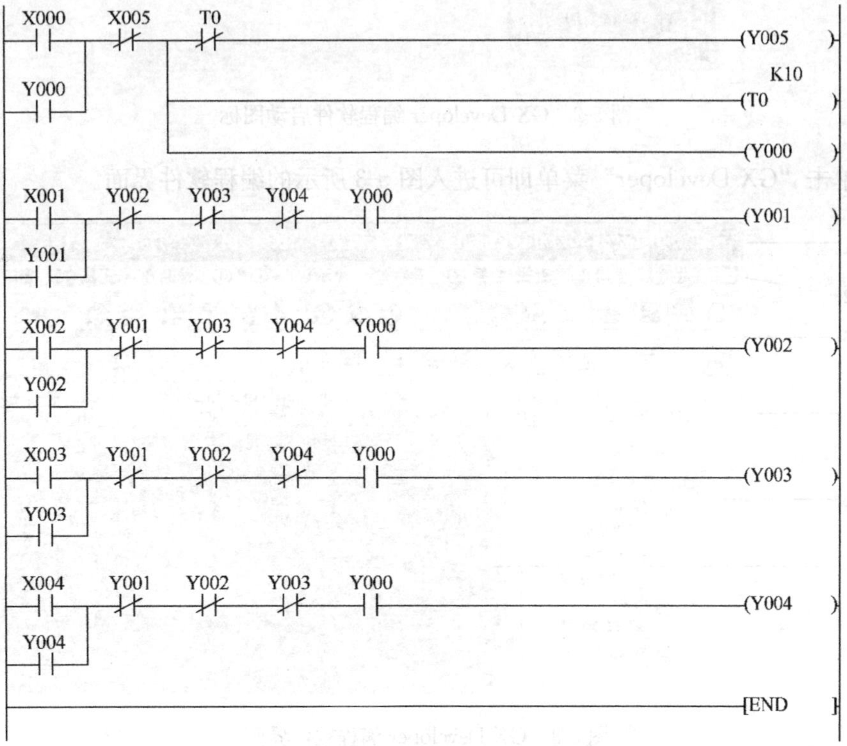

图 5-1　四路抢答器梯形图程序

相关知识

三菱编程软件的基本操作

1. GX Developer界面的进入

GX Developer编程软件界面的进入方法和一般应用软件的进入方法基本相同，进入的方法也很多，可以通过双击快捷方式启动图标，也可以通过打开“我的电脑”找到安装的文件夹后单击启动图标，还可以通过开始菜单进入。下面介绍通过单击开始菜单进入的方法。

1）单击“开始”并且将光标移动到“程序”→“MELSOFT应用程序”菜单，显示图5-2所示画面。

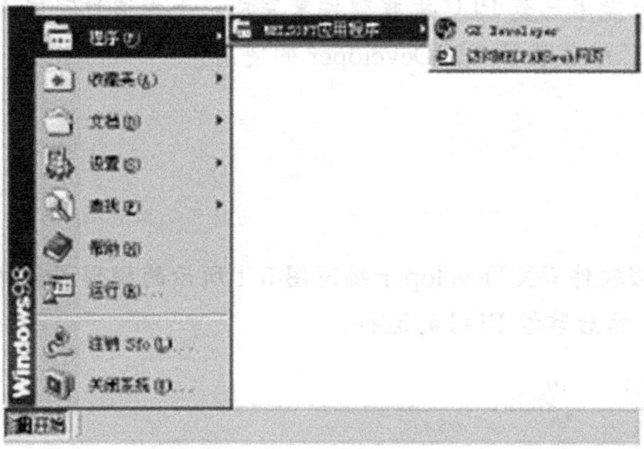

图5-2　GX Developer编程软件启动图标

2）单击“GX Developer”菜单即可进入图5-3所示的编程软件界面。

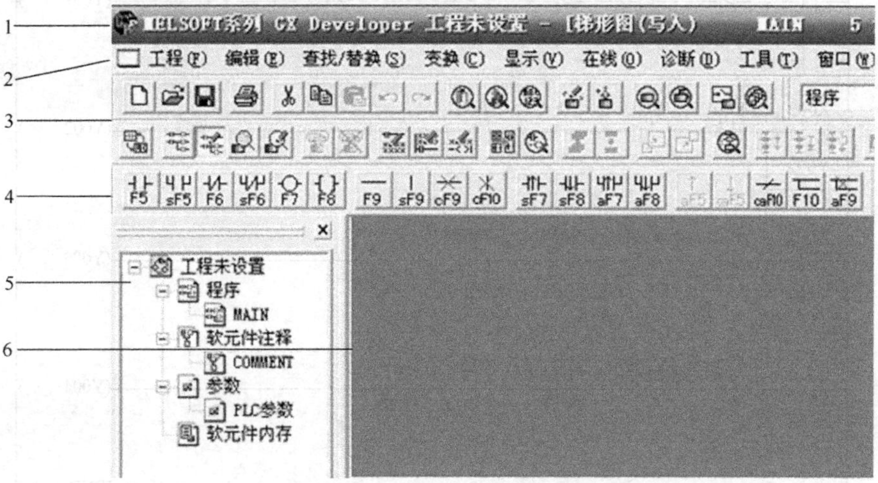

图5-3　GX Developer编程软件界面

1—标题栏　2—菜单栏　3—常用操作工具栏　4—梯形图绘图工具栏

5—工程数据列表　6—编程区域

2. 创建新工程

单击菜单栏中的“文件”，选择“创建新工程”，即可打开图 5-4 所示的对话框。

创建新工程对话框的 PLC 系列选项应根据实际使用的 PLC 系列号来选择；PLC 类型选项应根据实际使用的 PLC 型号来选择；程序类型应根据编程用的具体程序结构来选择；标签设定应根据程序的结构来设定使用还是不使用；工程名设定可以在创建工程时就设定，也可以在进行程序保存时再设定。例如：使用的 PLC 为 FX_{2N}－48MR 型 PLC 时，PLC 系列选项应选择 FXCPU，PLC 类型选择 FX_{2N}(C)；若要完成图 5-1 所示的梯形图程序，则程序类型选择梯形图；标签设定选择不使用标签。工程名称和保存路径可以在选择“设置工程名”选项后进行设置，也可以在程序进行保存时再设置。设置完成后单击“确定”完成新建工程，此时编程界面变成图 5-5 所示样式。

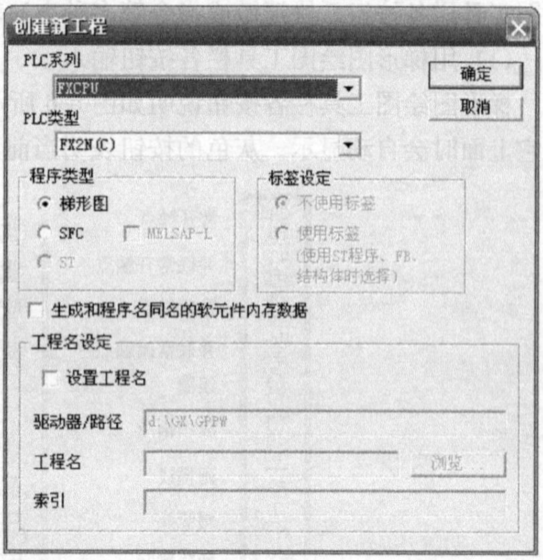

图 5-4 “创建新工程”对话框

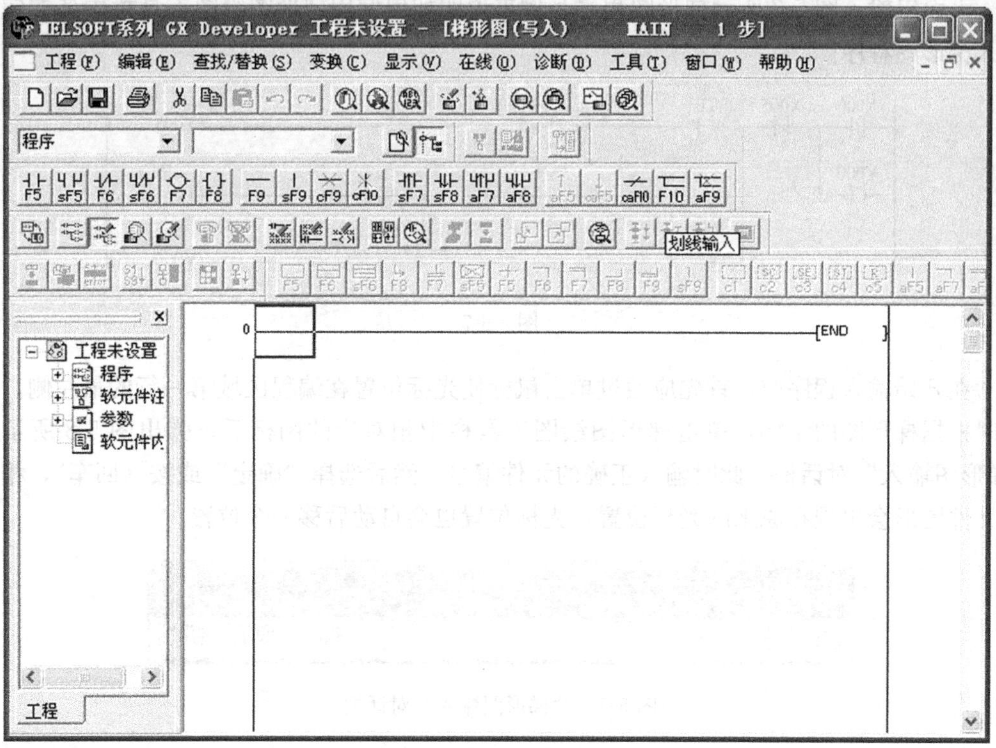

图 5-5 GX Developer 编程界面

3. 程序的输入

新工程建立后就能在光标所在位置处开始输入梯形图程序，梯形图程序可以用梯形图绘图工具栏各按钮、快捷键或指令等多种方法输入。

(1) 用梯形图绘图工具栏各按钮输入

梯形图绘图工具栏各按钮说明如图 5-6 所示。任何一个按钮的作用在将鼠标箭头停留在它上面时会自动显示。灰色的按钮表明当前无法使用。

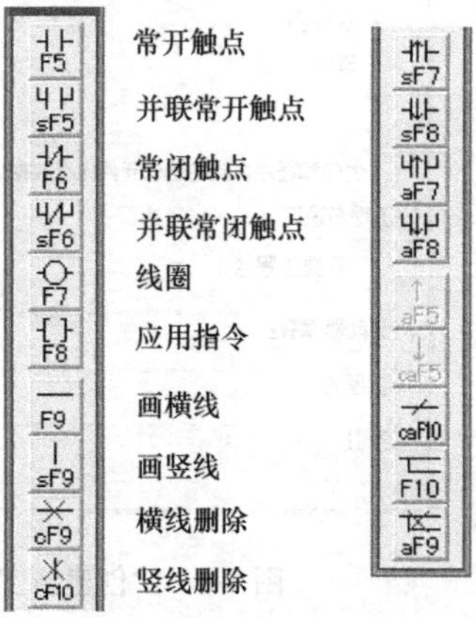

图 5-6　梯形图绘图工具栏各按钮说明

下面以输入图 5-7 所示梯形图程序为例来说明如何使用梯形图绘图工具栏中各按钮来输入梯形图程序。

图　5-7

在开始输入程序前，首先应通过单击鼠标使光标位置在编程区域第一行的最左侧。输入时根据梯形图的结构，单击梯形图绘图工具栏中相对应的图标后，弹出图 5-8 所示的“梯形图输入”对话框，此时输入正确的元件编号，然后选择“确定”或按〈回车〉，相应的元件图形会出现在原来的光标位置，光标位置也会自动后移一个位置。

图 5-8　“梯形图输入”对话框

如要输入图 5-7 所示的梯形图程序，则将光标移到编程区域第一行最左侧，然后单击梯形图工具栏中的常开触点图标并输入“X0”（X000 的缩写）后选择“确定”，相应的元件图形会出现在原来的光标位置，光标位置也会自动后移一个位置；再单击梯形图绘图工具栏中的常闭触点图标，并输入“X5”后确定；单击梯形图绘图工具栏中的常闭触点图标，并输入“T0”后确定；再单击梯形图绘图工具栏中的线圈图标，并输入“Y5”后确定；第一行梯形图输入就完成了，光标位置自动移到第二行的最左侧。此时单击梯形图绘图工具栏中的并联常开触点图标，并输入“Y0”后确定；再将光标移至第一行 T0 的常闭触点位置，单击梯形图绘图工具栏中的画竖线图标，并确定；再将光标下移一格，单击梯形图绘图工具栏中的画竖线图标，并确定；单击梯形图绘图工具栏中的线圈图标，并输入“T0 K10”后确定；此时光标自动移到第三行，将光标左移至竖线右侧，单击梯形图绘图工具栏中的线圈图标，并输入“Y0”后确定。图 5-7 所示梯形图全部输入完成。

如果在输入梯形图程序时有语法或逻辑上的错误，则输入确定时会弹出图 5-9 所示的“指令帮助”对话框。此时，单击“取消”再重新输入正确即可。

(2) 快捷方式输入

当用梯形图绘图工具栏中的各按钮图标来输入梯形图程序时，图标的选择和更改都要用鼠标来操作，如果要提高输入速度，则可选择快捷键输入，因为梯形图绘图工具栏中的各按钮图标都有相应的快捷键，其快捷键如图 5-5 所示图标中的文字。如常开触点是〈F5〉，常闭触点是〈F6〉，并联常闭触点是〈Shift＋F6〉等。

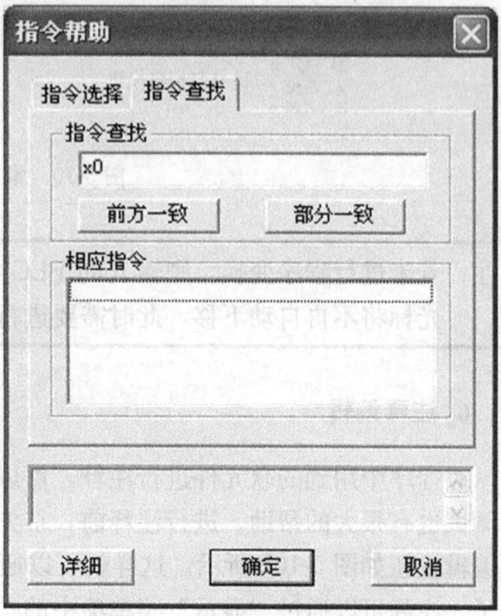

图 5-9 “指令帮助”对话框

4. 程序的修改

程序输入完成后若发现有问题，或者需要将原有程序优化，则需要对程序进行修改，除可以用〈Backspace〉和〈Delete〉键删除或改写外，还有以下常用操作：

(1) 行删除

删除某一行，要先将光标移到要删除的行，然后单击菜单栏中的“编辑”，选择“行删除”来实现，或直接按〈Shift＋Delete〉来实现。

(2) 行插入

要插入行，先将光标移到要插入行的位置，然后单击菜单栏中的“编辑”，选择“行插入”来实现，或直接按〈Shift＋Insert〉来实现。

(3) 列删除

删除某一列，要先将光标移到要删除的列，然后单击菜单栏中的“编辑”，选择“列删除”来实现，或直接按〈Ctrl＋Delete〉来实现。

(4) 列插入

要插入列，先将光标移到要插入列的位置，然后单击菜单栏中的“编辑”，选择“列插入”来实现，或直接按〈Ctrl＋Insert〉来实现。

5. 程序变换/编译

在完成梯形图的输入并检查无误后，应对梯形图进行变换/编译操作，否则程序将无法保存和下载运行。变换/编译就是将所创建的梯形图程序变换为 PLC 的执行程序。变换/编译操作通过单击常用操作工具栏中的程序变换/编译按钮或直接按快捷键〈F4〉即可完成，程序变换/编译按钮如图 5-10a 所示。

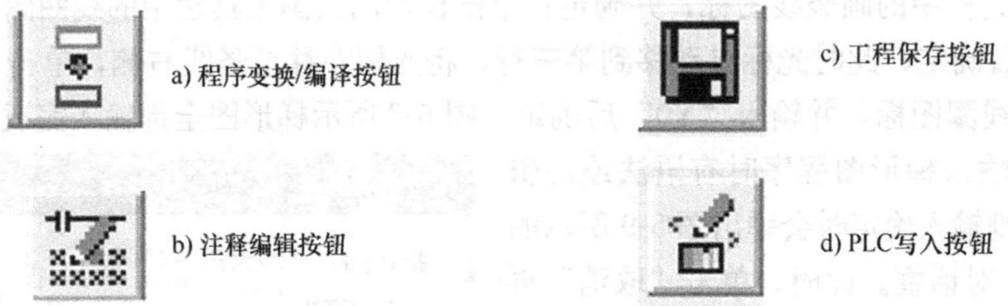

图 5-10　常用操作按钮说明

> 注：若未进行程序变换，则输入的 PLC 梯形图程序长度较短。当达到极限长度时，光标将不再自动下移，此时需要进行程序变换后，才能再输入程序。

6. 注释编辑

对程序中用到的软元件进行注释，可以大大方便程序的阅读和理解，对于程序的修改和调试也有很大的帮助。进行注释前，首先应单击常用操作工具栏中的注释编辑按钮，注释编辑按钮如图 5-10b 所示。这样就可以通过双击梯形图中需要进行注释的元件来进行注释了。注释可以通过“显示”菜单项中的“注释显示”来打开或关闭显示。

7. 保存程序

完成程序输入后及时对程序进行保存是防止程序丢失的重要保证，同时还能为进一步进行程序的编辑修改提供方便。PLC 梯形图保存程序的方法和其他应用软件的保存方法相类似。通过单击“工程”菜单项中的“保存工程”或单击常用操作工具栏中的工程保存按钮，再根据所显示对话框进行保存即可，工程保存按钮如图 5-10c 所示。

8. 下载程序

(1) 进入 PLC 写入对话框

在计算机中完成梯形图程序的编写并变换后，只有将其下载到 PLC 中才能让 PLC 按程序的要求进行工作。在保证计算机与 PLC 已经连接，并且 PLC 也已经上电的情况下，单击“在线”菜单项中的“PLC 写入”或单击常用操作工具栏中的 PLC 写入按钮（见图 5-10d），或用快捷键〈Ctrl＋W〉都可以弹出图 5-11 所示的“PLC 写入”对话框。

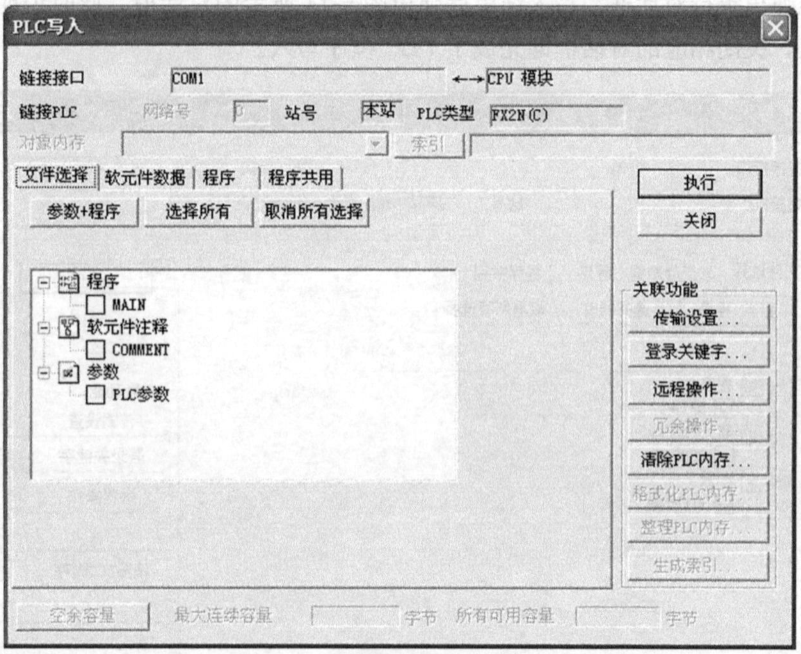

图 5-11 “PLC 写入”对话框

(2) 清除 PLC 内存

为了避免 PLC 中原有程序的影响，在程序写入 PLC 之前，应先清除 PLC 内存。单击右下角的“清除 PLC 内存”，弹出图 5-12 所示对话框，选择需要清除的对象后单击“执行”即可实现。

注：只有当 PLC 处于停止运行状态时，才能清除 PLC 内存。若 PLC 处于运行状态，执行清除 PLC 内存操作，则会弹出图 5-13 所示对话框，此时关闭对话框，将 PLC 置于停止运行状态，再重新执行清除 PLC 内存即可。

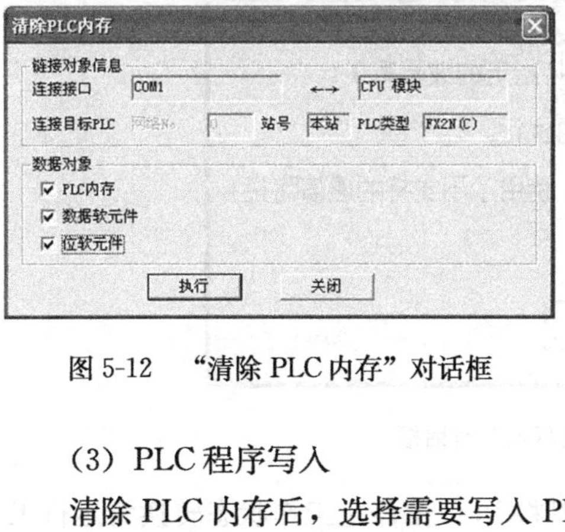

图 5-12 “清除 PLC 内存”对话框

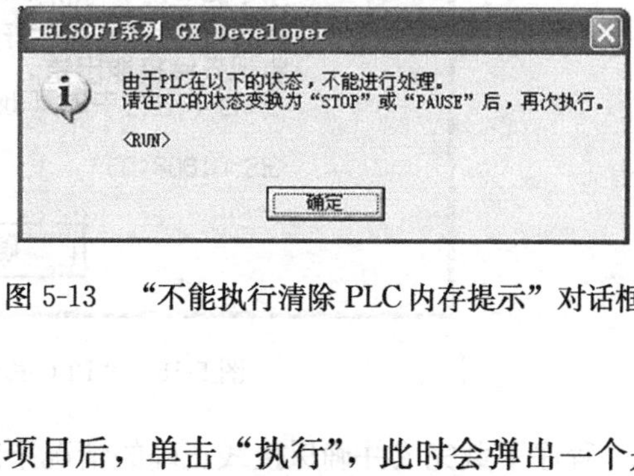

图 5-13 “不能执行清除 PLC 内存提示”对话框

(3) PLC 程序写入

清除 PLC 内存后，选择需要写入 PLC 的项目后，单击“执行”，此时会弹出一个是否执行写入对话框，选择“是”后，开始写入 PLC 程序，写入 PLC 程序需要一定的时间，此时会弹出等待对话框，写入结束后弹出图 5-14 所示的对话框，此时说明 PLC 程序的下载结束，关闭相应的对话框即完成了 PLC 程序写入。

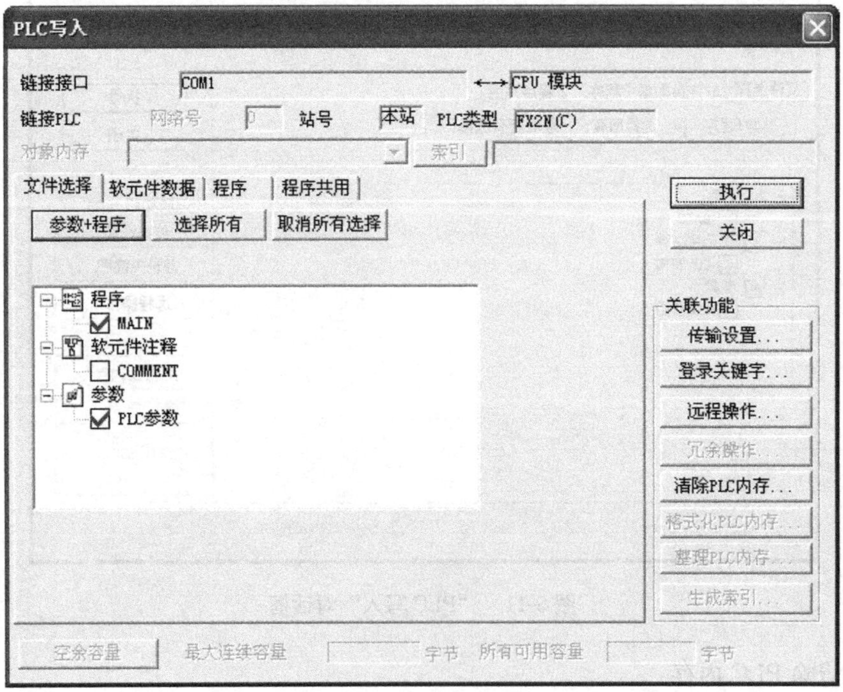

图 5-14 “PLC 程序写入结束”对话框

注：下载程序前要确保 PLC 电源已接通，且下载电缆线已经可靠连接。若下载电缆线没有连接好或 PLC 电源没有接通，则单击“在线”菜单项中的“PLC 写入”后，会弹出图 5-15 所示对话框。

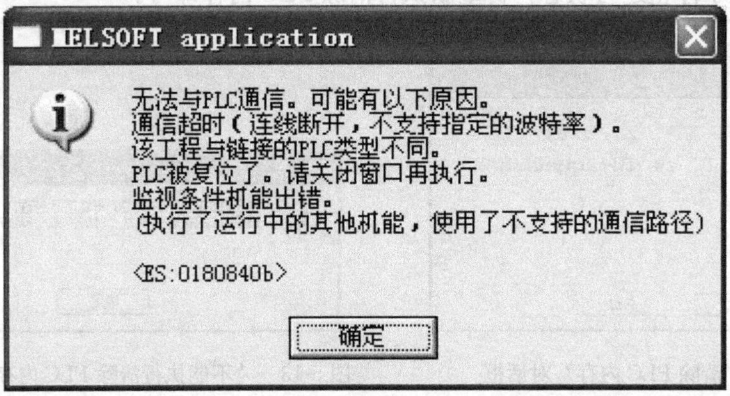

图 5-15 “PLC 程序不能写入”对话框

程序下载完成并确保接线正确的情况下就可以将 PLC 由停止工作状态转换为运行工作状态，启动 PLC 控制系统运行。

9. 监视模式

GX-Developer 编程软件具有监视功能，进入监视模式后就可以在计算机屏幕上对梯形图中各个软元件的工作情况、实时状态进行监视，这对于程序的调试起着非常重要的作用。

(1) 启动监视模式

启动监视模式有多种途径。可以通过选择“在线”菜单项中的“监视”栏中的“监视模式”来启动，或通过选择“在线”菜单项中的“监视”栏中的“监视开始”来启动，也可以通过单击“程序工具条中”的“监视模式”按钮来启动，还可以通过单击快捷键〈F3〉来启动。

(2) 退出监视模式

当需要停止监视时，要退出监视模式。退出监视模式也有多种途径，可以通过选择“在线”菜单项中的“监视”栏中的“监视停止”来实现，也可以通过单击“程序工具条”中的“监视结束”按钮来实现，还可以通过单击快捷键〈F2〉来实现。

GX-Developer 提供了众多的程序编辑功能和其他操作功能，这里不再一一列举。PLC 的编程软件的许多操作和其他应用软件相同，可以在以后的使用过程中逐步了解和熟悉，也可以通过查找该软件的操作手册来深入了解它的各项操作。

任务实施

1. 创建一个 PLC 新工程，并保存到硬盘

思考与探究：☞

1) 如何进入 GX Developer 编程软件界面？

2) 按怎样的操作步骤才能顺利创建一个新工程并保存到硬盘？

参考方案：☞

单击“开始”菜单，将光标依次移到“程序”→“MELSOFT 应用软件”，然后单击“GX Developer”图标。进入编程软件界面后，单击菜单栏中的“工程”后，再单击“新建工程”，然后完成新建工程对话框中选择项的选择，这样就创建好了一个 PLC 新工程。

保存工程的操作方法和保存一个 Word 文件的操作方法完全一样，只要注意保存路径为“D：\”。

2. 输入图 5-1 所示的梯形图程序

思考与探究：☞

1) PLC 程序的输入有哪几种方法？

2）思考输入 PLC 程序的操作步骤。

3）观察第二个、第三个、第四个、第五个梯有何异同？

说明：一个梯指的是在梯形图中除左右母线外没有共同部分的电路。

参考方案：

第一个梯的输入可以参考"相关知识"中的"程序输入"部分。第二个梯可按以下操作步骤输入：

单击〈F5〉，键入"X1"，确定→单击〈F6〉，键入"Y2"，确定→单击〈F6〉，键入"Y3"，确定→单击〈F6〉，键入"Y6"，确定→单击〈F5〉，键入"Y0"，确定→单击〈F7〉，键入"Y1"，确定。

第三个梯、第四个梯和第五个梯的结构和第二个梯的结构相同，只是元件编号不同，因此可以按输入第二个梯的步骤来完成，只需要将键入的元件编号作相应的变化。

3. 将编写好的程序写入 PLC

思考与探究：

1）梯形图程序输入结束就能写入 PLC 吗？

2）说明写入 PLC 程序的操作步骤。

3）连接电源和通信电缆时要注意哪些事项？

参考方案：

在 PLC 程序写入前，一定要先将程序进行变换，否则在执行 PLC 写入后，写入过程会中断，提示是否放弃未变换的梯形图。因此程序输入完成后可按以下步骤完成 PLC 程序写入。

单击"F4"完成程序变换→连接通信电缆→打开 PLC 电源并将 PLC 置于停止工作状态→单击"标准"工具条中的"PLC 写入"按钮→在对话框中选择清除 PLC 内存→执行清除 PLC 内存→选择需要写入的文件并执行。

总结提高

1. 用多种方法输入图 5-1 所示的梯形图程序，比较哪种方法更好。
2. 在任务实施过程中发生了哪些问题？你是怎样解决的？
3. 通过试验判断能否在 PLC 处于运行状态时执行 PLC 写入？
4. 在你们小组中，哪位同学完成的任务质量最好？哪位完成任务的速度最快？

评价反思

项目	评价内容		分值	学生自评	小组互评	教师评分
实践操作过程评价（50%）	安全文明操作（20%）	按要求穿着工作服、电工鞋	2			
		工具摆放整齐	2			
		完成任务后及时清理工位	2			
		不乱丢杂物	2			
		不带电进行电路连接	3			
		不擅自连接或改接设备线路	3			
		未发生触电事故	3			
		未造成设备或元器件损坏	3			
	工作程序规范（15%）	操作先后顺序安排恰当	3			
		操作过程规范	2			
		操作程序合理	3			
		操作技能娴熟	4			
		工具使用规范	3			
	个人职业素养（15%）	操作时不大声喧哗	2			
		不做与工作无关的事	2			
		遵守操作纪律	2			
		仪表仪态端正	1			
		工作态度积极	2			
		注重交流和沟通	2			
		能够注重协作互助	2			
		创新意识强	2			
实践操作成果评价（50%）	PLC 编程软件的认识（11%）	能说出 PLC 编程软件的功能	4			
		能说出 GX Developer 编程软件界面的组成	3			
		能说出常用工具条按钮的名称和功能	4			
	GX Developer 编程软件的使用（39%）	至少会用两种方法进入 GX Developer 编程软件界面	3			
		会创建新工程并会保存工程	2			
		能正确输入 PLC 梯形图程序	7			
		会删除已输入的 PLC 程序	3			
		会对 PLC 梯形图程序进行剪切、复制和粘贴	3			
		会插入行、删除行、插入列、删除列	4			
		会进行程序变换	2			
		会进行 PLC 与电脑间的通信电缆的连接	3			
		会完成 PLC 程序写入	5			
		会对 PLC 的运行情况进行监视或停止监视	4			
		会进行 PLC 的监视写入	3			

项目六 三相异步电动机的PLC控制

三相异步电动机是一种应用非常广泛的拖动机构，根据实际需要，其控制电路多种多样，但无论控制电路多么复杂，都是由一些基本单元电路组成的。本项目介绍如何用PLC来实现三相异步电动机的各种基本控制过程。

任务一 三相异步电动机的单向运行控制

工作任务

用PLC分别实现三相异步电动机的单向点动控制、单向连续运行控制、单向连续运行带点动控制。具体要求如下：

1. 画出三相异步电动机继电-接触器控制的单向运行电路原理图。
2. 画出三相异步电动机单向运行的PLC控制原理图。
3. 编写实现三相异步电动机单向运行控制的PLC程序。
4. 完成程序调试，达到预定要求。

相关知识

1. PLC基本编程指令

PLC基本指令中有一类指令主要用于表示触点之间的逻辑关系并驱动线圈工作，这类指令也称为连接与驱动指令。连接与驱动指令有LD、LDI、OUT、AND、ANI、OR、ORI、ANB、ORB共九条指令。

（1）LD指令和LDI指令

LD指令称为“取指令”，其功能是使元件的常开触点与左母线连接，其用法如图6-1-1中X000和T0的常开触点。

LDI指令称为“取反指令”，其功能是使元件的常闭触点与左母线连接，其用法如图6-1-1中X001的常闭触点。

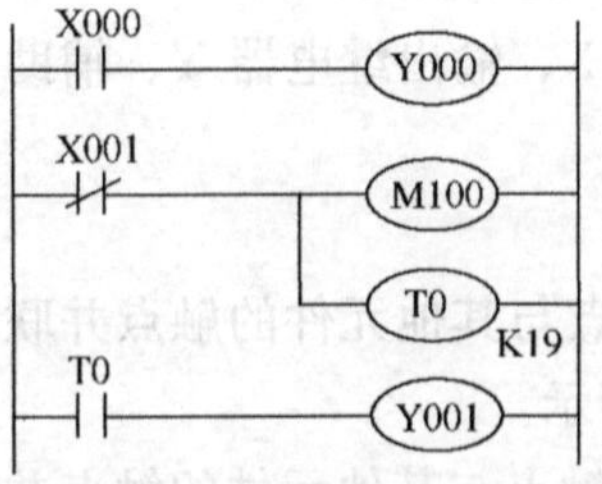

a) 梯形图

LD	X000	OUT	T0 K19
OUT	Y000	LD	T0
LDI	X001	OUT	Y001
OUT	M100		

b) 指令语句表

图 6-1-1 LD、LDI、OUT 指令的用法

使用 LD 指令和 LDI 指令时应注意：LD 指令和 LDI 指令的操作元件为输入继电器 X、输出继电器 Y、辅助继电器 M、状态继电器 S、定时器 T 和计数器 C。

（2）OUT 指令

OUT 指令称为“输出指令”，其功能是根据逻辑运算结果去驱动指定元件的线圈。其用法如图 6-1-1 中 Y000、M100、T0 和 Y001 的线圈。

使用 OUT 指令时应注意以下几点：

1）输入继电器不能用 OUT 指令驱动，输入继电器的状态只能由输入信号决定。

2）OUT 指令可以连续使用，不受使用次数的限制，这种输出称为并行输出，如图 6-1-1 中的 M100 线圈和 T0 线圈。

3）当计数器和定时器使用 OUT 指令驱动时，其后应设定计数器和定时器的常数值，如图 6-1-1 中的 T0。

4）OUT 指令的操作元件为输出继电器 Y、辅助继电器 M、状态继电器 S、定时器 T 和计数器 C。

（3）AND 指令和 ANI 指令

AND 指令称为“与指令”，其功能是使元件的常开触点与其他元件的触点串联，其用法如图 6-1-2 中的 X002 的常开触点所示。

ANI 指令称为“与非指令”，其功能是使元件的常闭触点与其他元件的触点串联，其用法如图 6-1-2 中的 X003 的常闭触点所示。

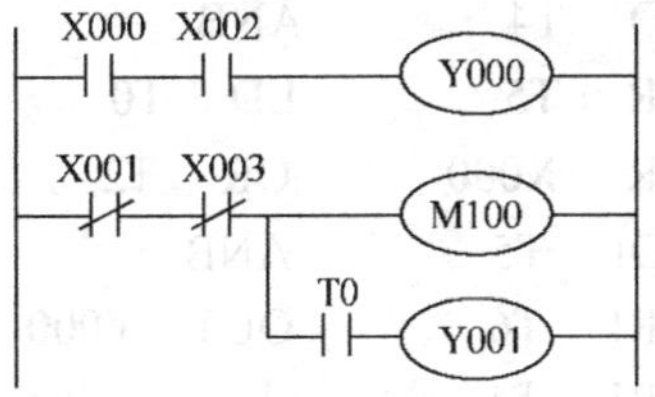

a) 梯形图

LD	X000	ANI	X003
AND	X002	OUT	M100
OUT	Y000	AND	T0
LDI	X001	OUT	Y001

b) 指令语句表

图 6-1-2 AND、ANI 指令的用法

使用 AND 指令和 ANI 指令时应注意以下两点：

1）AND 指令和 ANI 指令可以不受使用次数的限制，连续使用。

2）AND 指令和 ANI 指令的操作元件为输入继电器 X、输出继电器 Y、辅助继电器 M、状态继电器 S、定时器 T 和计数器 C。

（4）OR 指令和 ORI 指令

OR 指令称为“或指令”，其功能是使元件的常开触点与其他元件的触点并联，其用法如图 6-1-3 中的 X002 的常开触点和 C200 的常开触点所示。

ORI 指令称为“或非指令”，其功能是使元件的常闭触点与其他元件的触点并联，其用法如图 6-1-3 中的 X001 的常闭触点和 T0 的常闭触点所示。

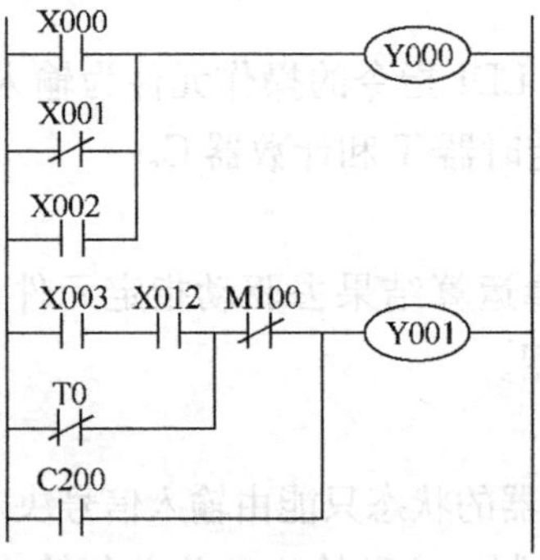

a) 梯形图

LD	X000	AND	X012
ORI	X001	ORI	T0
OR	X002	ANI	M100
OUT	Y000	OR	C200
LD	X003	OUT	Y001

b) 指令语句表

图 6-1-3　OR、ORI 指令的用法

使用 OR 指令和 ORI 指令时应注意以下两点：

1）OR 指令和 ORI 指令可以不受使用次数的限制，连续使用。

2）OR 指令和 ORI 指令的操作元件为输入继电器 X、输出继电器 Y、辅助继电器 M、状态继电器 S、定时器 T 和计数器 C。

（5）ANB 指令和 ORB 指令

ANB 指令称为“块与指令”，其功能是使电路块与电路块串联，其用法如图 6-1-4 所示。

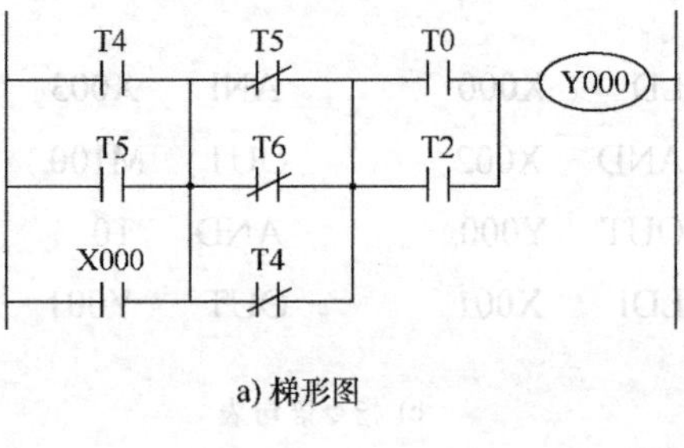

a) 梯形图

LD	T4	ANB	
OR	T5	LD	T0
OR	X000	OR	T2
LDI	T5	ANB	
ORI	T6	OUT	Y000
ORI	T4		

b) 指令语句表

图 6-1-4　ANB 指令的用法

ORB 指令称为“块或指令”，其功能是使电路块与电路块并联，其用法如图 6-1-5

所示。

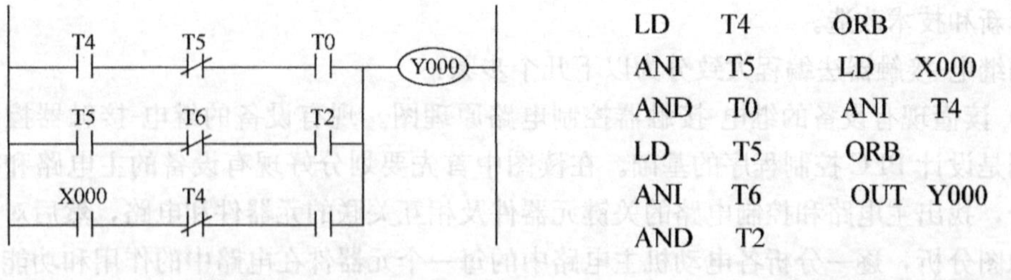

a) 梯形图　　b) 指令语句表

图 6-1-5　ORB指令的用法

使用ANB指令和ORB指令时应注意以下两点：

1）ANB指令和ORB指令可以不受使用次数的限制，连续使用。

2）ANB指令和ORB指令为独立指令，无操作元件。

2. PLC常闭触点输入信号的处理

在继电-接触器控制电路中，对于停止按钮一般都用常闭触点，但是在PLC控制电路中一般用常开触点。无论用常开触点还是常闭触点作为输入信号，都可以通过程序来达到相同的控制效果，图6-1-6a和图6-1-6b的控制过程完全一样。

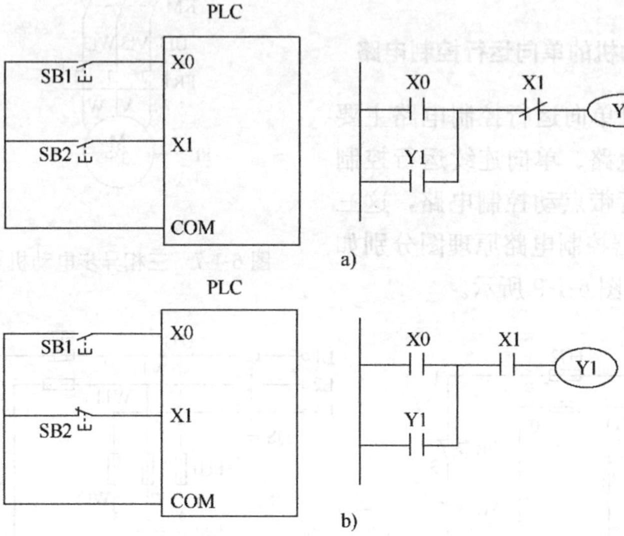

图 6-1-6　PLC常闭触点输入信号的处理

3. PLC的编程方法

PLC常用的编程方法有继电-接触器法、经验编程法和顺序控制法等。三相异步电动机的基本控制过程常用继电-接触器法来编程。

继电-接触器法就是依据所控制电器的继电-接触器控制电路原理图，用PLC对应的符号和功能相当的软元件，把原来的继电-接触器系统的控制电路直接“翻译”成梯形图程序的设计方法。该方法特别适合于初学者编程设计使用，也特别适合于对原有旧设备的技术革新和技术改造。

用继电-接触器法编程大致分为以下几个步骤：

1）读懂现有设备的继电-接触器控制电路原理图。现有设备的继电-接触器控制电路原理图是设计 PLC 控制程序的基础。在读图中首先要划分好现有设备的主电路和控制电路部分，找出主电路和控制电路的关键元器件及相互关联的元器件和电路，然后对主电路进行识图分析，逐一分析各电动机主电路中的每一个元器件在电路中的作用和功能，最后对控制电路进行识图分析，逐一分析各电动机对应的控制电路中每一个元器件在电路中的作用和功能等，弄清楚各控制的逻辑关系。

2）对照 PLC 的输入/输出（I/O）接线端，将现有继电-接触器控制电路图上的控制器件（如按钮、行程开关、光电开关、其他传感器等）进行编号并换成对应的输入点，将现有继电-接触器控制电路图上的被控制器件（如接触器线圈、电磁阀、指示灯、数码管等）进行编号并换成对应的输出点。

3）将现有设备继电-接触器控制电路图中的中间继电器、定时器用 PLC 的辅助继电器、定时器代替。

4）完成“翻译”后，将梯形图进行简化和修改。

4. 三相异步电动机的单向运行控制电路

三相异步电动机单向运行控制电路主要分为单向点动控制电路、单向连续运行控制电路、单向连续运行带点动控制电路，这三种电路的继电-接触器控制电路原理图分别如图 6-1-7、图 6-1-8、图 6-1-9 所示。

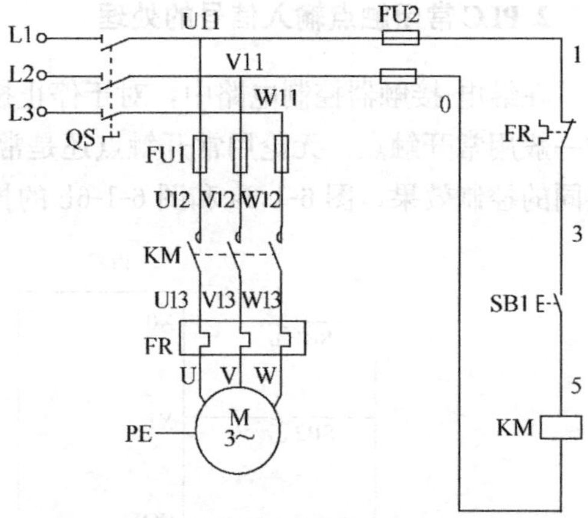

图 6-1-7　三相异步电动机点动控制电路

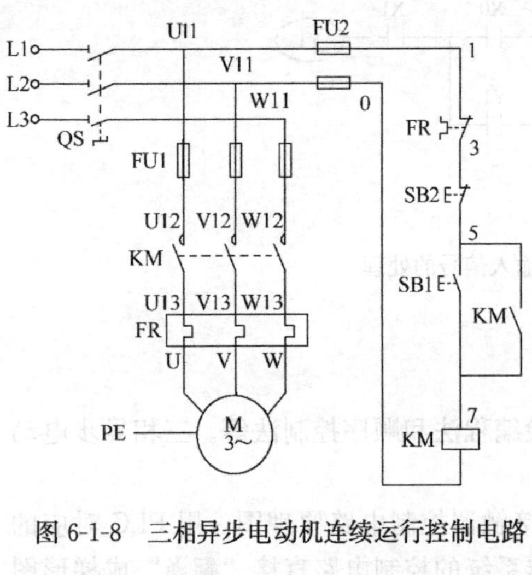

图 6-1-8　三相异步电动机连续运行控制电路

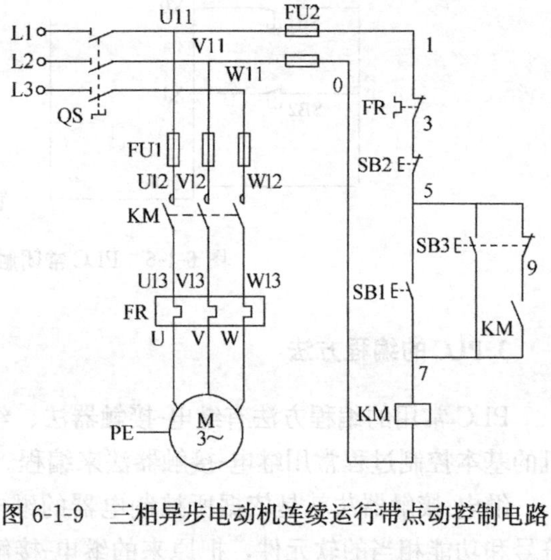

图 6-1-9　三相异步电动机连续运行带点动控制电路

任务实施

1. 用PLC实现三相异步电动机的单向点动控制

思考与探究：☞

1）选用什么编程方法？

2）电动机继电-接触器点动控制电路是怎样的？

3）如何画PLC电气控制原理图？

参考方案：☞

根据图6-1-7所示的三相异步电动机点动控制的电路特点，如果采用PLC进行控制，只需要一个输入点和一个输出点。

若选用输入点X0作为按钮SB1的输入点，Y0作为接触器KM的输出点，则三相异步电动机点动的PLC电气控制原理图如图6-1-10所示。根据继电-接触器法画出的梯形图和指令语句表分别如图6-1-11a、b所示。

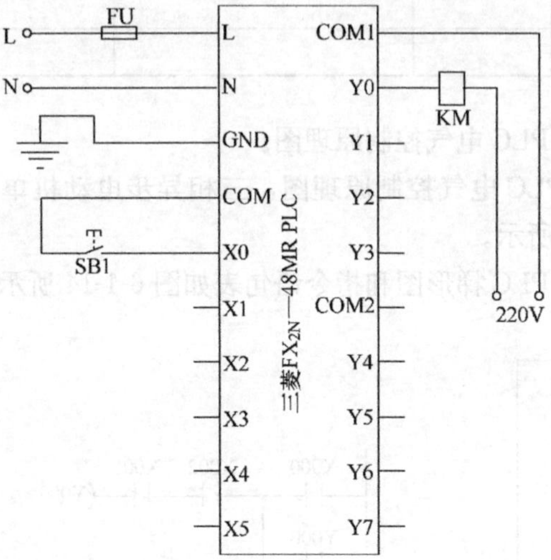

图6-1-10 三相异步电动机点动的PLC电气控制原理图

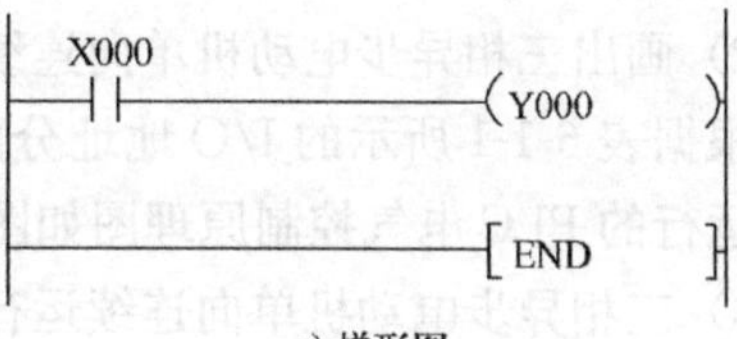

a) 梯形图

LD X000

OUT Y000

END

b) 指令语句表

图6-1-11 三相异步电动机点动的PLC控制程序

连接好控制电路，编写好PLC程序后，将PLC程序写入PLC，即可进行三相异步电动机点动PLC控制的调试。

用PLC实验箱模拟三相异步电动机点动控制的接线如图6-1-12所示。电路连接结束后，打开电源开关，下载点动控制程序后，按下SB1，则指示灯HL1亮；松开SB1，则指示灯HL1熄灭。这说明控制过程正确。

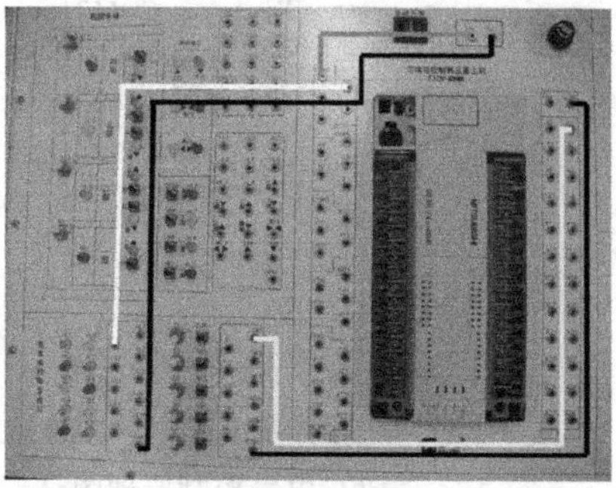

图6-1-12 三相异步电动机点动的PLC控制电路连接示意图

2. 用 PLC 实现三相异步电动机的单向连续运行控制

思考与探究：☞

1）继电-接触器法编程的具体步骤是怎样的？

2）三相异步电动机单向连续运行继电-接触器控制电路有何特点？

参考方案：☞

根据继电-接触器法，首先分析三相异步电动机继电-接触器单向连续运行控制电路的特点，列出 PLC I/O 地址分配表，画出 PLC 电气控制原理图，然后再编写 PLC 控制程序，连接好电路并下载程序后进行调试。具体可参考下述过程。

1）列 PLC I/O 地址分配表。

表 6-1-1　PLC 控制三相异步电动机单向连续运行的 I/O 地址分配表

输入			输出		
序号	说明	地址编号	序号	说明	地址编号
1	起动按钮	X0	1	接触器	Y0
2	停止按钮	X1			
3	热继电器	X2			

2）画出三相异步电动机单向连续运行的 PLC 电气控制原理图。

根据表 6-1-1 所示的 I/O 地址分配表和 PLC 电气控制原理图，三相异步电动机单向连续运行的 PLC 电气控制原理图如图 6-1-13 所示。

3）三相异步电动机单向连续运行控制的 PLC 梯形图和指令语句表如图 6-1-14 所示。

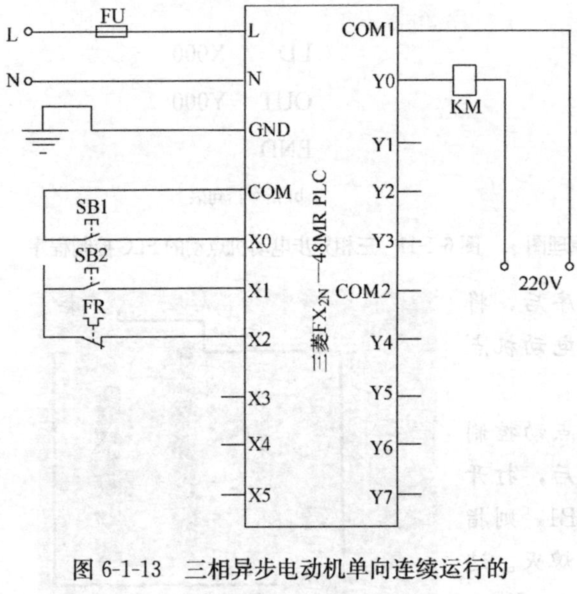

图 6-1-13　三相异步电动机单向连续运行的 PLC 电气控制原理图

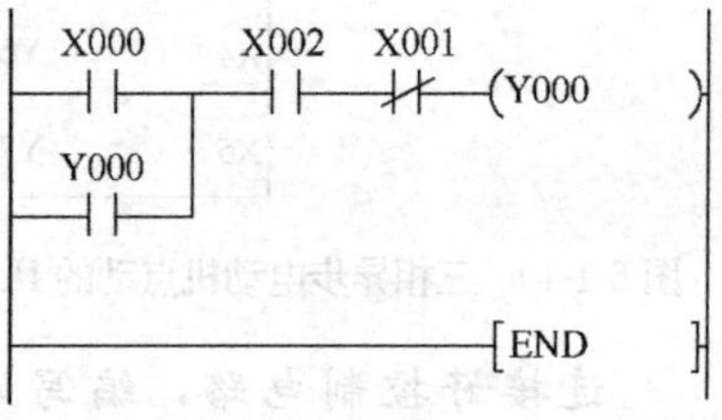

a) 梯形图

LD	X000	ANI	X001
OR	Y000	OUT	Y000
AND	X002	END	

b) 指令语句表

图 6-1-14　三相异步电动机单向连续运行的 PLC 控制程序

4）按照图 6-1-13 所示电路连接好电路，按图 6-1-14 所示梯形图编写好程序后下载程序，进行电路的调试。

3. 用 PLC 实现三相异步电动机的单向连续运行带点动控制

思考与探究：☞

1）操作按钮时，其常开触点和常闭触点的动作有何特点？

2）PLC 输入继电器的常开触点和常闭触点的动作是否有一段延时？

参考方案：☞

根据继电-接触器法，首先分析三相异步电动机继电-接触器单向连续运行带点动控制电路的特点，列出 PLC I/O 地址分配表，画出 PLC 电气控制原理图，然后再编写 PLC 控制程序，连接好电路并下载程序后进行调试。具体可参考下述过程。

1）列 PLC I/O 地址分配表。

PLC I/O 地址分配表见表 6-1-2。

表 6-1-2 PLC 控制三相异步电动机单向连续带点动运行的 I/O 地址分配表

输入			输出		
序号	说明	地址编号	序号	说明	地址编号
1	起动按钮	X0	1	接触器	Y0
2	停止按钮	X1			
3	点动按钮	X2			
4	热继电器	X3			

2）画出 PLC 控制三相异步电动机单向连续运行带点动的电气控制原理图。

根据表 6-1-2 所示的 I/O 地址分配表和 PLC 电气控制原理图的画法，三相异步电动机单向连续运行带点动的 PLC 电气控制原理图如图 6-1-15 所示。

3）三相异步电动机单向连续运行带点动控制的 PLC 梯形图和指令语句表如图 6-1-16 所示。

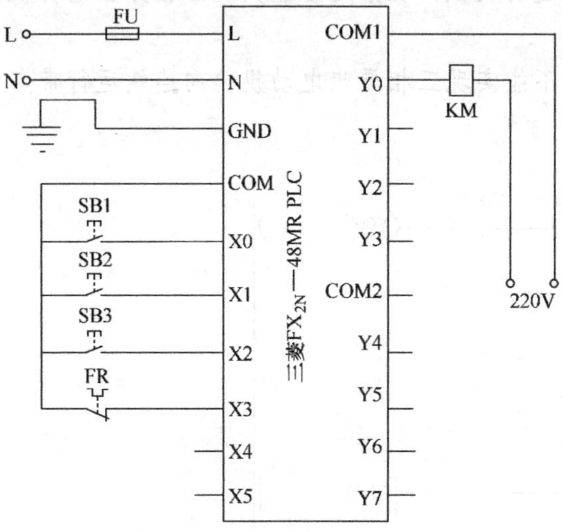

图 6-1-15 三相异步电动机单向连续运行带点动的 PLC 电气控制原理图

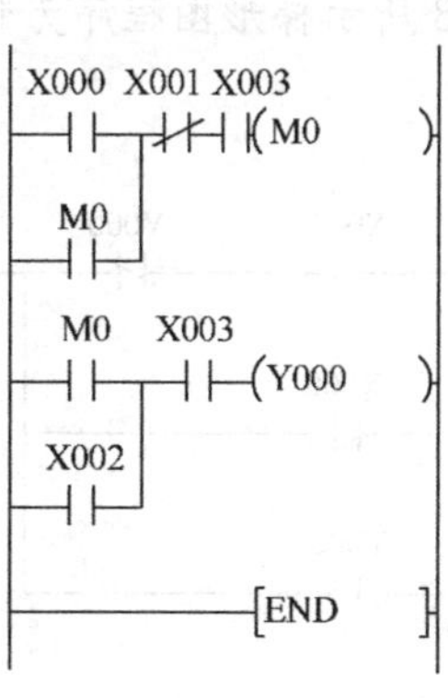

a) 梯形图

```
LD   X000
OR   M0
ANI  X001
AND  X003
OUT  M0
LD   M0
OR   X002
AND  X003
OUT  Y000
END
```

b) 指令语句表

图 6-1-16 三相异步电动机单向连续运行带点动的 PLC 控制程序

4）用 PLC 实验箱模拟调试。

画好 PLC 电气控制原理图，并编写好程序后，将 PLC 实验箱按图 6-1-15 所示连接好电路，若用开关 S 来模拟 FR，用指示灯 HL 来模拟 KM 线圈，则按图 6-1-17 所示的接线示意图连接好电路，检查电路正确无误后接通电源，下载 PLC 程序。

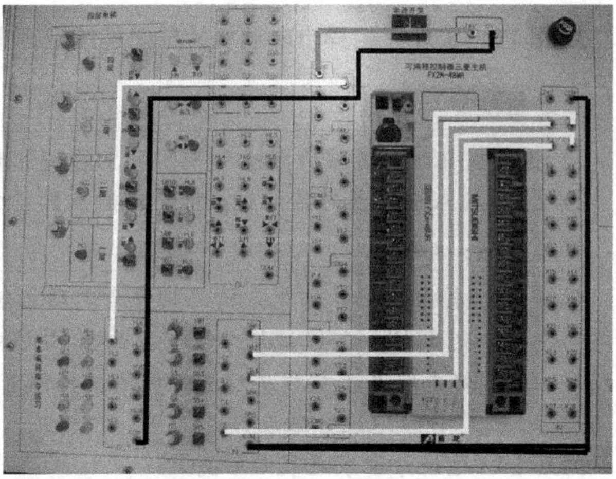

图 6-1-17　三相异步电动机单向连续运行带点动的 PLC 控制电路接线示意图

将 PLC 置于运行状态，按一下 SB1 后，可观察到指示灯 HL 亮，如果再按一下 SB2，则指示灯 HL 熄灭；按下 SB3，也可观察到指示灯 HL 亮，但一旦松开 SB3，则指示灯 HL 熄灭；当 HL 亮时，断开 S，则指示灯 HL 立刻熄灭。如果以上现象都正常，说明 PLC 实现的单向连续运行带点动的控制过程正确；若有现象和以上说明不符，则说明电路连接、程序或元器件有问题。

总结提高

1. 完成本工作任务是否顺利？出现过哪些问题？你是怎样解决的？

2. 观察图 6-1-18 所示梯形图程序，分析是由三相异步电动机的哪个控制电路“翻译”过来的。

3. 编写好图 6-1-18 所示梯形图程序，并进行调试，观察是否能实现三相异步电动机单向连续运行带点动控制。

4. 分析图 6-1-18 所示梯形图程序为什么不能实现三相异步电动机单向连续运行带点动控制。

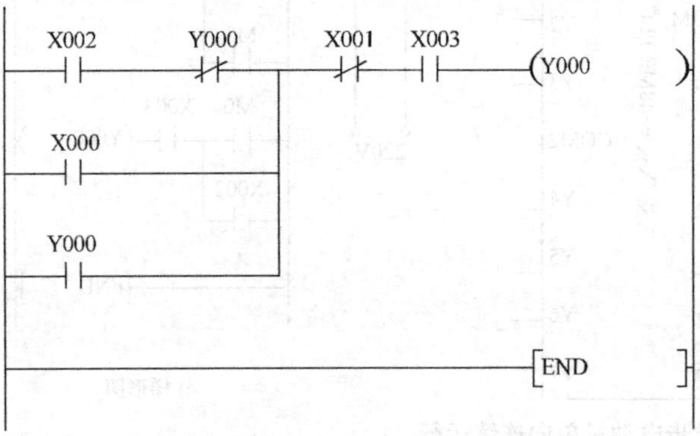

图 6-1-18　PLC 梯形图控制程序

任务二　三相异步电动机的顺序控制

工作任务

用PLC实现三相异步电动机的顺序控制。具体要求如下：

1. 读懂三相异步电动机继电-接触器顺序控制的电路原理图。
2. 画出三相异步电动机顺序控制的PLC电气控制原理图。
3. 编写实现三相异步电动机顺序控制的PLC程序。
4. 完成程序调试，达到预定要求。

相关知识

1. 梯形图设计规则

1）输入/输出继电器、内部继电器、定时器、计数器等器件的触点可多次重复使用，无需用复杂的程序结构来减少触点的使用次数。

2）梯形图每一行都是从左母线开始，线圈接在最右边。如图6-2-1所示，左边的梯形图结构是不符合设计规则的，应改写为右边的结构。

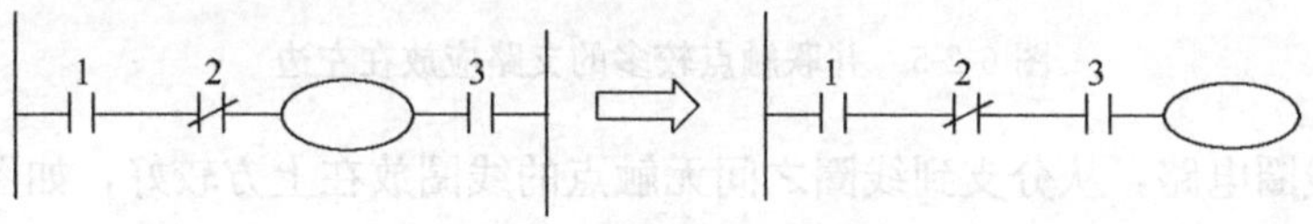

图6-2-1　线圈只能放在最右边

3）线圈不能直接与起始母线相连，如图6-2-2所示，左边的梯形图结构是不符合设计规则的，应改写为右边的结构。

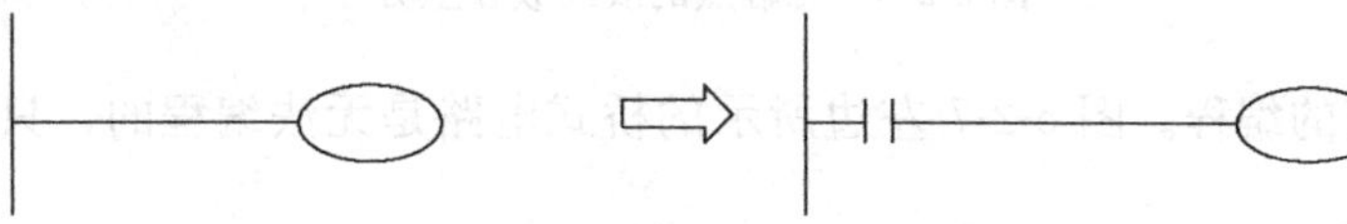

图6-2-2　线圈不能直接与起始母线连接

4）同一编号的线圈在一个程序中使用两次以上称为重复输出，重复输出容易引起误操作，故一般不允许重复输出。如图6-2-3所示，左边的梯形图结构是不符合设计规则的，应改写为右边的结构。

5）梯形图必须符合顺序执行的原则，即从左到右，从上到下执行。

6）在梯形图中串联触点和并联触点使用的次数没有限制，可无限次使用。

7）两个或两个以上线圈可并联输出，但不可串联输出。

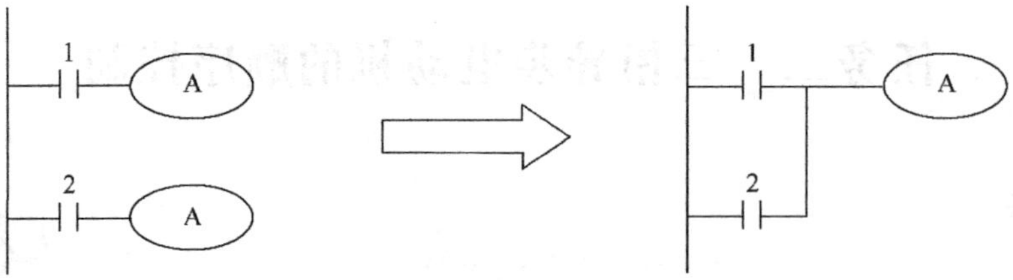

图 6-2-3　同一线圈不能重复输出

2. PLC 编程技巧

1）串联触点较多的支路放在梯形图上方，如图 6-2-4 所示。

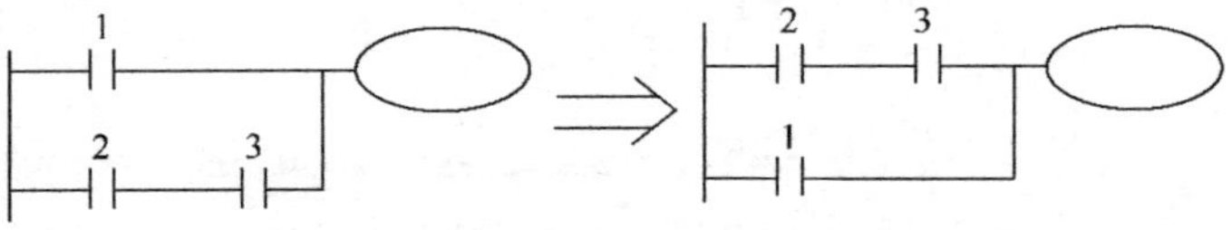

图 6-2-4　串联触点较多的支路应放在上边

2）并联触点较多的支路放在左边，如图 6-2-5 所示。

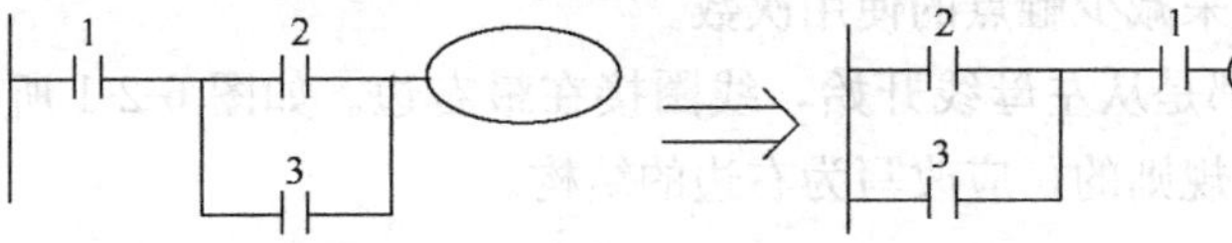

图 6-2-5　并联触点较多的支路应放在左边

3）并联线圈电路，从分支到线圈之间无触点的线圈放在上方较好，如图 6-2-6 所示。

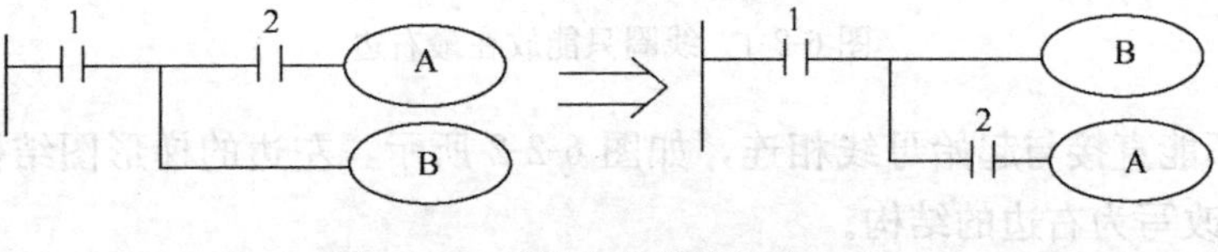

图 6-2-6　无触点的线圈放在上方

4）桥式电路的编程。图 6-2-7 左边所示的桥式电路是无法编程的，只有改成右边所示电路才能编程。

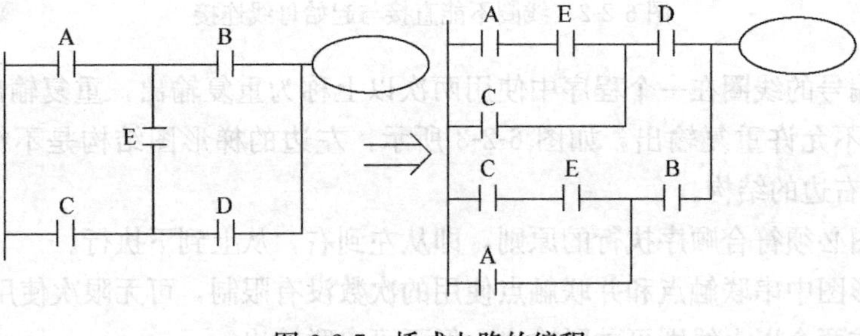

图 6-2-7　桥式电路的编程

3. 三相异步电动机的顺序控制

三相异步电动机的顺序控制就是电动机按预先约定的顺序起动或按预先约定的顺序停止。图 6-2-8、图 6-2-9 所示为继电-接触器顺序控制电路原理图。由图 6-2-8 顺序控制电路原理图可看出，只有当 KM1 线圈得电，KM1 常开辅助触点闭合，即电动机 M1 得电运行

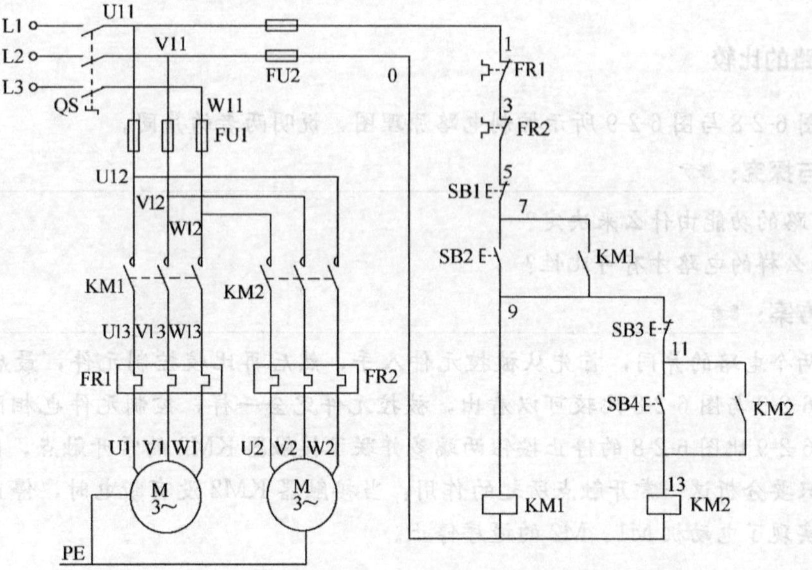

图 6-2-8 三相异步电动机顺序起动继电-接触器控制电路原理图

后，才能通过操作 SB4 使 KM2 线圈得电，KM2 主触点闭合后电动机 M2 运行。可见通

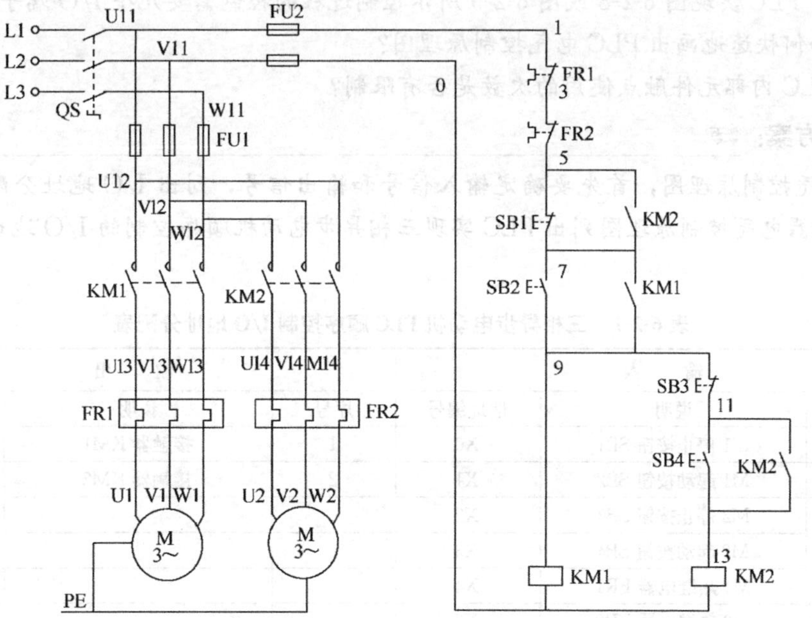

图 6-2-9 三相异步电动机顺序起动逆序停止继电-接触器控制电路原理图

过控制电路的顺序控制，使得 M1、M2 顺序起动，停止则可以按下 SB3 或 SB1，但是按 SB3 只能让 KM2 线圈失电，电动机 M2 停止运行；而按下 SB1 则让 KM1 和 KM2 线圈同时失电，两台电动机同时停止运行。

任务实施

1. 电路的比较

比较图 6-2-8 与图 6-2-9 所示控制电路原理图，说明两者的异同。

思考与探究：☞

1）电路的功能由什么来决定？

2）什么样的电路才有可比性？

参考方案：☞

比较两个电路的异同，首先从被控元件入手，然后再比较控制元件，最后看电路结构。从图 6-2-9 与图 6-2-8 比较可以看出，被控元件完全一样，控制元件也相同，唯一的区别是图 6-2-9 比图 6-2-8 的停止按钮两端多并联了接触器 KM2 的常开触点，因此功能上的差异也只要分析这一常开触点所起的作用：当接触器 KM2 没有断电时，停止按钮不起作用，即实现了电动机 M1、M2 的逆序停止。

2. 画出 PLC 电气控制原理图

思考与探究：☞

1）用 PLC 实现图 6-2-8 或图 6-2-9 所示控制过程的控制需要几个 I/O 端子？

2）如何快速地画出 PLC 电气控制原理图？

3）PLC 内部元件触点使用的次数是否有限制？

参考方案：☞

画电气控制原理图，首先要确定输入信号和输出信号，列出 I/O 地址分配表。根据继电-接触器电气控制原理图列出 PLC 实现三相异步电动机顺序控制的 I/O 地址分配表见表 6-2-1。

表 6-2-1 三相异步电动机 PLC 顺序控制 I/O 地址分配表

输入			输出		
序号	说明	地址编号	序号	说明	地址编号
1	M1 停止按钮 SB1	X0	1	接触器 KM1	Y0
2	M1 起动按钮 SB2	X1	2	接触器 KM2	Y1
3	M2 停止按钮 SB3	X2			
4	M2 起动按钮 SB4	X3			
5	M1 热继电器 FR1	X4			
6	M2 热继电器 FR2	X5			

根据I/O地址分配表画出三相异步电动机顺序控制的PLC电气控制原理图如图6-2-10所示。

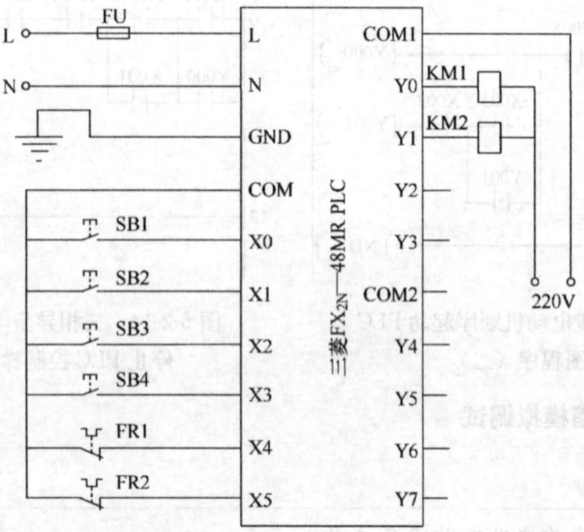

图6-2-10　三相异步电动机顺序控制的PLC电气控制原理图

3. 编写三相异步电动机顺序控制的梯形图程序

思考与探究：☞

1）如何将继电-接触器控制电路原理图“翻译”成梯形图程序？

2）梯形图程序有什么编程规则？

参考方案：☞

1）把三相异步电动机继电-接触器顺序控制电路原理图“翻译”成梯形图。将继电-接触器顺序控制电路原理图中的控制信号换成对应的输入继电器，被控器件换成对应的输出继电器，就可以得到实现三相异步电动机顺序控制的PLC梯形图程序，对应图6-2-8和图6-2-9所示控制电路“翻译”而来的梯形图程序分别如图6-2-11、图6-2-12所示。

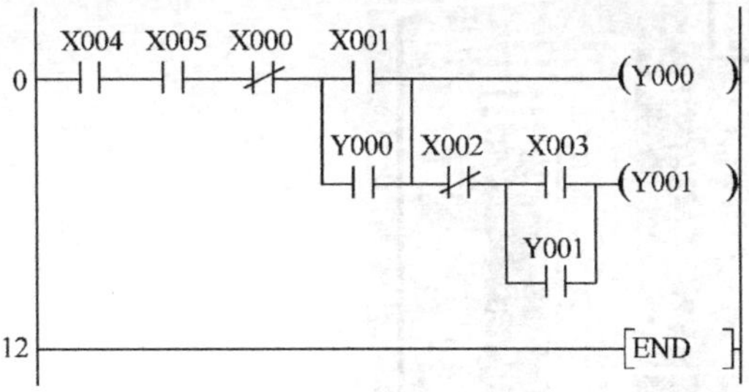

图6-2-11　三相异步电动机顺序起动PLC控制梯形图程序（一）

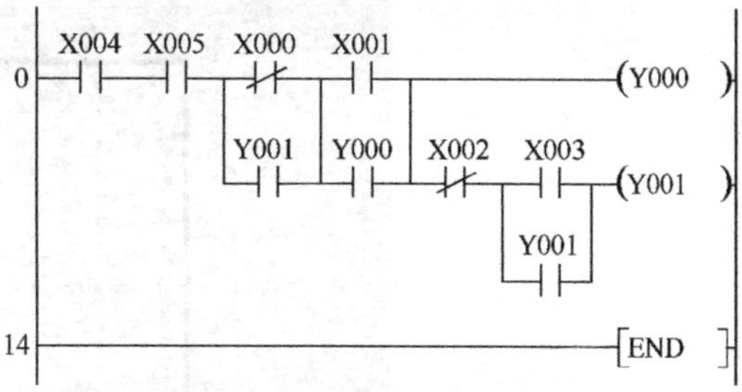

图6-2-12　三相异步电动机顺序起动逆序停止PLC控制梯形图程序（一）

2）优化梯形图程序。根据编写梯形图程序的技巧，可以对图6-2-11和图6-2-12所示的梯形图程序进行优化，优化后的梯形图程序分别如图6-2-13和图6-2-14所示，从优化后的梯形图可以看出程序变短了，但是梯的结构看上去还是很复杂，因此还应该考虑是否可以进一步优化，让梯形图程序第一个梯的结构简单一些。

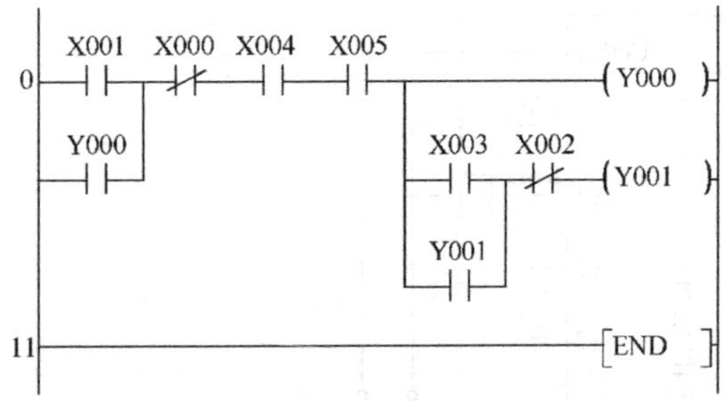

图 6-2-13　三相异步电动机顺序起动 PLC 控制梯形图程序（二）

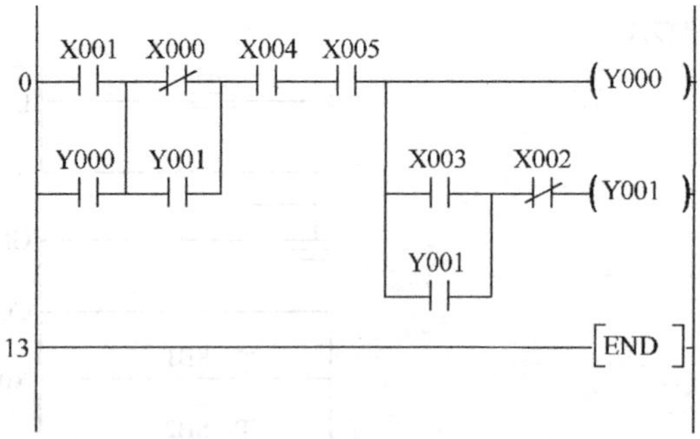

图 6-2-14　三相异步电动机顺序起动逆序停止 PLC 控制梯形图程序（二）

4. 用 PLC 实验箱模拟调试

思考与探究：☞

1）通电调试程序前应做哪些准备工作？

2）按什么样的步骤来调试最好？并说明你设计该步骤的理由。

参考方案：☞

在 PLC 实验箱上模拟三相异步电动机顺序控制过程的调试，可参考以下步骤来完成。

（1）选择对应的输入输出

实验箱上没有热继电器和接触器，热继电器的常闭触点可用开关（如选 S4、S5）来模拟，接触器线圈用指示灯来模拟（如 KM1 用指示灯 HL1、KM2 用指示灯 HL2）。

（2）连接电路

根据 PLC 电气控制原理图连接好输入电路和输出电路，具体的电路连接方法可参考图 6-2-15 所示的接线示意图。

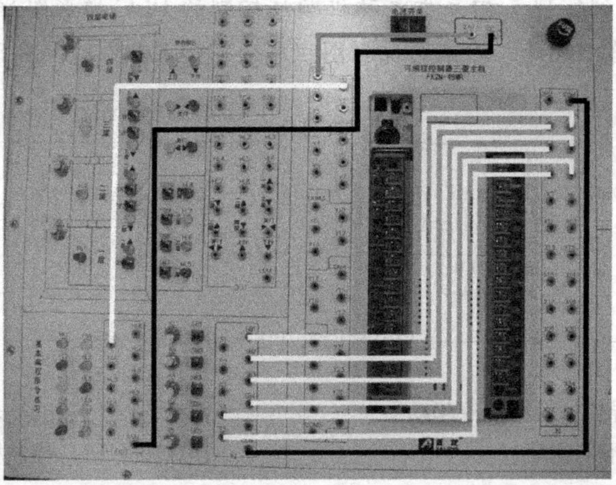

图 6-2-15　用 PLC 实验箱模拟三相异步电动机顺序控制过程的接线示意图

（3）下载程序，模拟控制过程

在确保电路连接正确的情况下，接通电源，将编写好的程序下载到 PLC，再按以下操作步骤来模拟控制过程完成调试。

1）将 PLC 置于运行状态。

2）按一下 SB4，没有任何输出（表示 M2 不能先起动）。

3）按一下 SB2，指示灯 HL1 亮（表示 M1 起动），此时再按下 SB4，则指示灯 HL2 也亮（表示在 M1 起动之后能起动 M2）。

4）按下 SB1，若调试的是图 6-2-13 所示的梯形图程序，则指示灯 HL1、HL2 同时熄灭（表示 M1、M2 同时停止）；若调试的是图 6-2-14 所示的梯形图程序，则指示灯 HL1、HL2 仍然都亮（表示 M2 停止前，按停止按钮无效）。

5）若在按下 SB1 前，先按下 SB3，则指示灯 HL2 熄灭（表示 M2 停止），然后再按下 SB1，则指示灯 HL1 也熄灭（M2 停止后，M1 能停止）。

如果以上现象都正常，则说明顺序控制过程正确；如有现象不符，则说明设备或程序有问题，需要进行修改，请将相关内容记录在表 6-2-2 中。

表 6-2-2 调试记录表

序号	问题现象	原　因	解决方法

总结提高

1. 你认为梯形图程序的优化有必要吗？为什么？

2. 分析图 6-2-16 和图 6-2-17 所示梯形图程序的功能。

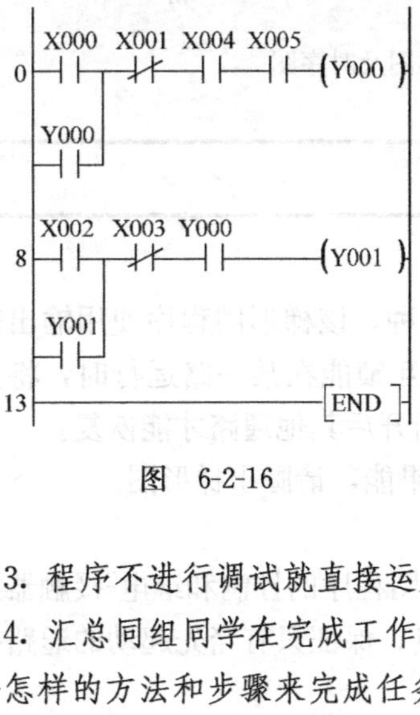

图 6-2-16

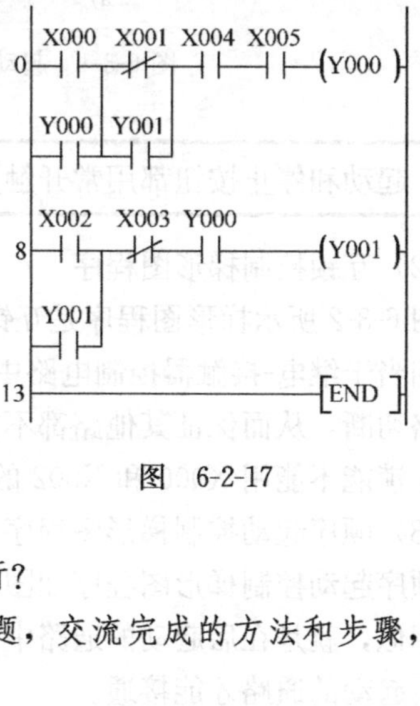

图 6-2-17

3. 程序不进行调试就直接运用于被控设备是否可行？

4. 汇总同组同学在完成工作任务过程中出现的问题，交流完成的方法和步骤，并说明按怎样的方法和步骤来完成任务可能是最好的。

任务三　三相异步电动机的正反转运行控制

工作任务

用PLC实现三相异步电动机的正反转控制。具体要求如下：

1. 画出三相异步电动机继电-接触器正反转运行控制的电路原理图。
2. 画出三相异步电动机正反转运行的PLC电气控制原理图。
3. 编写实现三相异步电动机正反转运行控制的PLC程序。
4. 完成控制系统调试，达到预定要求。

相关知识

1. 常用的电动机控制梯形图程序

(1) 接通断开控制梯形图程序（起动、保持与停止控制）

起动、保持与停止控制的梯形图程序如图6-3-1a所示。当X000接通时，Y000线圈得电，Y000常开触点闭合自锁，保持Y000线圈一直得电，直到按下停止按钮，X001断开，Y000线圈失电，输出信号消失。起动、保持与停止控制的时序图如图6-3-1b所示。

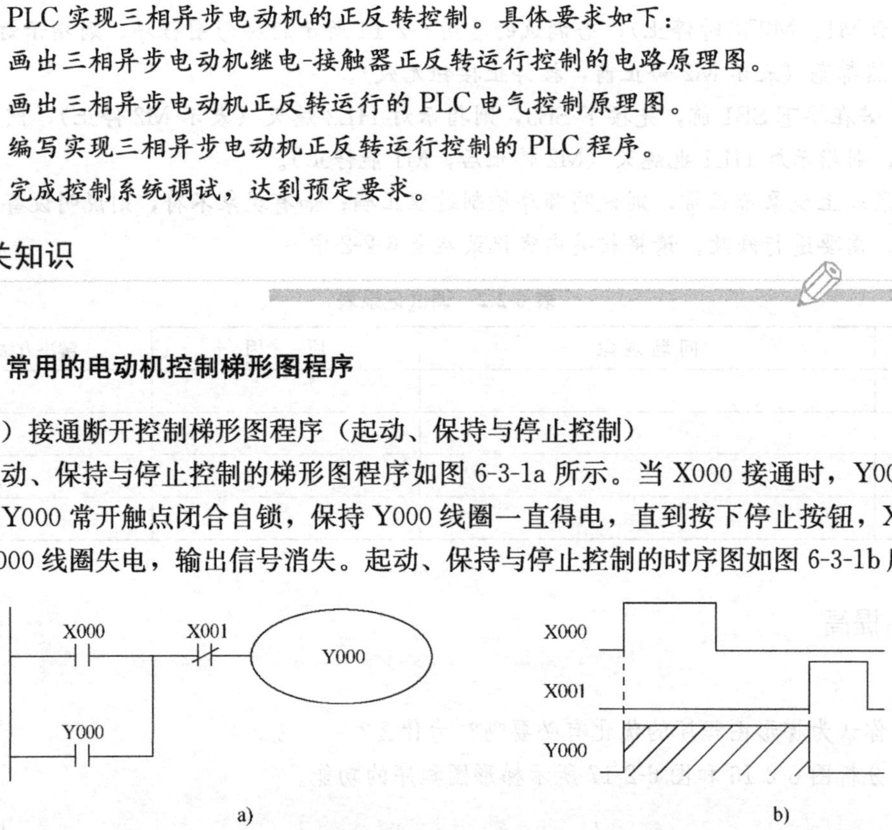

图6-3-1　起动、保持与停止控制的梯形图及时序图

注：起动和停止按钮都用常开触点。

(2) 互锁控制梯形图程序

图6-3-2所示梯形图程序是互锁控制梯形图程序的一种，该梯形图程序使用输出来互锁，相当于继电-接触器控制电路中的电气互锁，用这种互锁能在某一路运行时，将其他的通路切断，从而保证其他路都不能接通，只有这一路断开后其他通路才能恢复。

互锁能不能用X000和X002的常闭触点来实现？如果能，请画出梯形图。

(3) 顺序起动控制梯形图程序

顺序起动控制梯形图程序如图6-3-3所示。这种梯形图程序的控制和继电-接触器控制电路相似，就是在后起动的通路中串联先起动的常开触点，保证只有当先起动的通路接通后，后起动的通路才能接通。

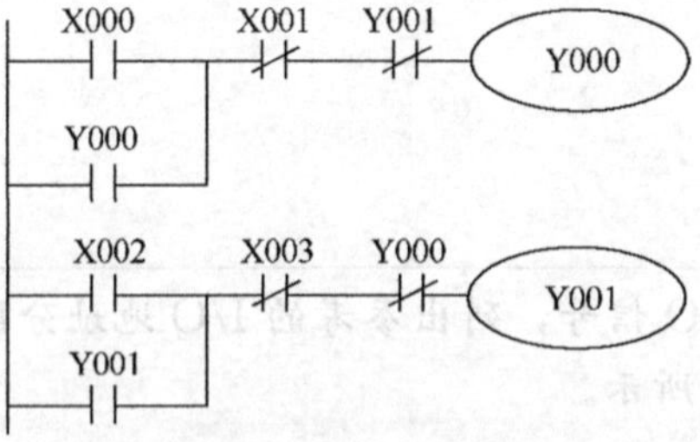

图 6-3-2　互锁控制梯形图程序

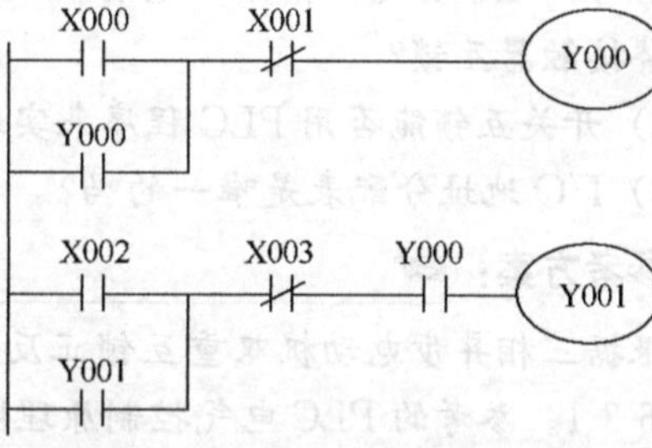

图 6-3-3　顺序起动控制梯形图程序

2. 三相异步电动机继电-接触器双重互锁正反转控制电路

三相异步电动机继电-接触器正反转控制电路有三种形式，但操作方便又安全的控制电路是图 6-3-4 所示的双重互锁正反转控制电路。图中接触器 KM1 和 KM2 分别控制电动机的正转和反转。按钮 SB1 用于起动正转，按钮 SB3 用于起动反转，SB2 为停止按钮。在这里正转的控制电路中串入了反转接触器 KM2 的常闭触点，同样反转的控制电路中串入了正转接触器 KM1 的常闭触点，这种形式的互锁称为接触器互锁。通过这种互锁，保证了两个接触器不会同时得电，以免发生短路事故。同时正转的控制电路中串入了反转起动按钮 SB3 的常闭触点，同样反转的控制电路中串入了正转起动按钮 SB1 的常闭触点，这种形式的互锁称为开关互锁。开关互锁可以直接进行方向的切换而不必先按下停止按钮。

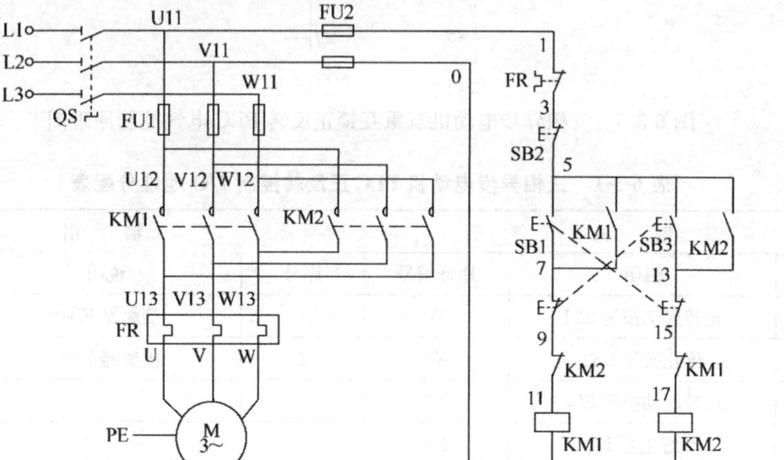

图 6-3-4　三相异步电动机继电-接触器双重互锁正反转控制电路

任务实施

1. 列出 PLC 实现三相异步电动机双重互锁正反转控制的 I/O 地址分配表，并画出 PLC 电气控制原理图

思考与探究：☞

1）用 PLC 实现三相异步电动机双重互锁正反转控制时，PLC 输出继电器互锁是否能代替接触器互锁？

2）开关互锁能否用 PLC 程序来实现？

3）I/O 地址分配表是唯一的吗？

参考方案：☞

根据三相异步电动机双重互锁正反转控制的 I/O 信号，列出参考的 I/O 地址分配表见表 6-3-1。参考的 PLC 电气控制原理图如图 6-3-5 所示。

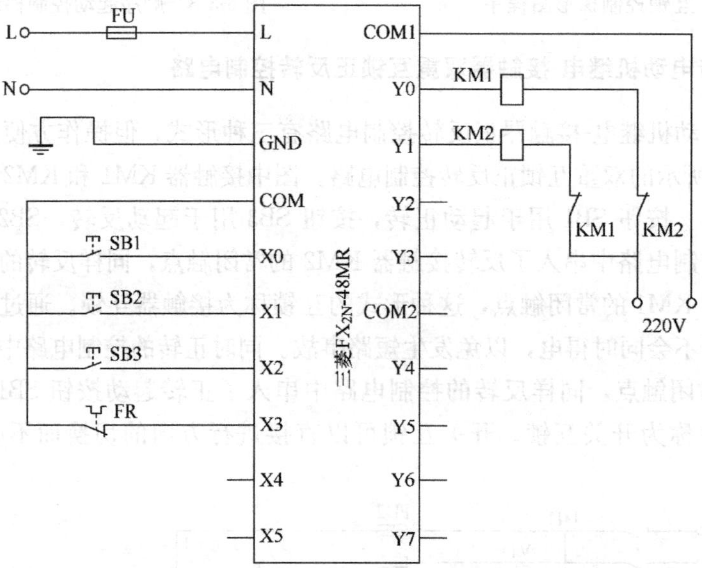

图 6-3-5　三相异步电动机双重互锁正反转 PLC 电气控制原理图

表 6-3-1　三相异步电动机 PLC 正反转控制 I/O 地址分配表

输入			输出		
序号	说明	地址编号	序号	说明	地址编号
1	正转起动按钮 SB1	X0	1	接触器 KM1	Y0
2	停止按钮 SB2	X1	2	接触器 KM2	Y1
3	反转起动按钮 SB3	X2			
4	热继电器 FR	X3			

注：PLC 输出继电器互锁不能代替接触器互锁，所以在 PLC 正反转控制电路中还需要接触器互锁。

2. 编写三相异步电动机双重互锁正反转控制的梯形图程序

思考与探究：☞

1）编写三相异步电动机控制程序用什么方法？

2）编写三相异步电动机双重互锁正反转控制的梯形图程序。

参考方案：☞

三相异步电动机双重互锁正反转控制的参考梯形图程序如图 6-3-6 所示。

3. 用 PLC 实验箱模拟控制过程调试程序

思考与探究： ☞

1）通电调试过程中应注意哪些事项？

2）在图 6-3-7 中画出 PLC 实验箱模拟三相异步电动机双重互锁正反转控制过程的接线示意图。

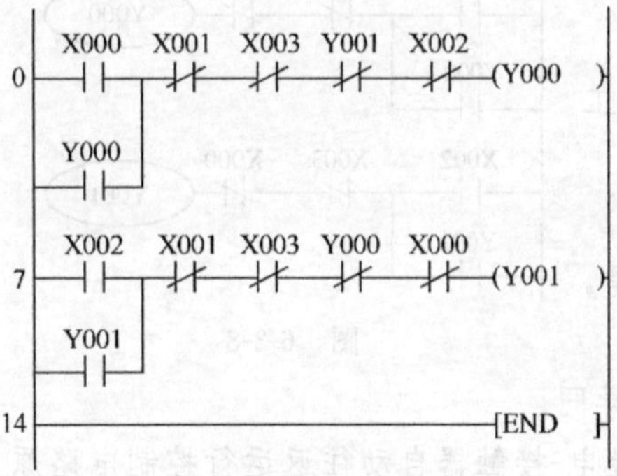

图 6-3-6　三相异步电动机双重互锁正反转控制的参考梯形图程序

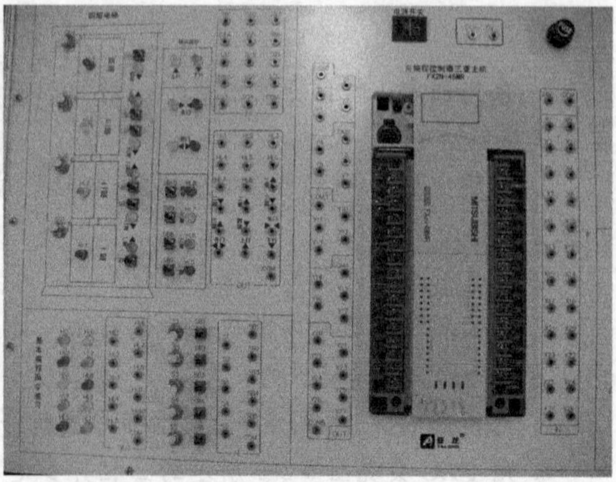

图 6-3-7　用 PLC 实验箱模拟三相异步电动机双重互锁正反转控制过程的接线示意图

参考方案： ☞

1）画出接线示意图，并和同组同学交换检查。

2）接线示意图正确无误后，按图进行电路连接，并和同组同学互查。

3）编写 PLC 程序，并下载到 PLC。

4）按以下操作步骤进行调试：

① 将 PLC 置于运行状态；

② 按一下 SB1，指示灯 HL1 亮（表示 M 正转起动）；

③ 按一下 SB3，指示灯 HL1 熄灭，同时指示灯 HL2 亮（表示 M 由正转变为反转）；

④ 按一下 SB2，则指示灯 HL2 熄灭（表示 M 反转停止）；

⑤ 按一下 SB3，则指示灯 HL2 亮（表示 M 反转起动），然后再按下 SB1，则指示灯 HL2 熄灭，同时指示灯 HL1 亮（表示 M 由反转变为正转）；

⑥ 按一下 SB2，则指示灯 HL1 熄灭（表示 M 正转停止）。

如果以上现象都正常，则说明正反转控制过程正确；如有现象不符，则说明设备或程序有问题，需要进行修改，请将相关内容记录在表 6-3-2 中。

表 6-3-2　调试记录表

序号	问题现象	原　因	解决方法

总结提高

1. 在完成本工作任务的过程中，遇到了哪些问题？你是怎样解决的？

2. 说明完成用 PLC 控制电动机基本控制过程的工作任务步骤。

3. 你认为小组之间怎样配合最好？

4. 调试程序的参考方案是否是最好的？如果不是，你认为最好的方案是怎样的？

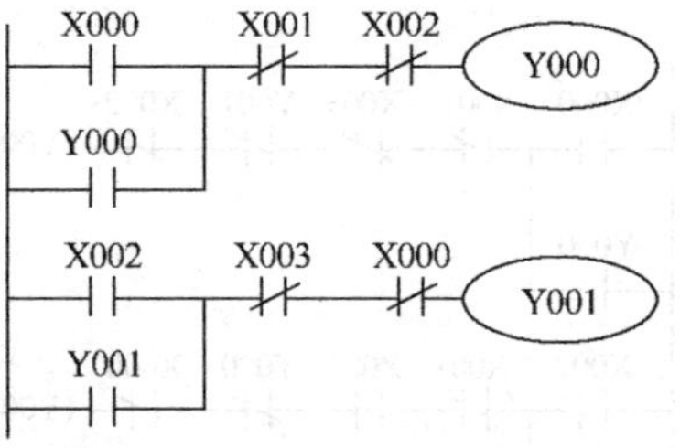

图　6-3-8

5. 分析图 6-3-8 和图 6-3-2 所示梯形图程序有何异同。

6. 用 PLC 实现图 6-3-9 所示的三相异步电动机继电-接触器自动往返运行控制电路原理图。

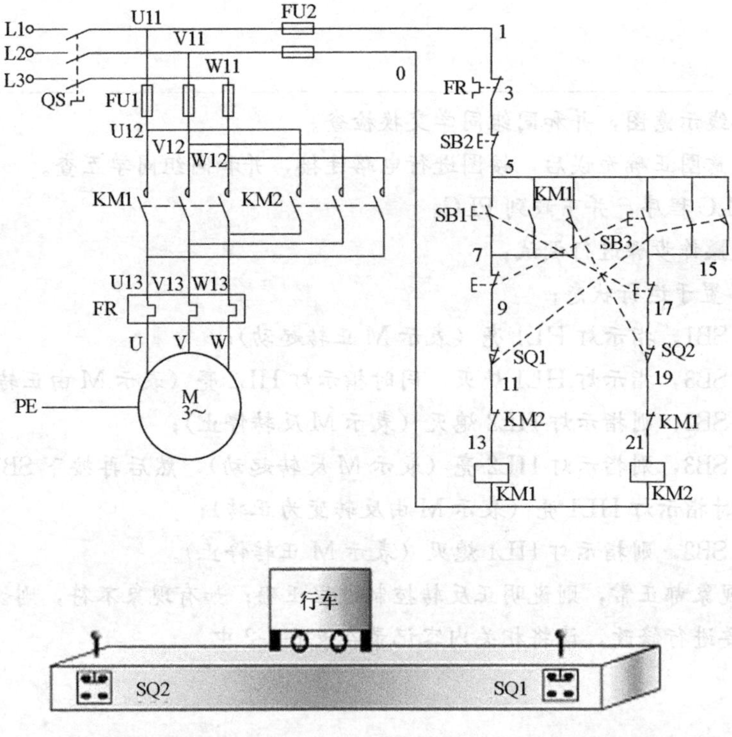

图 6-3-9　三相异步电动机继电-接触器自动往返运行控制电路原理图

任务四　三相异步电动机的Y-△减压起动控制

工作任务

用PLC实现三相异步电动机的Y-△减压起动控制。具体要求如下：

1. 画出三相异步电动机继电-接触器Y-△减压起动控制的电路原理图。
2. 画出三相异步电动机Y-△减压起动的PLC控制原理图。
3. 编写实现三相异步电动机Y-△减压起动控制的PLC程序。
4. 完成控制系统调试，达到预定要求。

相关知识

1. 三相异步电动机减压起动

前面介绍的各种控制电路起动时，加在电动机定子绕组上的电压为电动机的额定电压，称为全压起动，也称直接起动。直接起动的优点是电气设备少，电路简单，维修量较小。异步电动机直接起动时，起动电流一般为额定电流的4～7倍。在电源变压器容量不够大而电动机功率较大的情况下，直接起动将导致电源变压器输出电压下降，不仅减小电动机本身的起动转矩，而且会影响同一供电线路中其他电气设备的正常工作。因此，较大容量的电动机需采用减压起动。

减压起动是指利用起动设备将电压适当降低后加在电动机的定子绕组上进行起动，待电动机起动运转后，再使其电压恢复到额定值正常运转。

常见的减压起动方法有四种：定子绕组串联电阻减压起动、自耦变压器减压起动、Y-△减压起动和延边三角形减压起动。

2. 三相异步电动机Y-△减压起动控制电路

Y-△减压起动是指电动机起动时，把定子绕组接成星形，以降低起动电压，限制起动电流，待电动机起动后，再把定子绕组改接成三角形，使电动机全压运行。凡是在正常运行时定子绕组作三角形联结的异步电动机，均可采用这种减压起动方法。

（1）按钮、接触器控制Y-△减压起动控制电路

按钮和接触器控制Y-△减压起动控制电路如图6-4-1所示。该电路使用三个接触器、一个热继电器和三个按钮，接触器KM作接通电源用，接触器KM_{Y}和$KM_{\triangle}$分别作为星形起动和三角形运行用。

（2）时间继电器自动控制Y-△减压起动控制电路

时间继电器自动控制Y-△减压起动控制电路如图6-4-2所示，该电路由一个时间继电器、三个接触器、一个热继电器和两个按钮组成，时间继电器KT用于控制星形减压起动和Y-△自动切换。

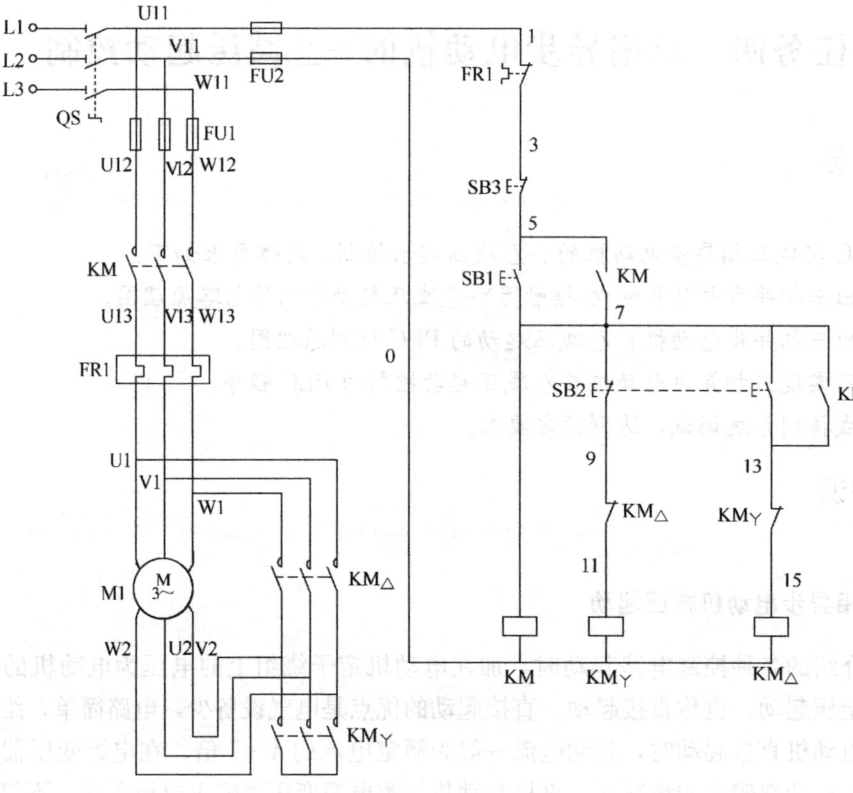

图 6-4-1　按钮、接触器控制Y-△减压起动控制电路

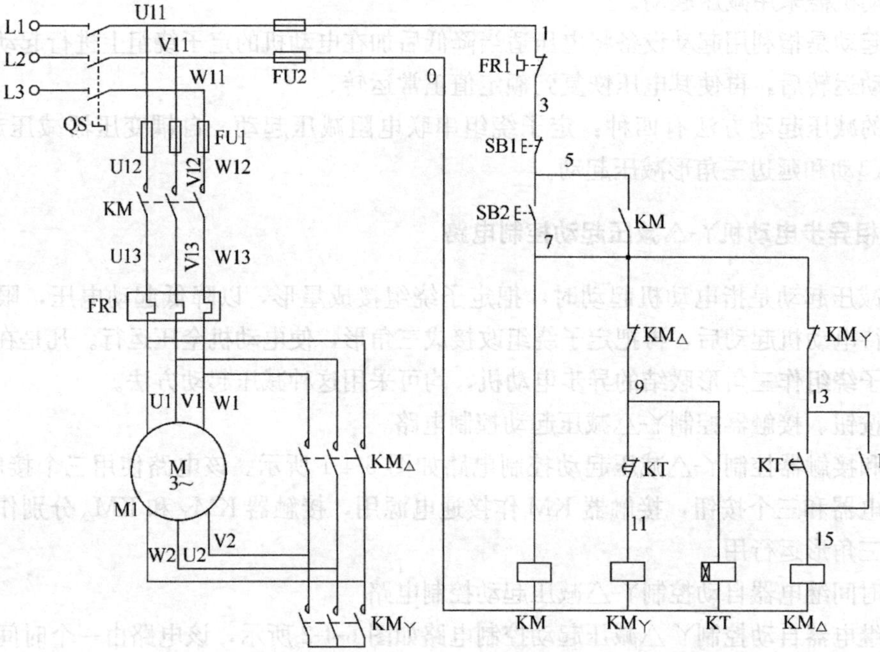

图 6-4-2　时间继电器自动控制Y-△减压起动控制电路

3. 置位/复位指令（SET/RST 指令）

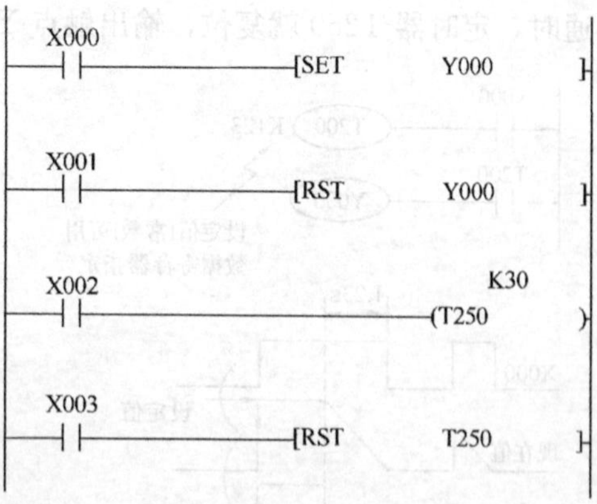

图 6-4-3

置位指令 SET 的功能是使元件自保持接通（ON）状态，可操作元件有输出继电器 Y、辅助继电器 M 和状态继电器 S。其具体用法如图 6-4-3 所示。

复位指令 RST 的功能是使元件自保持断开（OFF）状态或使数据寄存器、变址寄存器的数据及时间继电器的计时时间恢复到零(0)。可操作元件有输出继电器 Y、辅助继电器 M、状态继电器 S、数据寄存器 D、变址寄存器 V、Z 和定时器 T。其具体用法如图 6-4-3 所示。

SET/RST 指令说明：

1）图 6-4-3 所示梯形图中，X000 一旦接通，即使再变为断开，Y000 也保持接通。X001 接通后，即使再变成断开，Y000 也保持断开。对于 M、S 也是一样的效果。

2）图 6-4-3 所示梯形图中，当 X002 接通时，T250 开始计时，X002 断开，T250 的计时时间保持断开前的值，若 X002 再接通，则接着前面的值继续计时，直到计时时间达到 3s，则计时时间保持不变。当 X003 接通时，T250 的计时时间立刻恢复到零（0）。

3）RST 指令还可用于 D、V、Z，当相应的梯接通时，可以将 D、V、Z 的数据清零，直到有其他指令将数据改变。具体的用法以后再学习。

4. 定时器

在三菱 FX_{2N}系列 PLC 中定时器在起动后可以对 PLC 内的 1ms、10ms、100ms 等时钟脉冲信号进行累加计算，当累加的数值达到预先设定的值时，定时器的触点就动作。定时器设定值可以用十进制常数 K 来设定，也可以用数据寄存器 D 的内容进行间接指定。FX_{2N}系列 PLC 中 T0～T199 为单位时间 100ms 的累积型定时器；T200～T245 为单位时间 10ms 的累积型定时器；T246～T249 为单位时间 1ms 的累积型定时器；T250～T255 为单位时间 100ms 的累积型定时器。这些定时器的设定值可以从 K1 到 K32767。

图 6-4-4 所示为单位时间 10ms 累积型定时器的用法。在图中控制定时器 T200 线圈得电、断电的 X000 触点闭合时，定时器 T200 开始从 0 累计 10ms 的时钟脉冲数。当累加值达到设定值 K123 时，定时器的输出触点动作。也就是说在 X000 闭合时，T200 每隔 10ms 加 1，当加到 123，即 X000 连续闭合 1.23s 时，T200 的常开触点闭合，Y000 产生输出。任何时候当驱动输入 X000 断开或发生停电时，T200 定时器就复位，计时时间恢复到 0，对应的常开触点恢复断开，Y000 输出触点也复位。

图 6-4-5 所示为单位时间 100ms 累积型定时器的用法。控制定时器线圈 T250 通断电的 X001 接通时，T250 对 100ms 的时钟脉冲从当前值进行累积计数。当该值与设定值 K345 相等时，定时器的触点动作。在计时过程中，即使 X001 断开，只要复位电路没有

接通，则在其再次闭合后，定时器会接着断开前的计数值继续计数，其累积时间为34.5s。这种定时器的复位需要通过专门的复位指令进行复位操作。图中当复位输入X002接通时，定时器T250就复位，输出触点Y001也复位。

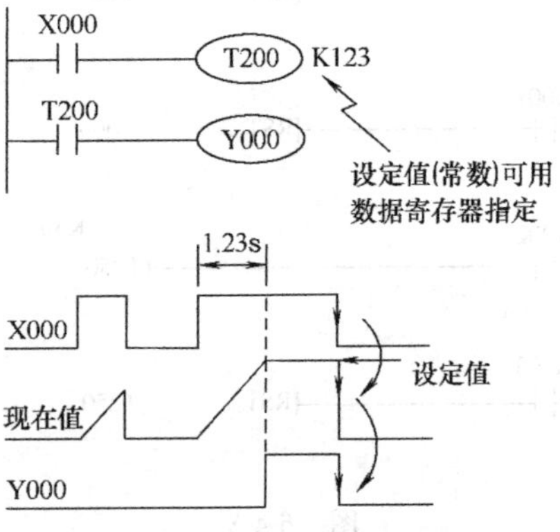

图 6-4-4 单位时间 10ms 累积型定时器的用法

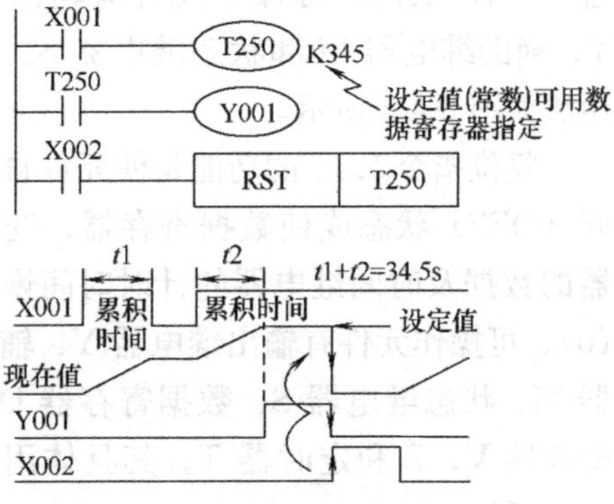

图 6-4-5 单位时间 100ms 累积型定时器的用法

任务实施

1. 列出PLC实现三相异步电动机Y-△减压起动控制的I/O地址分配表，并画出PLC电气控制原理图

思考与探究：☞

1）用PLC实现图6-4-1和图6-4-2三相异步电动机Y-△减压起动控制所需的I/O点数有何不同？

2）图6-4-1所示的三相异步电动机Y-△减压起动控制电路怎样才能从Y起动转换为△运行？

3）图6-4-2中的时间继电器KT是不是输出信号？

4）完成表6-4-2所示的I/O地址分配表。

参考方案：☞

比较图6-4-1和图6-4-2所示三相异步电动机Y-△减压起动控制电路可知，两种控制电路所需要的I/O信号的区别是：自动控制电路少一个输入信号；其他完全一样。列出参考的I/O地址分配表分别见表6-4-1和表6-4-2。

表 6-4-1 PLC实现图6-4-1所示的三相异步电动机Y-△减压起动的I/O地址分配表

输入			输出		
序号	说明	地址编号	序号	说明	地址编号
1	起动按钮SB1	X0	1	接触器KM	Y0
2	Y-△转换按钮SB2	X1	2	接触器KMY	Y1

（续）

输　入			输　出		
序号	说明	地址编号	序号	说明	地址编号
3	停止按钮 SB3	X2	3	接触器 $KM_{\triangle}$	Y2
4	热继电器 FR	X3			

表 6-4-2　PLC 实现图 6-4-2 所示的三相异步电动机Y-△减压起动的 I/O 地址分配表

输　入			输　出		
序号	说明	地址编号	序号	说明	地址编号
1	按钮 SB1		1	接触器 KM	
2	按钮 SB2		2	接触器 KM_{Y}	
3	热继电器 FR		3	接触器 $KM_{\triangle}$	
4					

参考的 PLC 电气控制原理图如图 6-4-6 所示。

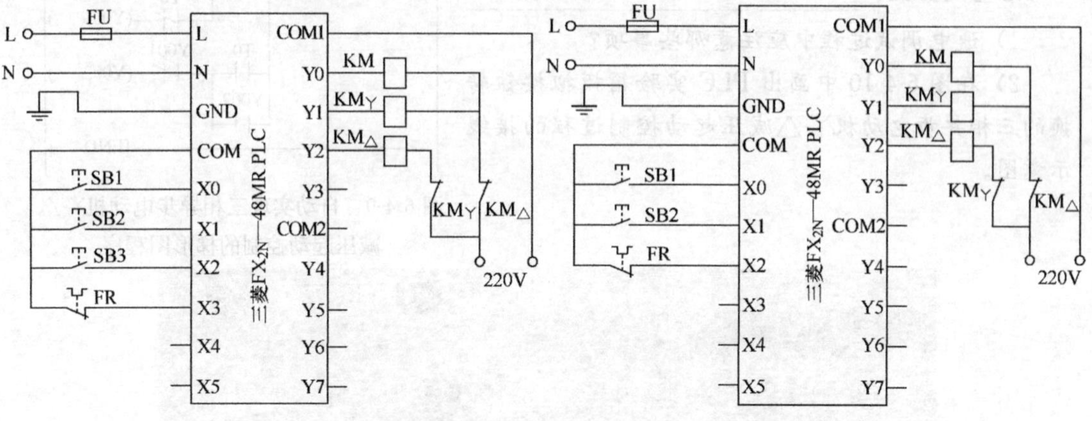

图 6-4-6　三相异步电动机Y-△减压起动 PLC 电气控制原理图

2. 编写三相异步电动机Y-△减压起动控制的梯形图程序

思考与探究：☞

1）编写 PLC 控制程序有什么原则？

2）三相异步电动机Y-△减压起动 PLC 控制中用的定时器该选用哪种类型？

3）比较图 6-4-7 和图 6-4-8 所示的梯形图程序，说明其异同。

参考方案：☞

用按钮实现三相异步电动机Y-△减压起动控制的参考梯形图程序如图 6-4-7 或图6-4-8 所示。

起动一段时间后自动实现三相异步电动机Y-△减压起动控制的参考梯形图程序如图 6-4-9 所示。

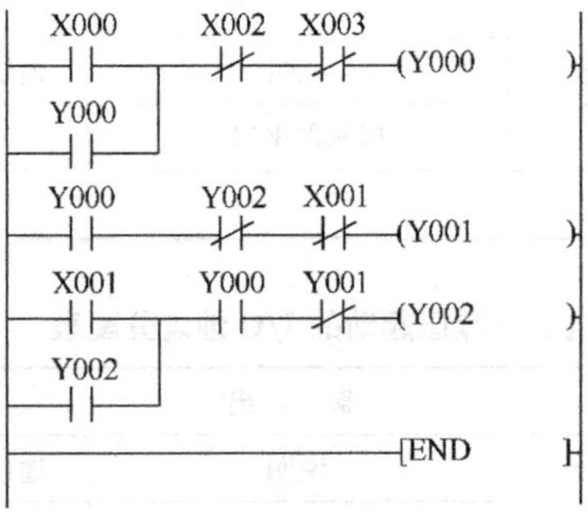

图 6-4-7　按钮实现三相异步电动机Y-△减压起动控制的梯形图程序（一）

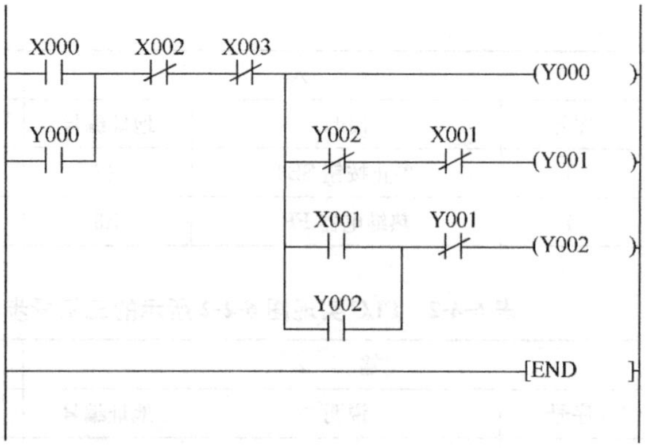

图 6-4-8　按钮实现三相异步电动机Y-△减压起动控制的梯形图程序（二）

3. 用 PLC 实验箱模拟控制过程调试程序

思考与探究：☞

1）通电调试过程中应注意哪些事项？

2）在图 6-4-10 中画出 PLC 实验箱模拟按钮转换的三相异步电动机Y-△减压起动控制过程的接线示意图。

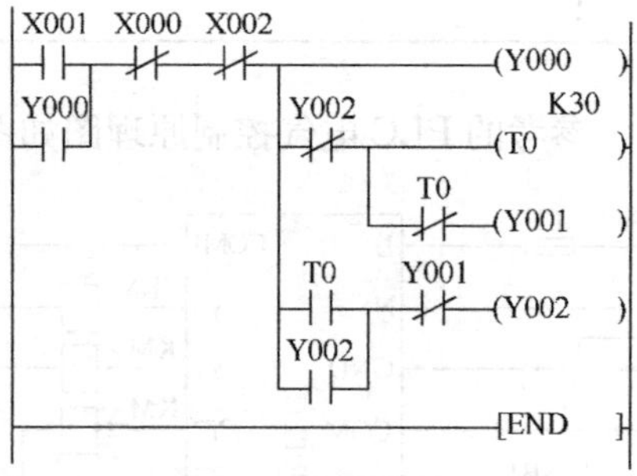

图 6-4-9　自动实现三相异步电动机Y-△减压起动控制的梯形图程序

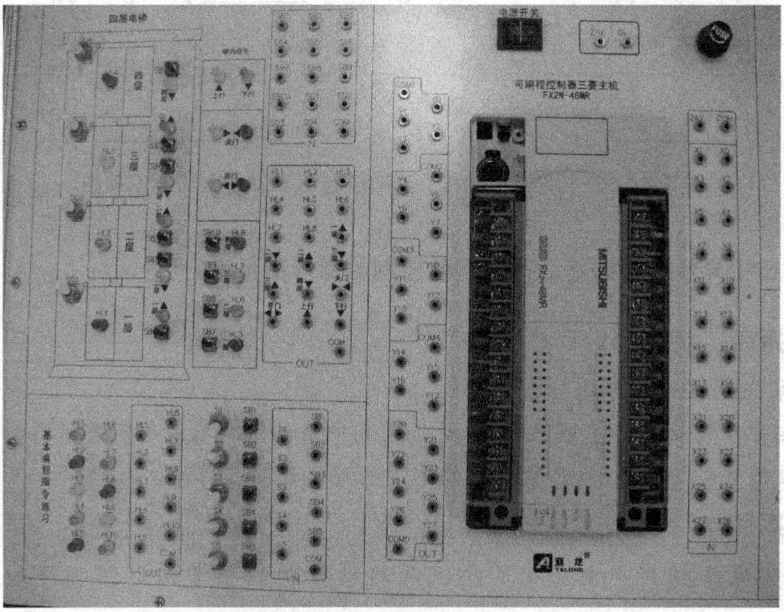

图 6-4-10　PLC 实验箱模拟按钮转换的三相异步电动机Y-△减压起动控制过程的接线示意图

参考方案：☞

1）画出接线示意图，并和同组同学交换检查。

2）接线示意图正确无误后，按图进行电路连接，并和同组同学互查。

3）编写PLC程序，并下载到PLC。

4）按钮转换的Y-△减压起动控制按以下操作步骤进行调试：

① 将PLC置于运行状态；

② 按下SB2，没有任何输出；

③ 按一下SB1，指示灯HL1、HL2同时亮（表示电动机Y起动）；

④ 再按一下SB2，指示灯HL2熄灭，同时指示灯HL3亮（表示电动机由Y起动变为△运行）；

⑤ 按一下SB3，则指示灯HL1、HL3熄灭（表示电动机停止运行）；

如果以上现象都正常，则说明用按钮实现Y-△转换的三相异步电动机Y-△减压起动控制过程正确；如有现象不符，则说明设备或程序有问题，需要进行修改，请将相关内容记录在表6-4-3中。

表6-4-3　调试记录表

序号	问题现象	原　因	解决方法

总结提高

1. 在完成本工作任务的过程中，遇到了哪些问题？你是怎样解决的？

2. 说明完成用PLC控制电动机Y-△减压起动控制过程的工作任务的步骤。

3. 接触器KM_{Y}和接触器$KM_{\triangle}$的互锁能否用PLC程序中输出继电器互锁来代替？为什么？

4. 画出用累积型定时器来实现定时控制的三相异步电动机Y-△减压起动控制的梯形图程序。

5. 写出起动一段时间后自动实现Y-△转换的三相异步电动机Y-△减压起动控制的调试步骤。

6. 列出用PLC实现以下控制过程的I/O地址分配表，并画出梯形图程序，然后用实验箱模拟控制过程：按下起动按钮SB1，电动机Y减压起动，过2s后，电动机△全压运行，再按下停止按钮，电动机停止工作。

评价反思

项目	评价内容		分值	学生自评	小组互评	教师评分
实践操作过程评价（50%）	安全文明操作（20%）	按要求穿着工作服、电工鞋	2			
		工具摆放整齐	2			
		完成任务后及时清理工位	2			
		不乱丢杂物	2			
		不带电进行电路连接	3			
		不擅自连接或改接设备线路	3			
		未发生触电事故	3			
		未造成设备或元器件损坏	3			
	工作程序规范（15%）	操作先后顺序安排恰当	3			
		操作过程规范	2			
		操作程序合理	3			
		操作技能娴熟	4			
		工具使用规范	3			
	个人职业素养（15%）	操作时不大声喧哗	2			
		不做与工作无关的事	2			
		遵守操作纪律	2			
		仪表仪态端正	1			
		工作态度积极	2			
		注重交流和沟通	2			
		能够注重协作互助	2			
		创新意识强	2			
实践操作成果评价（50%）	PLC I/O 地址分配（4%）	能正确确定所需要的I/O点数	2			
		能将I/O信号进行正确的分组	1			
		能列出正确的I/O地址分配表	1			
	电气控制原理图的绘制（4%）	元器件采用国家统一标准规定的符号	1			
		对电气控制原理图进行正确布局	0.5			
		电气控制原理图原理正确	2			
		电气控制原理图清晰易读	0.5			
	PLC外部电路的连接（4%）	PLC外部电路连接正确	2			
		PLC外部电路连接符合工艺要求	1			
		PLC外部电路连接方法正确	0.5			
		PLC外部电路的连线分布合理、美观	0.5			

（续）

项目	评价内容		分值	学生自评	小组互评	教师评分
实践操作成果评价（50%）	PLC外部电路的检测测试（4%）	会观察电路连接是否满足工艺要求	1			
		能正确进行通电前的检测	1			
		能正确进行电路的可靠性检测	1			
		电路的检测过程正确	1			
	PLC程序的编写（12%）	编写的梯形图程序能达到控制要求	5			
		会熟练使用编程软件输入程序	3			
		编制的程序简洁、符合编程规则	3			
		编写程序速度快	1			
	用PLC实验箱模拟控制过程的调试（14%）	调试方法正确	3			
		调试步骤合理	3			
		调试过程中考虑到了高效性和安全性	2			
		能解决调试过程中出现的问题	3			
		调试过程的记录清晰、全面	3			
	总结（8%）	能及时完成总结的各项内容	4			
		总结的内容正确、丰富	2			
		总结有独到的见解	2			

项目七 按一定规律变化的灯的PLC控制

流水彩灯、舞台艺术灯、交通信号灯都是按某一个规律变化的灯，无论是什么样的变化规律，都可用PLC来实现。通过本项目的学习学会如何用PLC实现流水彩灯、交通信号灯等的控制过程。

任务一　一盏灯的多规律闪烁控制

在自动控制设备中常用指示灯来指示设备的状态，为了少用指示灯，可以用一盏灯按不同的规律闪亮来表示不同的工作状态。通过完成本工作任务，学会如何用PLC控制指示灯按一定规律闪亮。

工作任务

控制要求：用SB1起动指示灯HL1按亮0.5s灭0.5s的规律闪烁，用SB2起动指示灯HL1按亮1s灭2s的规律闪烁，用SB3起动指示灯HL1按每秒闪10次的规律闪烁，用SB4起动指示灯HL1按周期是2s的规律闪烁，用SB5起动指示灯HL1按频率为2Hz的规律闪烁；当指示灯HL1闪烁后，按下SB6，则指示灯立刻熄灭。另外，只有在指示灯熄灭状态下，各起动按钮才起作用。

用PLC实现以上控制要求的灯的控制。具体任务如下：

1. 列出PLC控制的I/O地址分配表。
2. 画出实现指示灯HL1按上述控制要求闪烁的PLC电气控制原理图。
3. 编写用PLC实现指示灯HL1按上述控制要求闪烁的梯形图程序。
4. 完成程序调试，达到预定要求。

相关知识

1. 周期和频率

周期是指发生一次周期性变化所需的时间，一般用“T”来表示，常用单位为秒

(s)；频率是指单位时间内（1s 内）发生的周期性变化的次数，一般用“f”来表示，常用单位为赫兹（Hz）。因此，周期和频率互为倒数关系，用数学关系式表示为

$$T = 1/f \quad 或 \quad f = 1/T$$

2. 定时器的应用

（1）一般型定时器延时接通电路

一般型定时器可以实现延时接通功能，具体的梯形图如图 7-1-1a 所示。在图 7-1-1a 所示的梯形图中，当 X000 接通时，T0 线圈得电，开始计时，此时 T0 常开触点还未闭合，Y000 失电，输出没有信号，当 X000 接通 3s（30×0.1s）时，T0 常开触点接通，Y000 有输出信号，可见输出比输入延时了 3s 接通。用时序图来表示如图 7-1-1b 所示。若要改变延时时间，只需要改变定时器 T0 的定时时间常数。

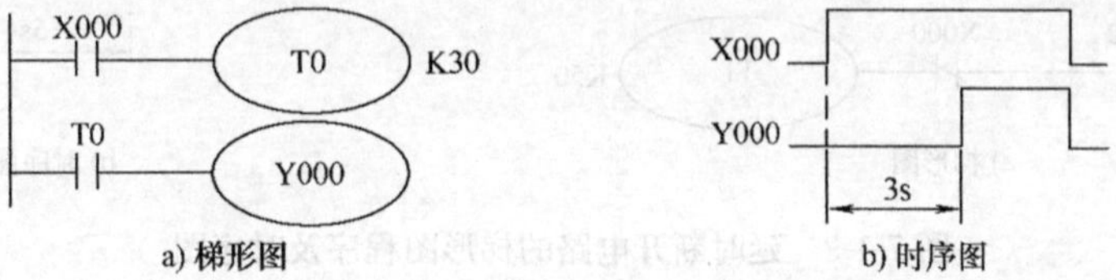

图 7-1-1　一般型定时器延时接通电路的梯形图程序及时序图

（2）累积型定时器延时接通电路

当需要有断电保持功能时，一般型定时器就达不到要求，而要用累积型定时器。累积型定时器实现延时接通的梯形图如图 7-1-2a 所示。当 X020 接通时，T250 计时，当计时时间未达到定时时间 16s 前，其常开触点断开，Y000 没有信号输出。但是如果 X020 由接通变为断开，只要 X001 没有接通，则 T250 的计时时间会保持；当 X000 由断开再接通时，则 T250 在前面的时间基础上继续计时，当累积时间达到定时时间 16s 时，T250 常开触点闭合，Y000 有信号输出，此时即使 X000 断开，输出也能保持。只有当 X001 接通时，T250 才能被复位，内部数据清零，T250 的常开触点才能恢复断开。图 7-1-2a 所示梯形图的工作情况可用图 7-1-2b 所示的时序图来表示。

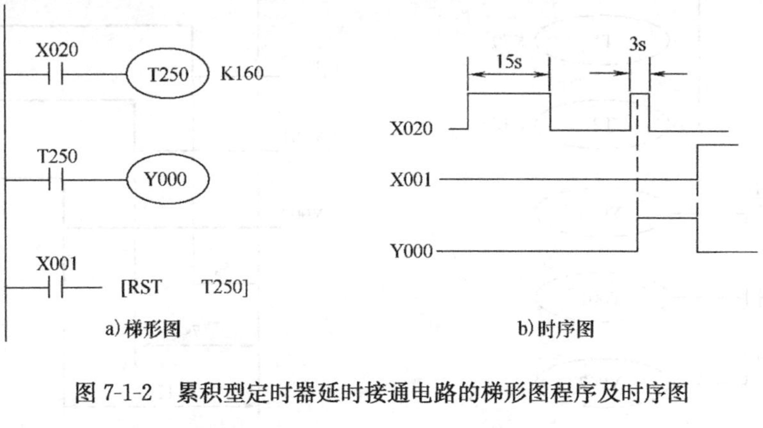

图 7-1-2　累积型定时器延时接通电路的梯形图程序及时序图

注：累积型定时器和一般型定时器的应用场合是有区别的。

(3) 延时断开电路

PLC内部的定时器只有通电延时的触点，没有断电延时动作的触点，但是通过改变梯形图程序，也能实现延时断开功能，具体的梯形图如图7-1-3a所示。

从图7-1-3a所示梯形图可以看出，当X000断开时，由于Y002自锁，而T1的计时时间没到，其常闭触点仍然闭合，因此Y002仍然有信号输出，此时T1线圈电路接通，T1开始计时，当计时时间达到5s时，其常闭触点断开，Y002才没有信号输出。可见该梯形图程序实现了延时5s断开的控制，其工作情况用时序图来表示如图7-1-3b所示。

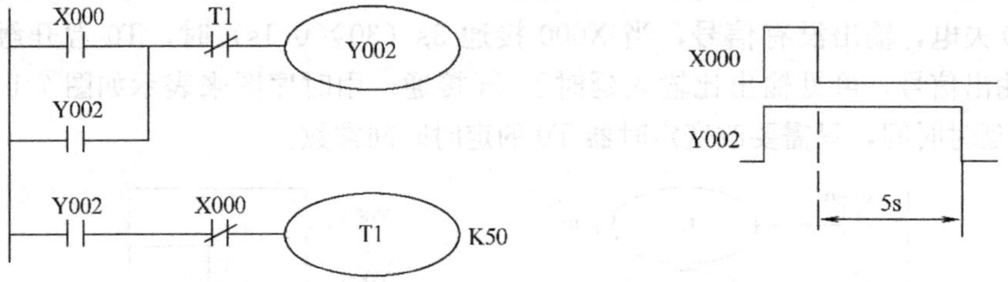

a) 梯形图　　b) 时序图

图7-1-3　延时断开电路的梯形图程序及时序图

(4) 顺序延时接通电路

图7-1-4a所示是一个能实现顺序延时起动的梯形图，当X000接通时，T0、T1、T2同时开始计时，因为T0、T1、T2的定时时间分别为5s、7s、12s，所以当X000接通5s后，T0常开触点接通，Y000有输出信号；当X000接通7s后，T1常开触点接通，Y001有输出信号；当X000接通12s后，T2常开触点接通，Y002有输出信号；从而实现了Y000、Y001、Y002顺序延时接通的功能。用时序图来表示如图7-1-4b所示。由图7-1-4b可以看出，Y000在X000接通____s后才接通，而Y1在Y0接通____s后才接通，Y2在Y1接通____s后才接通。

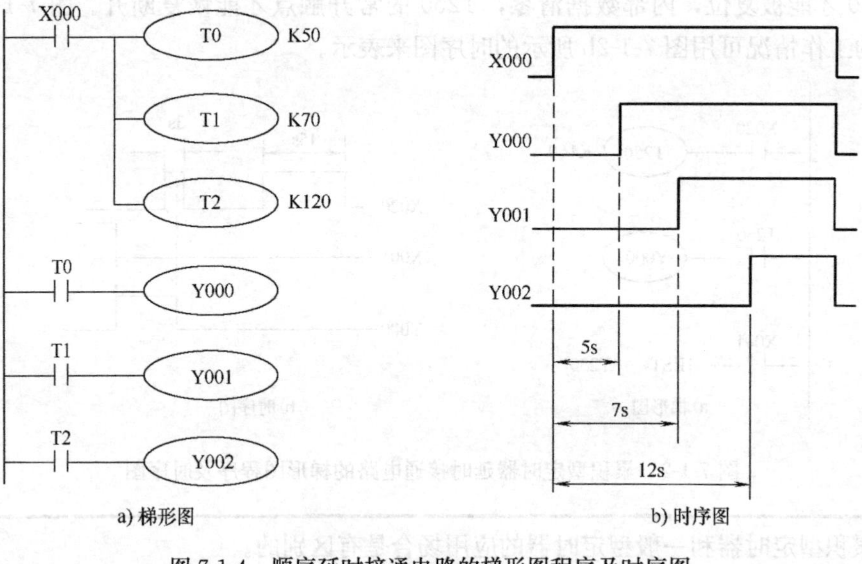

a) 梯形图　　b) 时序图

图7-1-4　顺序延时接通电路的梯形图程序及时序图

（5）长延时电路

一个定时器的定时时间是有限的，当要求延时的时间超过一个定时器的延时极限时，可以用多个定时器来延长延时时间。图 7-1-5a 所示梯形图就能延长延时时间，实现长延时控制。Y001 比 X020 延时接通的时间是 T0 和 T1 的定时时间之和。图 7-1-5b 所示的时序图没有完成，请同学们自己完成。

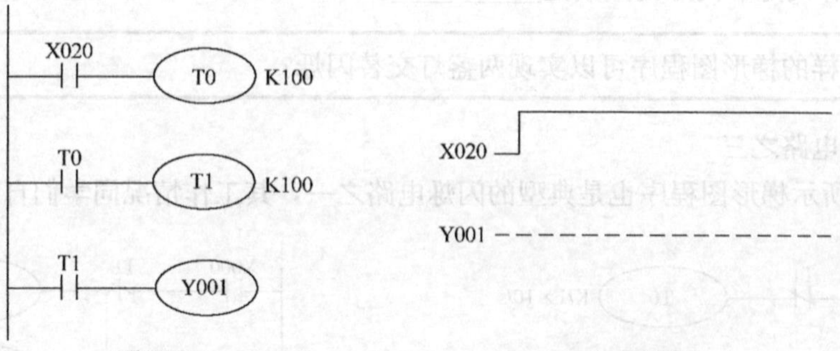

a) 梯形图　　b) 时序图

图 7-1-5　长延时电路的梯形图程序及时序图

> 注：该长延时电路延时的时间越长，用的定时器就越多，因此延长的时间是有限的，如果延时时间更长，则可用定时器和计数器配合使用（该知识在以后再学习）。

（6）闪烁电路之一

图 7-1-6a 所示梯形图程序是典型的闪烁电路之一，若用 Y000 控制指示灯 HL1，则当 X000 开始接通时，T0 开始计时，因计时时间未到，所以 T0 的常开触点断开，Y000 不接通，指示灯 HL1 不亮；当 X000 接通时间达到 $t1$ 时，T0 的定时时间到，其常开触点闭合，T1 和 Y000 同时得电，指示灯 HL1 亮，T1 开始计时；当指示灯亮的时间达到 $t2$ 时，T1 的定时时间到，其常闭触点断开，T0 线圈失电，T0 常开触点断开，T1 和 Y000 同时失电，Y000 熄灭，T1 常闭触点又恢复闭合，T0 重新开始计时，重复上述过程。因此，HL1 将以亮 $t2$ 灭 $t1$ 的规律闪烁，闪烁的周期是________。

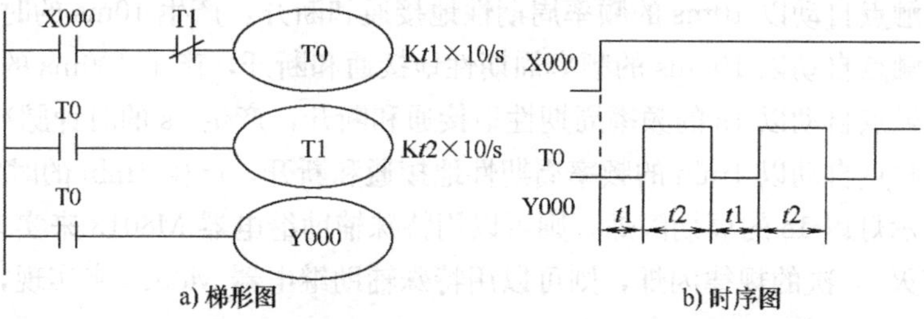

a) 梯形图　　b) 时序图

图 7-1-6　闪烁电路之一的梯形图程序及时序图

（7）闪烁电路之二

图 7-1-7 所示梯形图程序也是典型的闪烁电路之一。比较图 7-1-7 和图 7-1-6a 所示梯

形图程序，前面两个梯的结构是完全一样的，只有输出梯的结构不同。图 7-1-6a 所示梯形图中，当 T0 的常开触点闭合时，Y000 有信号输出，而图 7-1-7 所示梯形图程序中，在起动后当 T0 的常闭触点闭合时，Y001 有信号输出，正好是图 7-1-6a 中 Y000 没有输出的情况，可见，如果用 Y000 和 Y001 分别控制指示灯 HL1、HL2，则两盏灯的闪烁周期相同，只是一盏灯亮的时间正好是另一盏灯灭的时间。当 X000 接通时，HL2 将以亮____s 灭____ s 的规律闪烁，闪烁的周期是__________。

> **思考**：用怎样的梯形图程序可以实现两盏灯交替闪烁？

（8）闪烁电路之三

图 7-1-8 所示梯形图程序也是典型的闪烁电路之一，其工作情况同学们自己分析。

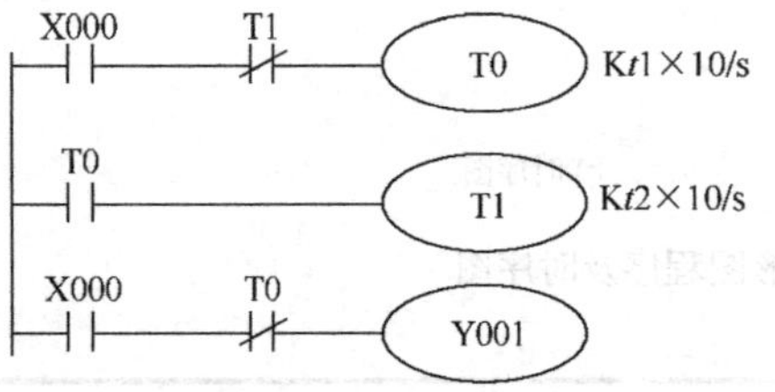

图 7-1-7　闪烁电路之二的梯形图程序

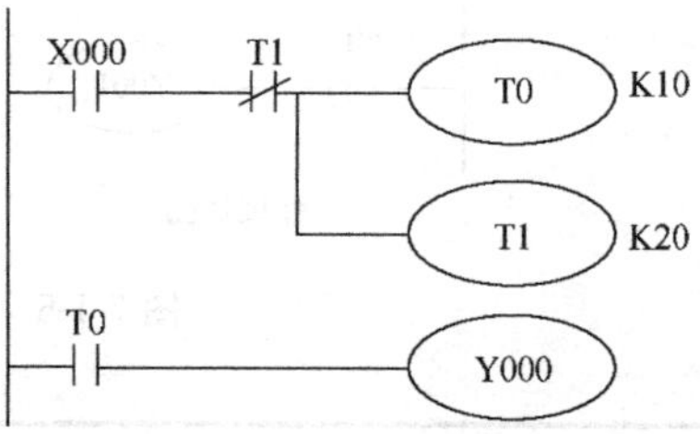

图 7-1-8　闪烁电路之三的梯形图程序

（9）闪烁电路之四

图 7-1-9 所示梯形图程序也是典型的闪烁电路之一，其工作情况同学们自己分析，并比较图 7-1-8 和图 7-1-9 所示梯形图程序，说明其异同。

3. PLC 内部能产生时钟脉冲的特殊辅助继电器

PLC 内部的一些特殊辅助继电器能自动产生时钟脉冲，在 FX_{2N}系列 PLC 中，有四个特殊辅助继电器能产生不同周期的时钟脉冲，并且产生的时钟脉冲是方波信号，可直接用于灯的闪烁控制。

在 FX_{2N}系列 PLC 中，产生时钟脉冲的四个特殊辅助继电器分别是：

M8011：触点自动以 10ms 的频率周期性地接通和断开，产生 10ms 的时钟脉冲；

M8012：触点自动以 100ms 的频率周期性地接通和断开，产生 100ms 的时钟脉冲；

M8013：触点自动以 1s 的频率周期性地接通和断开，产生 1s 的时钟脉冲；

M8014：触点自动以 1min 的频率周期性地接通和断开，产生 1min 的时钟脉冲。

如要求指示灯以 1s 的周期闪烁，则可以用特殊辅助继电器 M8013 来实现，如需要指示灯以每秒亮灭 10 次的规律闪烁，则可以用特殊辅助继电器 M8012 来实现，具体的梯形图程序如图 7-1-10 所示。

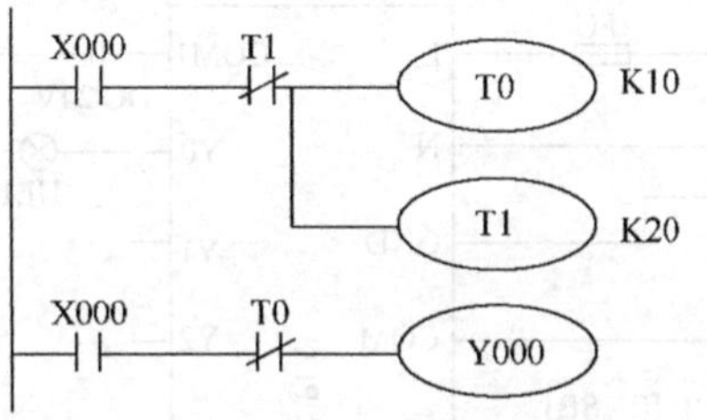

图 7-1-9 闪烁电路之四的梯形图程序

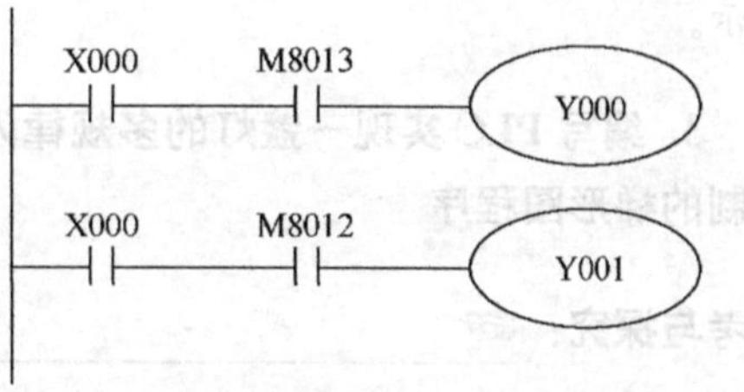

图 7-1-10 特殊辅助继电器实现灯的闪烁变化的 PLC 梯形图程序

任务实施

1. 列出 PLC 实现一盏灯的多规律闪烁控制的 I/O 地址分配表

思考与探究：☞

1）根据控制要求思考需要多少个输入，多少个输出。

2）I/O 地址分配有什么要求？

参考方案：☞

根据 PLC 要实现的控制过程的控制要求，需要六个输入点和一个输出点。为了方便记忆，可以使按钮对应的输入地址编号和按钮编号相同，输出很简单，可以任意选择。列出的参考 I/O 地址分配表见表 7-1-1。

表 7-1-1 实现一盏灯多规律闪烁控制的 I/O 地址分配表

输入			输出		
序号	说明	地址编号	序号	说明	地址编号
1	按钮 SB1	X0	1	指示灯 HL1	Y0
2	按钮 SB2	X1			
3	按钮 SB3	X2			
4	按钮 SB4	X3			
5	按钮 SB5	X4			
6	停止按钮 SB6	X5			

2. 画出 PLC 实现一盏灯的多规律闪烁控制的电气控制原理图

思考与探究：☞

1）I/O 地址分配表是不是唯一的？

2）对应相同的控制要求，不同的 I/O 地址分配表，电气控制原理图有何异同？

参考方案：☞

根据表 7-1-1 所示的 I/O 地址分配表，画出的参考 PLC 电气控制原理图如图 7-1-11

所示。

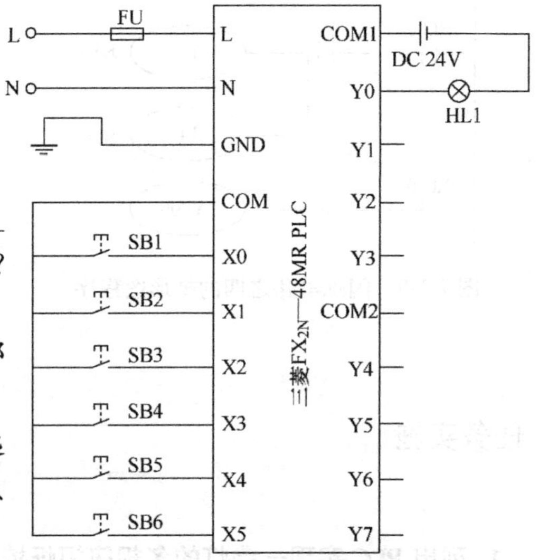

图 7-1-11　电气控制原理图

3. 编写 PLC 实现一盏灯的多规律闪烁控制的梯形图程序

思考与探究：☞

1）分析控制要求，是否需要起停控制？如需要，需要几个起停控制电路？

2）灯的闪烁控制可以由 PLC 内部的哪些编程元件来实现？

3）读图 7-1-12 所示梯形图程序，说明起停控制梯形图程序中辅助继电器的常闭触点起什么作用？这些常闭触点可以不用吗？

4）说明闪烁控制梯形图中 T200 可以用 T20 来代替吗？为什么？并总结如何选择定时器。

参考方案：☞

根据控制要求，指示灯 HL1 要有五种不同的闪烁规律，并且都要用按钮来控制，因此需要五个起停控制梯和五个不同的闪烁电路。梯形图程序可以分成起停控制电路、闪烁控制电路和输出控制电路三部分。参考的梯形图程序如图 7-1-12 所示。

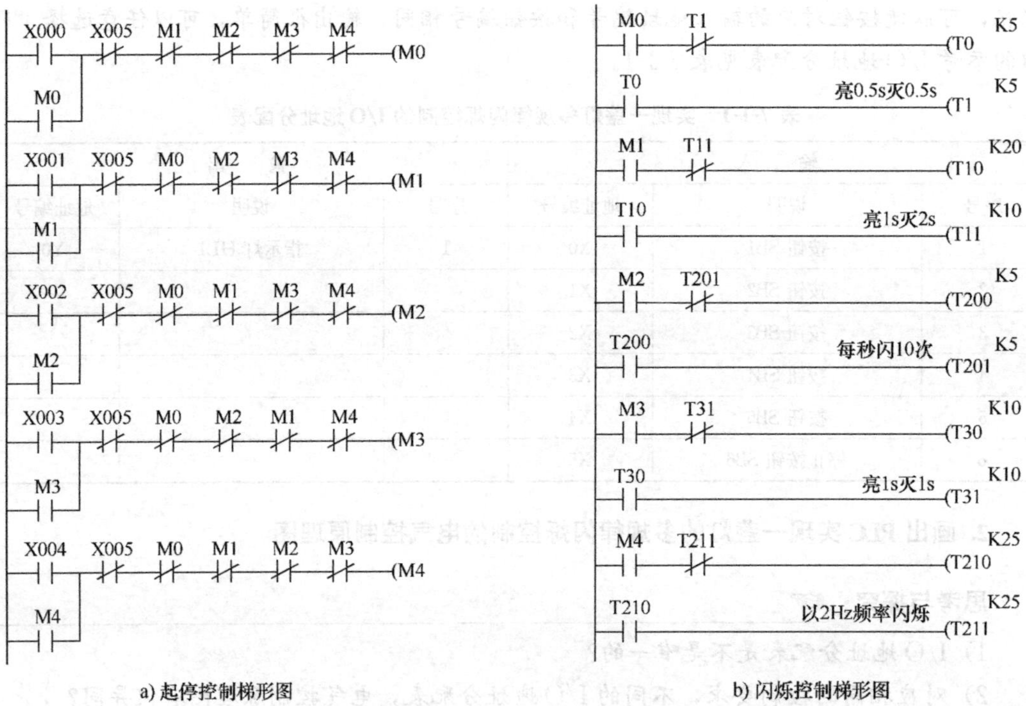

a) 起停控制梯形图　　b) 闪烁控制梯形图

图 7-1-12　PLC 实现一盏灯的多规律闪烁控制的参考梯形图程序

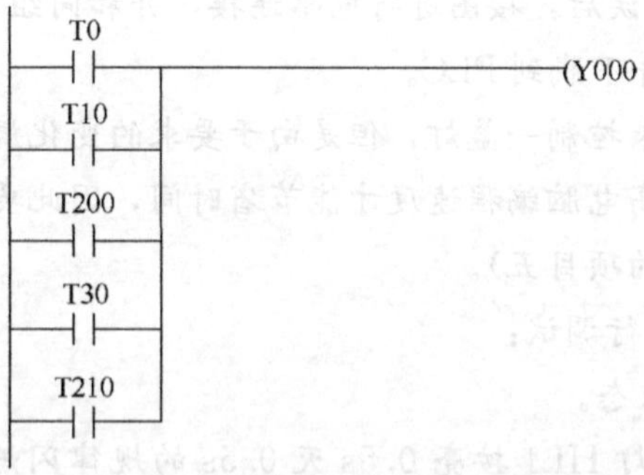

c) 输出控制梯形图

图 7-1-12 PLC 实现一盏灯的多规律闪烁控制的参考梯形图程序（续）

4. 用 PLC 实验箱模拟调试

思考与探究：

1）用电脑编写梯形图程序时，采用哪种输入方法更快？

2）用电脑编写梯形图程序时，常用的快捷键有哪些？

参考方案：

在 PLC 实验箱上模拟一盏灯的多规律闪烁控制过程的调试，可参考以下步骤来完成。

1）画出接线示意图。

根据图 7-1-11 所示电气控制原理图，在图 7-1-13 中画出 PLC 控制一盏灯多规律闪烁的接线示意图，并和同组同学交换检查。

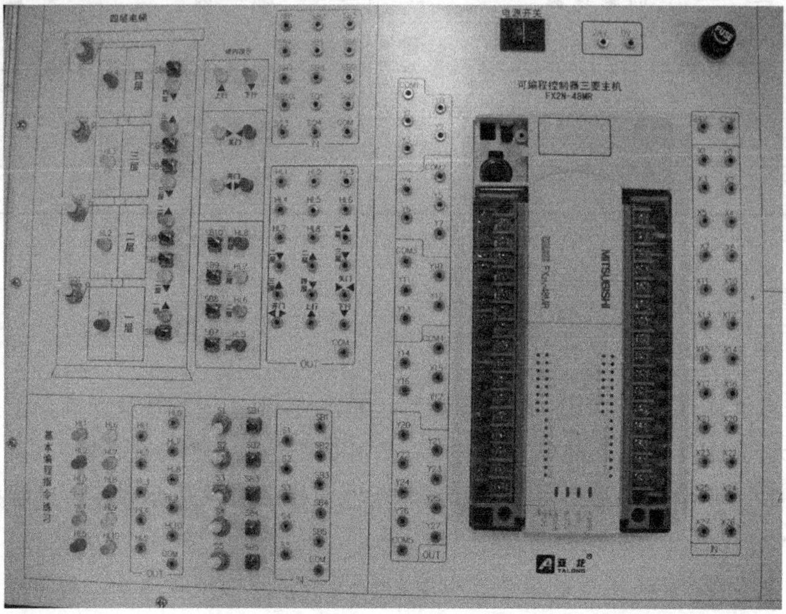

图 7-1-13 用 PLC 实验箱模拟一盏灯多规律闪烁控制过程的接线示意图

2）接线示意图正确无误后，按图进行电路连接，并和同组同学互查。

3）编写PLC程序，并下载到PLC。

该工作任务尽管只要求控制一盏灯，但是由于要求的变化规律较多，程序比以前的工作任务都长，所以只有提高电脑编程速度才能节省时间，因此要尽量用快捷键操作（各快捷键的功能参考本教材中的项目五）。

4）按以下操作步骤进行调试：

① 将PLC置于运行状态。

② 按一下SB1，指示灯HL1按亮0.5s灭0.5s的规律闪烁，按下SB2、SB3、SB4、SB5，指示灯HL1的闪烁规律不变；按一下SB6，指示灯HL1熄灭。

③ 按一下SB2，指示灯HL1按亮1s灭2s的规律闪烁，按下SB1、SB3、SB4、SB5，指示灯HL1的闪烁规律不变；再按一下SB6，指示灯HL1熄灭。

④ 按一下SB3，指示灯HL1按每秒闪10次的规律闪烁，按下SB1、SB2、SB4、SB5，指示灯HL1的闪烁规律不变；再按一下SB6，指示灯HL1熄灭。

⑤ 按一下SB4，指示灯HL1按周期是2s的规律闪烁，按下SB1、SB2、SB3、SB5，指示灯HL1的闪烁规律不变；再按一下SB6，指示灯HL1熄灭。

⑥ 按一下SB5，指示灯HL1按频率为2Hz的规律闪烁，按下SB1、SB2、SB3、SB4，指示灯HL1的闪烁规律不变；再按一下SB6，指示灯HL1熄灭。

如果以上现象都正常，则说明控制过程正确；如有现象不符，则说明设备或程序有问题，需要进行修改，请将相关内容记录在表7-1-2中。

表7-1-2 调试记录表

序号	问题现象	原 因	解决方法

总结提高

1. 如果在调试过程中出现：按下SB1后，指示灯HL1闪烁规律正确，但是再按一下SB2后，指示灯HL1的闪烁规律发生变化，则可能是什么原因造成的？

2. 图7-1-12所示参考梯形图程序中的闪烁控制梯形图中是否有可以用特殊辅助继电器来替代的？

3. 将图7-1-12a所示梯形图程序改为图7-1-14所示梯形图程序后，指示灯的闪烁规律有何不同吗？不同闪烁规律中的转换条件是否相同？然后用实验箱模拟调试，观察并记录调试的过程和现象，并和分析结果进行对比。

4. 完成以下工作任务：

控制要求：用SB1起动指示灯HL2按亮1s灭0.5s的规律闪烁，用SB2起动指示灯HL2按亮1s灭2s的规律闪烁，用SB3起动指示灯HL2按每秒亮灭10次的规律闪烁，用SB4起动指示灯HL2按周期是3s的规律闪烁，用SB5起动指示灯HL2按频率为5Hz的规律闪烁；当指示灯HL2闪烁后，按下SB6，则指示灯立刻熄灭。另外，灯从一种规律闪烁转换至另一种规律闪烁，不需要经过停止，只要按需要的那种闪烁规律的起动按钮就能实现。

用PLC实现以上控制要求，具体任务如下：

1）列出PLC控制的I/O地址分配表。

2）画出实现指示灯HL2按上述控制要求闪烁的PLC电气控制原理图。

3）编写用PLC实现指示灯HL2按上述控制要求闪烁的梯形图程序。

4）完成程序调试，达到预定要求。

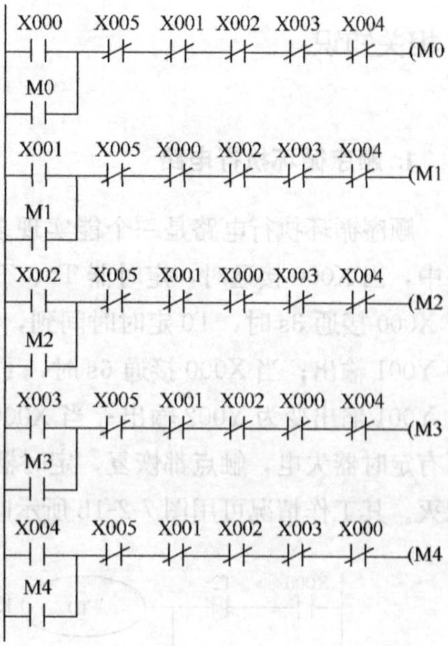

图 7-1-14

任务二 单一变化规律的流水彩灯控制

工作任务

控制要求：按一下起动按钮SB1后，指示灯HL1、HL2、HL3、HL4、HL5、HL6、HL7、HL8间隔1s按顺序循环点亮，指示灯HL8亮1s后，指示灯HL7、HL6、HL5、HL4、HL3、HL2、HL1间隔1s按顺序循环点亮，HL1点亮1s后熄灭，再过1s后指示灯HL1、HL2、HL3、HL4、HL5、HL6、HL7、HL8又间隔1s按顺序循环点亮，如此不断重复（循环点亮指下一盏灯亮，上一盏灯就熄灭）。按一下停止按钮，SB2指示灯全部熄灭。

用PLC实现以上控制要求。具体任务如下：

1. 列出PLC控制的I/O地址分配表。

2. 画出实现上述控制要求的PLC电气控制原理图。

3. 编写用PLC实现上述控制要求的梯形图程序。

4. 完成程序调试，达到预定要求。

相关知识

1. 顺序循环执行电路

顺序循环执行电路是一个能实现多个输出循环工作的电路，图 7-2-1a 所示梯形图程序中，当 X000 接通时，定时器 T0、T1、T2 线圈电路接通开始计时，同时 Y000 有输出，当 X000 接通 3s 时，T0 定时时间到，其常闭触点断开，常开触点闭合，由 Y000 输出变为 Y001 输出；当 X000 接通 6s 时，T1 定时时间到，T1 常闭触点断开，常开触点闭合，由 Y001 输出变为 Y002 输出；当 X000 接通 9s 时，T2 定时时间到，T2 常闭触点断开，所有定时器失电，触点都恢复，定时器重新计时，重复上述过程；X000 断开后，灯立刻熄灭。其工作情况可用图 7-2-1b 所示时序图来表示。

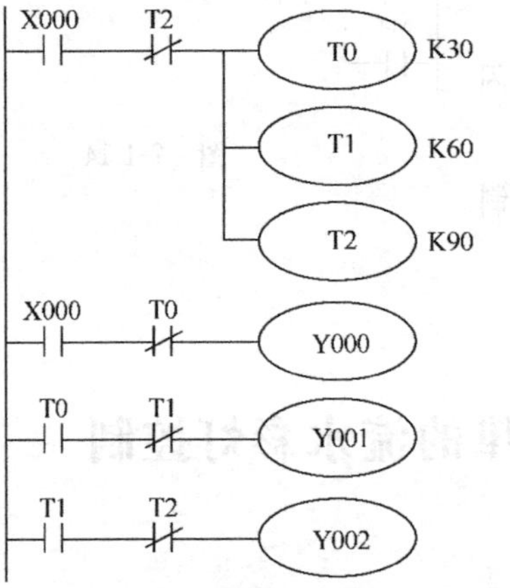

a) 梯形图

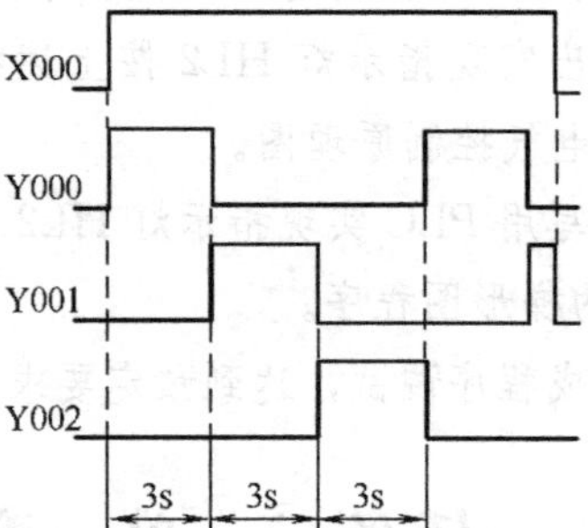

b) 时序图

图 7-2-1　顺序循环执行的梯形图程序和时序图

2. 流水彩灯控制的特点

流水彩灯是根据时间按一定的规律来变化的，因此流水彩灯控制的特点是：由时间来控制。

3. 由时间控制的控制过程的编程方法

由时间控制的控制过程的关键在于定时，因此首先要分析有哪些时间变化点，然后根据时间变化点来确定定时器，最后分析输出是在哪些时间段。

由时间控制的控制过程的 PLC 程序一般可以分三部分，第一部分是起停控制电路，第二部分是定时控制电路，第三部分是输出控制电路。

例：编写一个能满足下列控制要求的 PLC 控制程序，控制要求为：按一下起动按钮 SB1 后，指示灯 HL1 亮 3s 后熄灭，同时点亮 HL2；HL2 亮 1s 后熄灭，同时点亮指示灯

HL3；HL3亮2s后熄灭，同时点亮指示灯HL4；HL4亮5s后熄灭，同时点亮HL1，如此不断循环；按一下停止按钮SB2，指示灯熄灭。

分析控制要求：

1）输入只有两个，输出有四盏灯；

2）起停控制可用起动、保持和停止梯形图来实现；

3）输出由时间来控制。可按以下步骤来完成：先找时间变化点，确定定时器，再确定输出的时间段，最后编程。

具体过程：

1）列I/O地址分配表。

根据控制要求列出I/O地址分配表见表7-2-1。

表7-2-1 I/O地址分配表

输入			输出		
序号	说明	地址编号	序号	说明	地址编号
1	起动按钮SB1	X0	1	指示灯HL1	Y0
2	停止按钮SB2	X1	2	指示灯HL2	Y1
			3	指示灯HL3	Y2
			4	指示灯HL4	Y3

2）找时间变化点，确定定时器。

分析控制要求，把输出发生变化的时间点一一列出，然后选定对应的定时器，具体内容见表7-2-2。

表 7-2-2

时间变化点/s	0	3	4	6	11
对应定时器		T1	T2	T3	T4

3）编写PLC控制梯形图程序。

① 编写起停控制梯形图程序。

起停控制很简单，只有一个起动和一个停止，可用图7-2-2所示梯形图来实现。

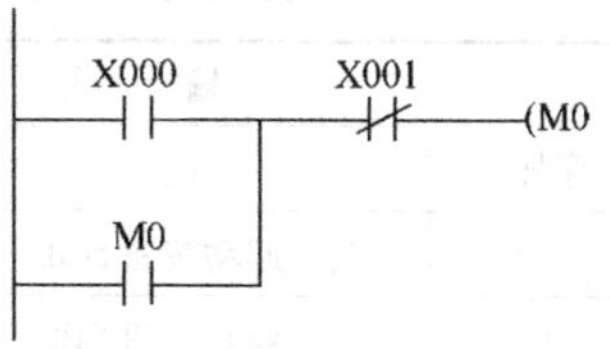

图7-2-2 起停控制梯形图程序

② 编写定时控制梯形图程序。

从表7-2-2所示可知，完成要求的控制过程需要四个定时器，可用图7-2-3所示梯形图来实现定时控制功能。

③ 编写输出控制梯形图程序。

从控制要求可知道各输出的时间段：Y0：0～T1；Y1：T1～T2；Y2：T2～T3；Y3：T3～T4。输出控制的梯形图如图7-2-4所示。

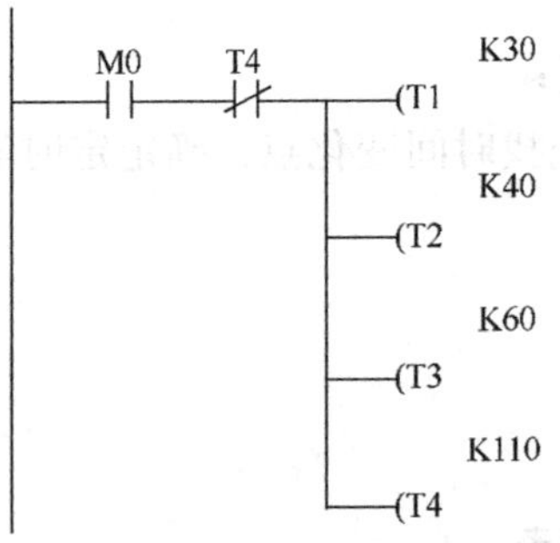

图 7-2-3 定时控制梯形图程序

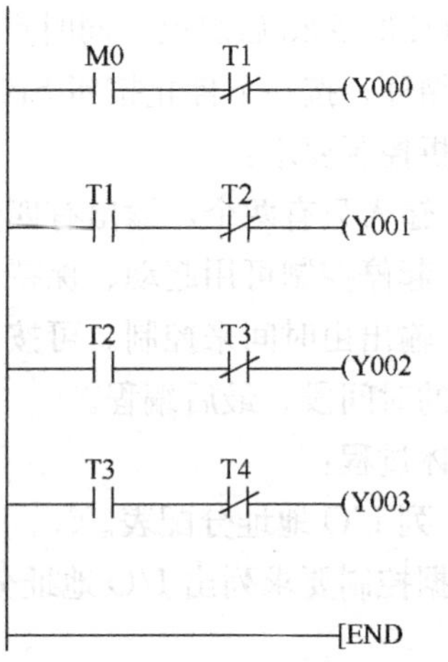

图 7-2-4 输出控制梯形图程序

任务实施

1. 列出PLC实现单一变化规律的流水彩灯控制的I/O地址分配表

思考与探究：☞

1）根据控制要求思考需要多少个输入，多少个输出。

2）I/O地址编号采用哪种进制？是否有X8或Y8？

参考方案：☞

根据PLC要实现流水彩灯的控制要求，需要两个输入点和八个输出点。为了方便记忆，可以使按钮对应的输入地址编号和按钮编号相同，输出地址编号和对应指示灯的编号相同，但要注意地址编号采用八进制；也可以从小到大来选择I/O地址。列出的参考I/O地址分配表见表7-2-3。

表 7-2-3 PLC实现单一变化规律的流水彩灯控制的I/O地址分配表

输入			输出		
序号	说明	地址编号	序号	说明	地址编号
1	起动按钮 SB1	X0	1	指示灯 HL1	Y0
2	停止按钮 SB2	X1	2	指示灯 HL2	Y1
			3	指示灯 HL3	Y2
			4	指示灯 HL4	Y3
			5	指示灯 HL5	Y4
			6	指示灯 HL6	Y5
			7	指示灯 HL7	Y6
			8	指示灯 HL8	Y7

2. 画出PLC实现单一变化规律的流水彩灯控制的电气控制原理图

思考与探究：☞

1）I/O地址分配表是不是唯一的？

2）比较图7-2-5和图4-1-4有什么异同，比较后说明电气控制原理图只和控制要求中的哪些因素有关。

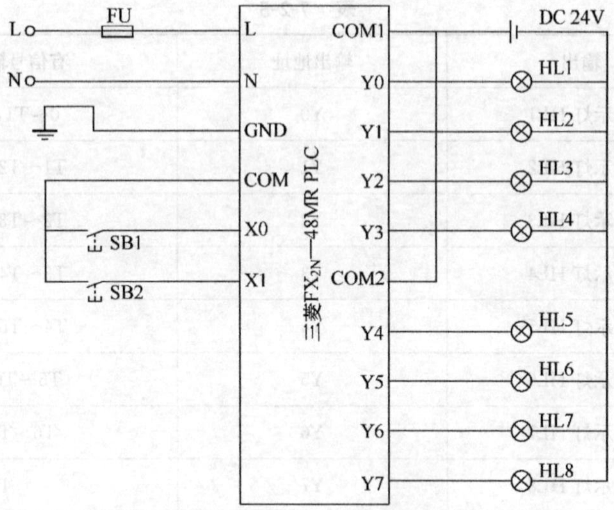

图7-2-5　PLC电气控制原理图

参考方案：☞

根据表7-2-3所示的I/O地址分配表，画出的参考PLC电气控制原理图如图7-2-5所示。

3. 编写PLC实现单一变化规律的流水彩灯控制的梯形图程序

思考与探究：☞

1）分析控制要求，说明控制过程有什么特点。

2）为了实现控制要求，需要用到多少个定时器？

3）说明图7-2-6所示梯形图程序中各段程序的功能。

参考方案：☞

编写单一变化规律的流水彩灯的PLC控制程序可参考以下步骤：

1）找出时间变化点，列出所需定时器及定时时间。

根据控制要求，要求八盏指示灯正序循环点亮再逆序循环点亮，控制过程的周期是15s，而每隔一秒就有变化，因此需要15个定时器，并且没有断电保持功能，所以可以选用一般型的定时器。所需的定时器及定时时间见表7-2-4。

表 7-2-4　PLC 实现单一变化规律的流水彩灯控制所需的定时器及定时时间

定时器	T1	T2	T3	T4	T5	T6	T7	T8	T9	T10	T11	T12	T13	T14	T15
定时时间/s	1	2	3	4	5	6	7	8	9	10	11	12	13	14	15

2）列出各输出有信号的时间段。

根据指示灯的亮灭规律，各输出有信号输出的时间段见表 7-2-5。

表　7-2-5

序号	输出	输出地址	有信号输出的时间段
1	指示灯 HL1	Y0	0～T1，T14～T15
2	指示灯 HL2	Y1	T1～T2，T13～T14
3	指示灯 HL3	Y2	T2～T3，T12～T13
4	指示灯 HL4	Y3	T3～T4，T11～T12
5	指示灯 HL5	Y4	T4～T5，T10～T11
6	指示灯 HL6	Y5	T5～T6，T9～T10
7	指示灯 HL7	Y6	T6～T7，T8～T9
8	指示灯 HL8	Y7	T7～T8

3）编写程序。

根据控制要求，整个梯形图的结构可以分成起停控制、定时控制和输出控制三部分。参考的梯形图程序如图 7-2-6 所示。

4. 用 PLC 实验箱模拟调试

思考与探究：☞

1）选用实验箱的哪个功能块来模拟调试最好？并说明理由。

2）写出模拟调试过程。

参考方案：☞

在 PLC 实验箱上模拟单一变化规律的流水彩灯控制过程的调试，可参考以下步骤来完成。

1）画出接线示意图。

根据图 7-2-5 所示电气控制原理图，在图 7-2-7 中画出 PLC 控制单一变化规律的流水彩灯的接线示意图，并和同组同学交换检查。

2）接线示意图正确无误后，按图进行电路连接，并和同组同学互查。

3）接通电源，编写 PLC 程序，并下载到 PLC。

注：编写程序时尽量用快捷键。

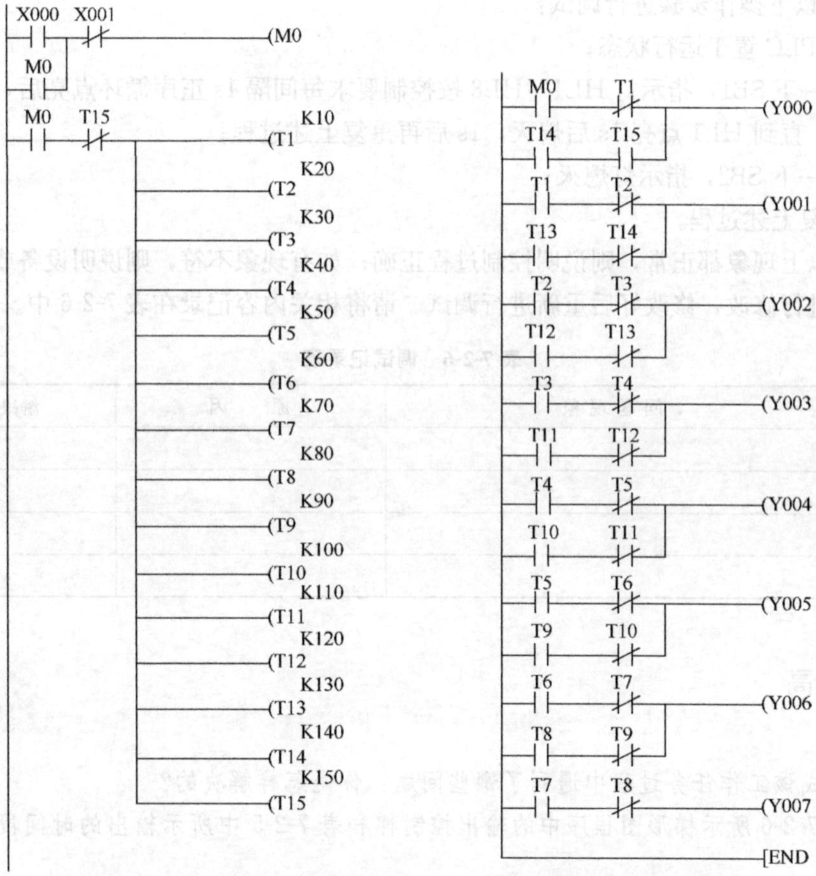

图 7-2-6 PLC 实现单一变化规律的流水彩灯控制的参考梯形图程序

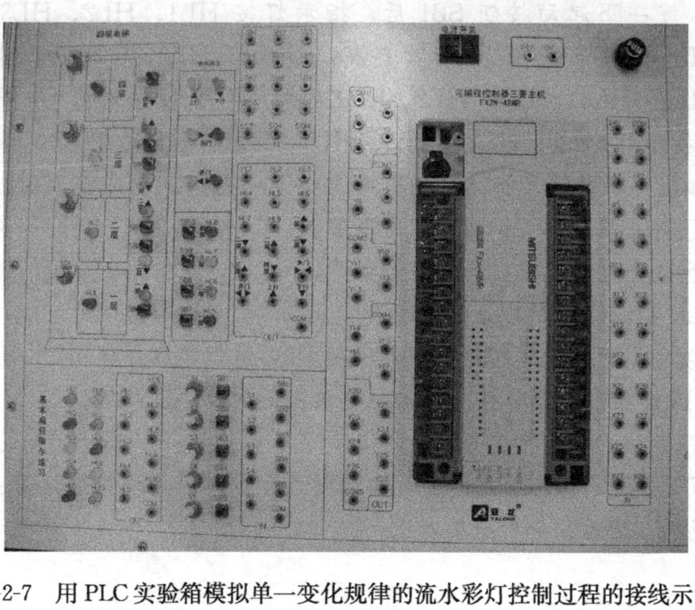

图 7-2-7 用 PLC 实验箱模拟单一变化规律的流水彩灯控制过程的接线示意图

4）按以下操作步骤进行调试：

① 将 PLC 置于运行状态；

② 按一下 SB1，指示灯 HL1～HL8 按控制要求每间隔 1s 正序循环点亮后，再按逆序循环点亮，直到 HL1 点亮 1s 后熄灭，1s 后再重复上述过程；

③ 按一下 SB2，指示灯熄灭；

④ 重复上述过程。

如果以上现象都正常，则说明控制过程正确；如有现象不符，则说明设备或程序有问题，需要进行修改，修改好后重新进行调试。请将相关内容记录在表 7-2-6 中。

表 7-2-6 调试记录表

序号	问题现象	原因	解决方法

总结提高

1. 完成该工作任务过程中遇到了哪些问题？你是怎样解决的？

2. 图 7-2-6 所示梯形图程序中的输出控制梯和表 7-2-5 中所示输出的时间段之间有什么联系？

3. 完成以下工作任务。

控制要求：按一下起动按钮 SB1 后，指示灯按 HL1、HL2、HL3、HL4、HL5、HL6、HL7、HL8 的顺序间隔 1s 依次点亮，指示灯 HL8 亮 1s 后，指示灯按 HL8、HL7、HL6、HL5、HL4、HL3、HL2、HL1 的顺序间隔 1s 依次熄灭，HL1 熄灭 1s 后，再过 1s 后又按指示灯 HL1、HL2、HL3、HL4、HL5、HL6、HL7、HL8 的顺序间隔 1s 依次点亮，如此不断重复（依次点亮或熄灭指下一盏灯点亮或熄灭时，上一盏灯的状态不变）。按一下停止按钮 SB2，指示灯全部熄灭。

用 PLC 实现以上控制要求，具体任务如下：

1）列出 PLC 控制的 I/O 地址分配表。

2）画出实现指示灯按上述控制要求亮灭的 PLC 电气控制原理图。

3）编写用 PLC 实现指示灯按上述控制要求亮灭的梯形图程序。

4）完成程序调试，达到预定要求。

4. 分析图 7-2-8 所示梯形图程序实现的控制过程，并用实验箱进行调试，观察并记录调试的过程和现象，然后和分析结果对比。

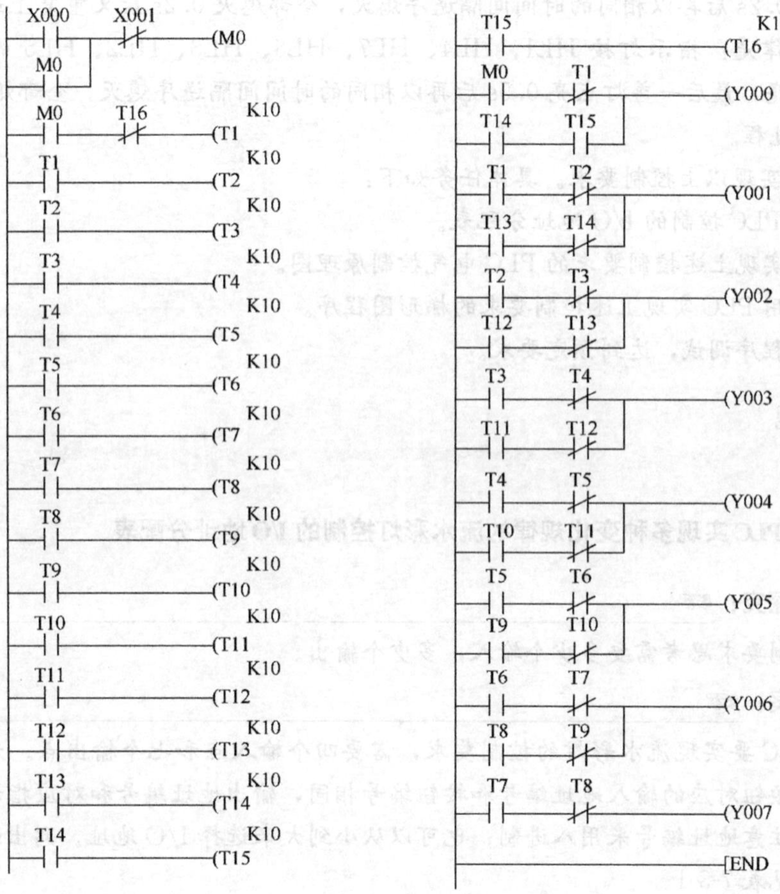

图 7-2-8

5. 你认为完成该工作任务的最佳步骤是怎样的？

任务三　多种变化规律的流水彩灯的控制

工作任务

控制要求：按一下起动按钮 SB1 后，流水彩灯按第一种规律变化；按一下起动按钮 SB2 后，流水彩灯按第二种规律变化；按一下起动按钮 SB3 后，流水彩灯按第三种规律变化；并且三种变化规律可直接转换。按一下停止按钮 SB4，指示灯全部熄灭。

第一种变化规律是：指示灯按 HL1、HL2、HL3、HL4、HL5、HL6、HL7 的顺序间隔 1s 依次点亮，指示灯 HL7 亮 1s 后，指示灯按 HL7、HL6、HL5、HL4、HL3、HL2、HL1 的顺序间隔 0.5s 依次熄灭，HL1 熄灭 0.5s 后，再按指示灯 HL1、HL2、HL3、HL4、HL5、HL6、HL7 间隔 1s 依次点亮，如此不断重复；第二种变化规律是：指示灯按 HL1、HL3、HL5、HL7、HL6、HL4、HL2 的顺序间隔 0.2s 依次点亮，最后一盏灯点亮0.2s后再以相同的时间间隔逆序熄灭，全部熄灭0.2s后又重复上述过程；第三种变化规律是：指示灯按HL1、HL4、HL7、HL6、HL3、HL2、HL5的顺序间隔0.5s依次点亮，最后一盏灯点亮0.5s后再以相同的时间间隔逆序熄灭，全部熄灭0.5s后又重复上述过程。

用PLC实现以上控制要求。具体任务如下：

1. 列出PLC控制的I/O地址分配表。
2. 画出实现上述控制要求的PLC电气控制原理图。
3. 编写用PLC实现上述控制要求的梯形图程序。
4. 完成程序调试，达到预定要求。

任务实施

1. 列出PLC实现多种变化规律的流水彩灯控制的I/O地址分配表

思考与探究：☞

根据控制要求思考需要多少个输入，多少个输出。

参考方案：☞

根据PLC要实现流水彩灯的控制要求，需要四个输入点和七个输出点。为了方便记忆，可以使按钮对应的输入地址编号和按钮编号相同，输出地址编号和对应指示灯的编号相同，但要注意地址编号采用八进制；也可以从小到大来选择I/O地址。列出的参考I/O地址分配表见表7-3-1。

表7-3-1 PLC实现多种变化规律的流水彩灯控制的I/O地址分配表

输入			输出		
序号	说明	地址编号	序号	说明	地址编号
1	起动按钮SB1	X0	1	指示灯HL1	Y0
2	起动按钮SB2	X1	2	指示灯HL2	Y1
3	起动按钮SB3	X2	3	指示灯HL3	Y2
4	停止按钮SB4	X3	4	指示灯HL4	Y3
			5	指示灯HL5	Y4
			6	指示灯HL6	Y5
			7	指示灯HL7	Y6

2. 画出PLC实现多种变化规律的流水彩灯控制的电气控制原理图

思考与探究：☞

如果输入信号和输出信号确定，则电气控制原理图与输出信号的变化规律是否有关？

参考方案：☞

根据表7-3-1所示的I/O地址分配表，画出的参考PLC电气控制原理图如图7-3-1所示。

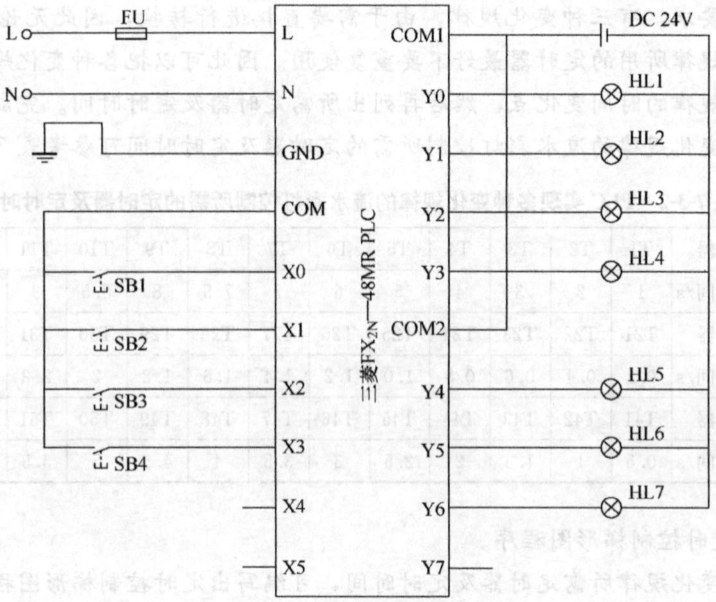

图7-3-1　电气控制原理图

3. 编写PLC实现多种变化规律的流水彩灯控制的梯形图程序

思考与探究：

1）说明控制过程有什么特点。

2）流水彩灯有几种变化规律？由什么来选择不同的变化规律？

3）举例说明“各种变化规律之间可以直接转换”和“各种变化规律之间只有在停止之后才能转换”的控制过程的区别，并思考实现功能的程序上的差异。

4）思考不同变化规律的定时器能否重复。

5）说明多种变化规律的流水彩灯控制和单一变化规律的流水彩灯控制的异同。

参考方案：

编写多种变化规律的流水彩灯的PLC控制程序可参考以下步骤：

1）分析有几种变化规律和选择变化规律的方法。

由控制要求可知，共有三种变化规律，并且由起动按钮来选择对应的变化规律，因此可以选用三个辅助继电器来记住各种变化规律。具体实现三种变化规律选择和转换功能及起停控制的参考梯形图程序如图7-3-2所示。

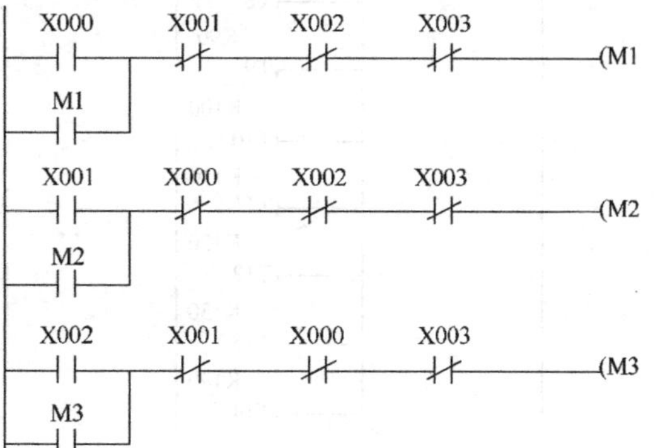

图7-3-2　三种变化规律选择控制梯形图

2）找出时间变化点，列出所需定时器及定时时间。

根据控制要求，有三种变化规律，由于需要直接进行转换，因此无论用什么编程方法，三种变化规律所用的定时器最好不要重复使用。因此可以把各种变化规律分开，分别找出各种变化规律的时间变化点，然后再列出所需定时器及定时时间。完成本工作任务控制要求的多种变化规律的流水彩灯控制所需的定时器及定时时间可参考表 7-3-2。

表 7-3-2　PLC 实现多种变化规律的流水彩灯控制所需的定时器及定时时间

第一种变化规律	定时器	T1	T2	T3	T4	T5	T6	T7	T8	T9	T10	T11	T12	T13	T14
	定时时间/s	1	2	3	4	5	6	7	7.5	8	8.5	9	9.5	10	10.5
第二种变化规律	定时器	T21	T22	T23	T24	T25	T26	T27	T28	T29	T30	T31	T32	T33	T34
	定时时间/s	0.2	0.4	0.6	0.8	1.0	1.2	1.4	1.6	1.8	2	2.2	2.4	2.6	2.8
第三种变化规律	定时器	T41	T42	T43	T44	T45	T46	T47	T48	T49	T50	T51	T52	T53	T54
	定时时间/s	0.5	1	1.5	2	2.5	3	3.5	4	4.5	5	5.5	6	6.5	7

3）编写定时控制梯形图程序。

根据每种变化规律所需定时器及定时时间，可编写出定时控制梯形图程序。参考的定时控制梯形图程序如图 7-3-3 所示。

4）列出各输出有信号的时间段。

根据指示灯的亮灭规律，可列出各输出有信号输出的时间段见表 7-3-3。

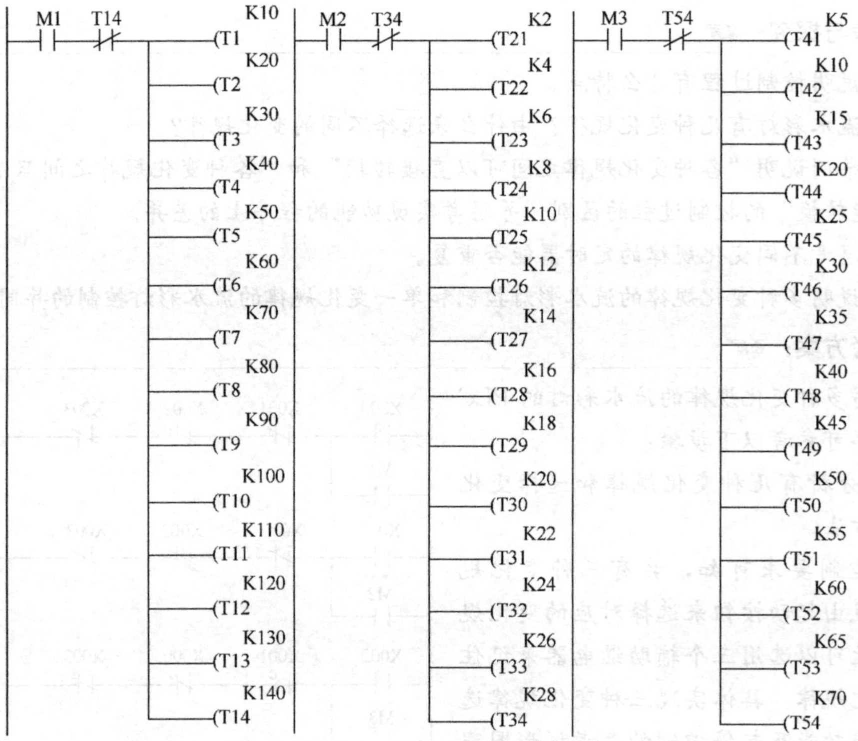

图 7-3-3　定时控制梯形图程序

表 7-3-3

序号	输出	输出地址	有信号输出的时间段		
			第一种变化规律	第二种变化规律	第三种变化规律
1	指示灯 HL1	Y0	0～T1，T12～T13	0～T21，T32～T33	0～T41，T52～T53
2	指示灯 HL2	Y1	T1～T2，T11～T12	T26～T27	T45～T46，T47～T48
3	指示灯 HL3	Y2	T2～T3，T10～T11	T21～T22，T31～T32	T44～T45，T48～T49
4	指示灯 HL4	Y3	T3～T4，T9～T10	T25～T26，T27～T28	T41～T42，T51～T52
5	指示灯 HL5	Y4	T4～T5，T8～T9	T22～T23，T30～T31	T46～T47
6	指示灯 HL6	Y5	T5～T6，T7～T8	T24～T25，T28～T29	T43～T44，T49～T50
7	指示灯 HL7	Y6	T6～T7	T23～T24，T29～T30	T42～T43，T50～T51

5）编写输出控制梯形图程序。

根据表 7-3-3 各输出有信号的时间段，可编写出输出控制梯形图程序。例如：指示灯 HL1（Y0）在第一种变化规律中的时间段是 0～T1 和 T12～T13，转换到梯形图中 Y0 接通的条件是 M1 常开触点接通而 T1 的常闭触点未断开或 T12 的常开触点接通而 T13 的常闭触点未断开，以此类推，可编写出参考的梯形图程序如图 7-3-4 所示。

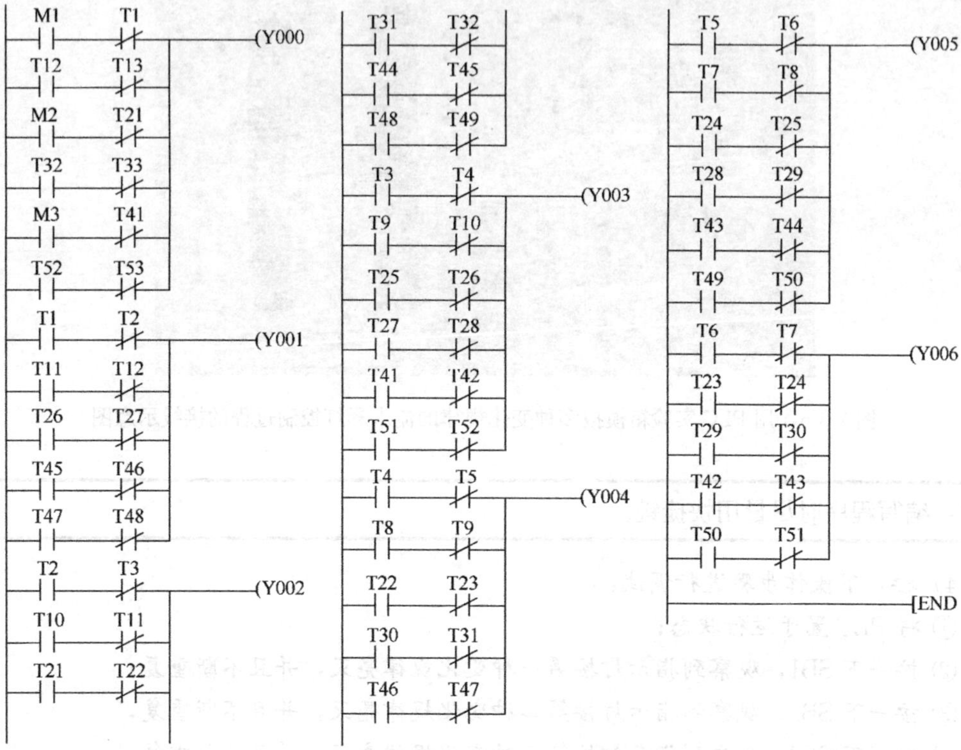

图 7-3-4 输出控制梯形图程序

4. 用 PLC 实验箱模拟调试

思考与探究：

1）输入程序时选用哪种输入方法最好？说明理由。

2）如何保证输入程序时不出错？

3）用 PLC 实验箱模拟调试多种变化规律的流水彩灯控制过程可按怎样的步骤来完成？

参考方案：

在 PLC 实验箱上模拟多种变化规律的流水彩灯控制过程的调试，可参考以下步骤来完成。

1）画出接线示意图。

根据图 7-3-1 所示电气控制原理图，在图 7-3-5 中画出 PLC 控制多种变化规律的流水彩灯的接线示意图，并和同组同学交换检查。

2）接线示意图正确无误后，按图进行电路连接，并和同组同学互查。

3）接通电源，编写 PLC 程序，并下载到 PLC。

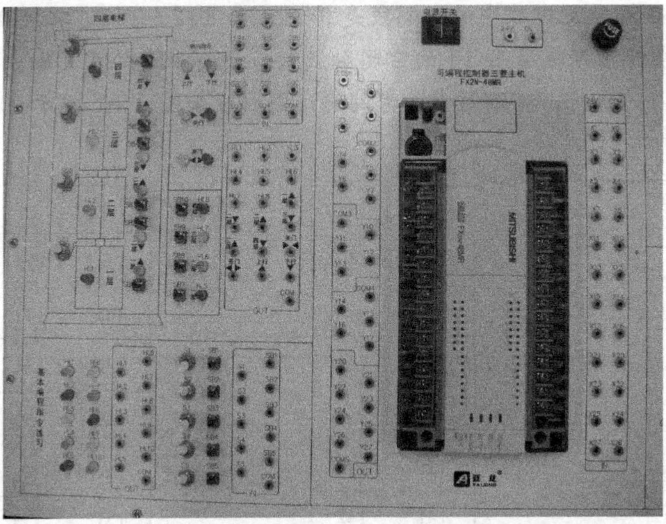

图 7-3-5　用 PLC 实验箱模拟多种变化规律的流水彩灯控制过程的接线示意图

注：编写程序时尽量用快捷键。

4）按以下操作步骤进行调试：

① 将 PLC 置于运行状态；

② 按一下 SB1，观察到指示灯按第一种变化规律亮灭，并且不断重复；

③ 按一下 SB2，观察到指示灯按第二种变化规律亮灭，并且不断重复；

④ 按一下 SB3，观察到指示灯按第三种变化规律亮灭，并且不断重复；

⑤ 无论之前指示灯按什么规律亮灭，重复操作 SB1、SB2、SB3，观察到的现象都和上述相同；

⑥ 按一下 SB4，所有指示灯熄灭。

如果以上现象都正常，则说明控制过程正确；如有现象不符，则说明设备或程序有问题，需要进行修改，修改好后重新进行调试。请将相关内容记录在表 7-3-4 中。

表 7-3-4 调试记录表

序号	问 题 现 象	原 因	解决方法

总结提高

1. 完成该工作任务过程中遇到了哪些问题？你是怎样解决的？
2. 说明完成工作任务三和完成工作任务二的方法有什么异同。
3. 完成该工作任务时，你认为最难的是什么？最容易出错的是什么？
4. 写一份完成该工作任务的报告书。

任务四 最简单的交通信号灯的 PLC 控制

工作任务

控制要求：按一下起动按钮 SB1 后，交通信号灯按以下要求循环工作，按一下停止按钮，则所有信号灯熄灭。

东西向：绿灯亮 25s，黄灯亮 5s，红灯亮 30s；

南北向：红灯亮 30s，绿灯亮 25s，黄灯亮 5s。

交通信号灯的结构示意图如图 7-4-1 所示。

用 PLC 实现以上控制要求。具体任务如下：

1. 列出 PLC 控制的 I/O 地址分配表。
2. 画出实现上述控制要求的 PLC 电气控制原理图。
3. 编写用 PLC 实现上述控制要求的梯形图程序。
4. 完成程序调试，达到预定要求。

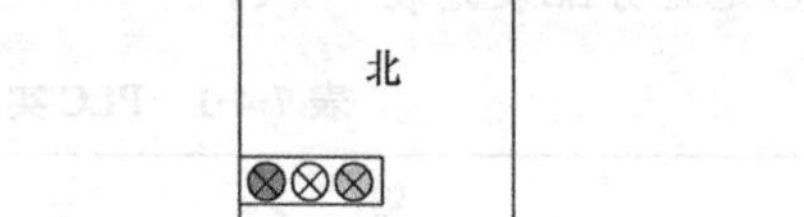

图 7-4-1 交通信号灯的结构示意图

相关知识

交通信号灯是保证十字路口交通安全和交通畅通的指挥员，在城市几乎所有的交通路口都有交通信号灯。如何用PLC来控制交通信号灯？首先先来学习交通信号灯的工作特点。

交通信号灯可以看成是十字路口的交通指挥员，为交通的安全以及畅通做出了很大的贡献。交叉的两个方向允许轮流通过，因此交通信号灯的两个方向的绿灯或黄灯不可能同时亮，也就是一个方向为绿灯（允许通行）或黄灯（过线的继续通行），则与之交叉的方向就应该为红灯（禁止通行）。交通信号灯的工作情况有以下几个特点：

1）由时间控制。

2）周期性：交通信号灯总是以一定的时间不断重复。

3）两个方向的同种颜色的灯不会同时闪亮。

4）一个方向绿灯闪亮和黄灯闪亮的总时间等于另一个方向红灯闪亮的时间。

任务实施

1. 列出PLC实现最简单的交通信号灯控制的I/O地址分配表

思考与探究：☞

根据控制要求思考需要多少个输入，多少个输出。

参考方案：☞

根据PLC要实现交通信号灯的控制要求，需要两个输入点和六个输出点。为了方便记忆，可以使按钮对应的输入地址编号和按钮编号相同，输出地址编号和对应指示灯的编号相同，但要注意地址编号采用八进制；也可以从小到大来选择I/O地址。列出的参考I/O地址分配表见表7-4-1。

表7-4-1 PLC实现交通信号灯控制的I/O地址分配表

输入			输出		
序号	说明	地址编号	序号	说明	地址编号
1	起动按钮SB1	X0	1	东西向绿灯	Y0
2	停止按钮SB2	X1	2	东西向黄灯	Y1
			3	东西向红灯	Y2
			4	南北向绿灯	Y3
			5	南北向黄灯	Y4
			6	南北向红灯	Y5

2. 画出PLC实现交通信号灯控制的电气控制原理图

思考与探究：☞

只要I/O地址分配表确定，则电气控制原理图只与哪些因素有关？

参考方案：☞

根据表7-4-1所示的I/O地址分配表，画出的参考PLC电气控制原理图如图7-4-2所示。

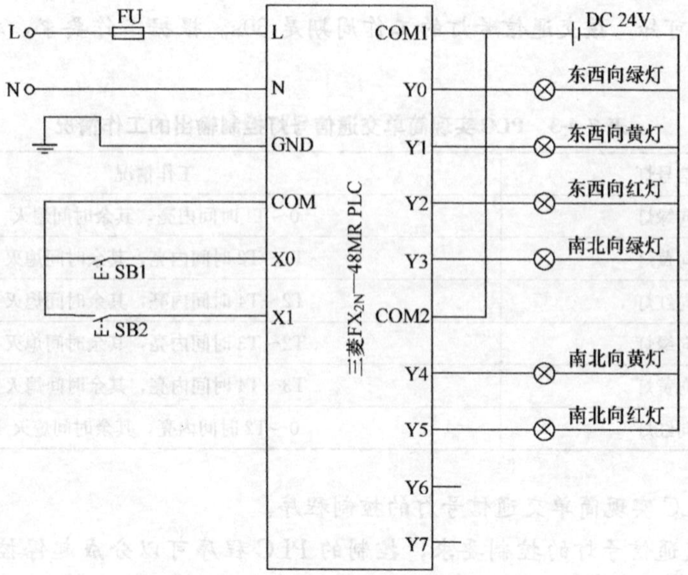

图7-4-2 电气控制原理图

3. 编写PLC实现简单交通信号灯控制的梯形图程序

思考与探究：☞

1）控制过程有什么特点？

2）工作任务中的交通信号灯的周期是多少？

3）列出工作任务中交通信号灯变化的时间点。

4）思考交通信号灯的输出情况。

参考方案：☞

编写简单交通信号灯的PLC控制程序可参考以下步骤：

1）分析交通信号灯变化的时间点。

注：分析时间变化点时，要选定一个计时起点，并且两个方向的计时起点要相同。

由控制要求可知，东西向交通信号灯变化的时间点是：第25s末，第30s末，第60s末；南北向交通信号灯变化的时间点是：第30s末，第55s末，第60s末。

2）将时间变化点排序，列出定时器。

将交通信号灯变化的时间点由小到大排序，每个变化的时间点分配一个定时器。定时器及定时时间可参考表7-4-2。

表 7-4-2　PLC 实现简单交通信号灯控制所需的定时器及定时时间

定时时间/s	25	30	55	60
定时器	T1	T2	T3	T4

3）分析每个交通信号灯的工作情况。

从表 7-4-2 可知，该交通信号灯的工作周期是 60s。根据工作要求，各灯的工作情况见表 7-4-3。

表 7-4-3　PLC 实现简单交通信号灯控制输出的工作情况

交通信号灯	工作情况
东西向绿灯	0～T1 时间内亮，其余时间熄灭
东西向黄灯	T1～T2 时间内亮，其余时间熄灭
东西向红灯	T2～T4 时间内亮，其余时间熄灭
南北向绿灯	T2～T3 时间内亮，其余时间熄灭
南北向黄灯	T3～T4 时间内亮，其余时间熄灭
南北向红灯	0～T2 时间内亮，其余时间熄灭

4）编写 PLC 实现简单交通信号灯的控制程序。

根据简单交通信号灯的控制要求，控制的 PLC 程序可以分成起停控制、定时控制、输出控制三大部分。起停控制比较简单，只要用一个简单的起保停控制电路就能实现；定时控制梯形图可以用流水彩灯控制的定时控制梯形图结构；输出控制根据每个交通信号灯的工作情况来编写：用亮的时间起点对应的时间继电器或起动的辅助继电器的常开触点和亮的时间终点对应的时间继电器的常闭触点来控制。PLC 实现简单交通信号灯控制的参考梯形图程序如图 7-4-3 所示。

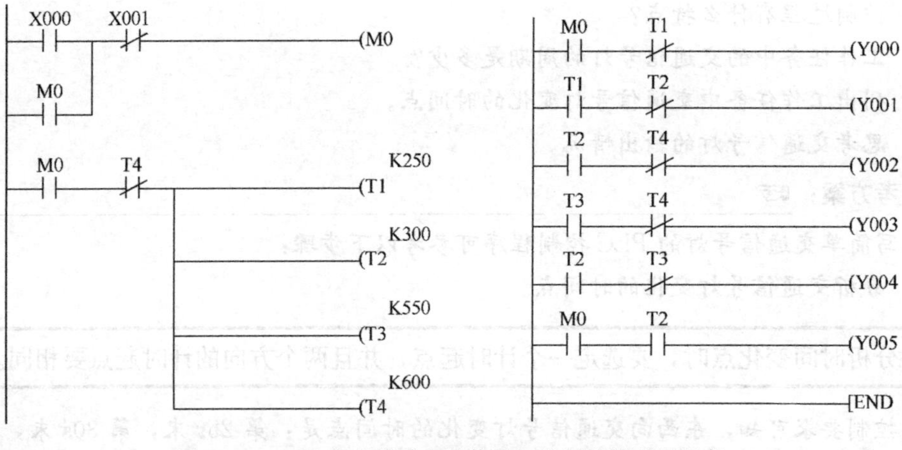

图 7-4-3　PLC 实现简单交通信号灯控制的梯形图程序

4. 用 PLC 实验箱模拟调试

思考与探究：☞

1）如何快速而且正确地连接电路？

2）用 PLC 实验箱模拟调试简单交通信号灯控制过程可按怎样的步骤来完成？

参考方案：☞

在 PLC 实验箱上模拟简单交通信号灯控制过程的调试，可参考以下步骤来完成。

1）画出接线示意图。

根据图 7-4-2 所示电气控制原理图，在图 7-4-4 中画出 PLC 控制简单交通信号灯的接线示意图，并和同组同学交换检查。

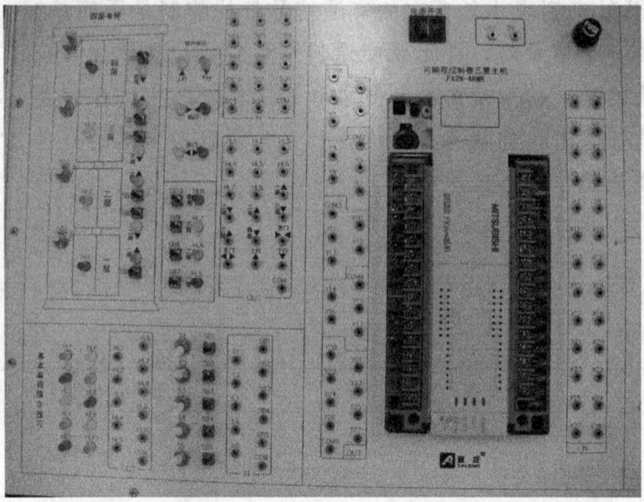

图 7-4-4　用 PLC 实验箱模拟简单交通信号灯控制过程的接线示意图

2）接线示意图正确无误后，按图进行电路连接，并和同组同学互查。

3）接通电源，编写 PLC 程序，并下载到 PLC。

4）按以下操作步骤进行调试：

① 将 PLC 置于运行状态。

② 按一下 SB1，能观察到东西向绿灯和南北向红灯同时亮，过 25s 后，东西向绿灯熄灭，同时黄灯亮，而南北向仍然是红灯亮；再过 5s 后，东西向黄灯熄灭，同时红灯亮，而南北向红灯熄灭，绿灯亮；再过 25s 后，东西向红灯继续亮，而南北向绿灯熄灭，黄灯亮；再过 5s 后又重复上述过程。

③ 按一下 SB2，观察到交通信号灯全部熄灭。

④ 按一下 SB1，观察到的现象和②完全相同。

如果以上现象都正常，则说明控制过程正确；如有现象不符，则说明设备或程序有问题，需要进行修改，修改好后再重新进行调试。请将相关内容记录在表 7-4-4 中。

表 7-4-4 调试记录表

序号	问题现象	原　因	解决方法

总结提高

1. 完成该工作任务过程中遇到了哪些问题？你是怎样解决的？
2. 你认为用 PLC 来实现本任务中的交通信号灯的控制是否简单？
3. 观察实际的交通信号灯，并记录交通信号灯的变化规律。
4. 分析你记录的交通信号灯的控制要求和该工作任务中的控制要求有什么异同。
5. 完成该工作任务时，你认为最难的是什么？最容易出错的是什么？
6. 写一份完成该工作任务的报告书。

评价反思

项目	评价内容		分值	学生自评	小组互评	教师评分
实践操作过程评价（50%）	安全文明操作（20%）	按要求穿着工作服、电工鞋	2			
		工具摆放整齐	2			
		完成任务后及时清理工位	2			
		不乱丢杂物	2			
		不带电进行电路连接	3			
		不擅自连接或改接设备线路	3			
		未发生触电事故	3			
		未造成设备或元器件损坏	3			
	工作程序规范（15%）	操作先后顺序安排恰当	3			
		操作过程规范	2			
		操作程序合理	3			
		操作技能娴熟	4			
		工具使用规范	3			
	个人职业素养（15%）	操作时不大声喧哗	2			
		不做与工作无关的事	2			
		遵守操作纪律	2			

（续）

项目	评价内容		分值	学生自评	小组互评	教师评分
实践操作过程评价（50%）	个人职业素养（15%）	仪表仪态端正	1			
		工作态度积极	2			
		注重交流和沟通	2			
		能够注重协作互助	2			
		创新意识强	2			
实践操作成果评价（50%）	PLC I/O地址分配（4%）	能正确确定所需要的I/O点数	2			
		能将I/O信号进行正确的分组	1			
		能列出正确的I/O地址分配表	1			
	电气控制原理图的绘制（4%）	元器件采用国家统一标准规定的符号	1			
		对电气控制原理图进行正确布局	0.5			
		电气控制原理图原理正确	2			
		电气控制原理图清晰易读	0.5			
	PLC外部电路的连接（4%）	PLC外部电路连接正确	2			
		PLC外部电路连接符合工艺要求	1			
		PLC外部电路连接方法正确	0.5			
		PLC外部电路的连线分布合理、美观	0.5			
	PLC外部电路的检测测试（4%）	会观察电路连接是否满足工艺要求	1			
		能正确进行通电前的检测	1			
		能正确进行电路的可靠性检测	1			
		电路的检测过程正确	1			
	PLC程序的编写（12%）	编写的梯形图程序能达到控制要求	5			
		会熟练使用编程软件输入程序	3			
		编制的程序简洁、符合编程规则	3			
		编写程序速度快	1			
	用PLC实验箱模拟控制过程的调试（14%）	调试方法正确	3			
		调试步骤合理	3			
		调试过程中考虑到了高效性和安全性	2			
		能解决调试过程中出现的问题	3			
		调试过程的记录清晰、全面	3			
	总结（8%）	能及时完成总结的各项内容	4			
		总结的内容正确、丰富	2			
		总结有独到的见解	2			

项目八 多种液体自动混合装置的PLC控制

多种液体自动混合装置是一种应用较广的自动控制设备，它能自动实现多种液体的混合。多种液体自动混合装置的PLC控制程序可以用置位和复位指令来编写。通过本项目的学习，学会如何用PLC实现较简单的生产流程的控制和如何用置位和复位指令编写PLC控制程序。

工作任务

用PLC实现图8-1所示的多种液体自动混合装置的控制要求。具体任务如下：

1. 列出PLC控制的I/O地址分配表。

2. 画出实现多种液体自动混合装置控制要求的PLC电气控制原理图。

3. 编写用PLC实现多种液体自动混合装置控制要求的梯形图程序。

4. 用实验箱模拟控制过程，完成程序调试，达到预定要求。

多种液体自动混合装置的控制要求：

1）初始状态（装置在起动工作前的状态）：槽罐内没有液体，四个控制阀Y1、Y2、Y3、Y4均为关闭状态，搅拌电动机M不转动，三个液位传感器S1、S2、S3均为断开状态。

2）起动操作：

① 按下起动按钮后，控制阀Y1打开，开始注入液体A，当液面到达L3位置时，液位传感器S3接通，同时控制阀Y1关闭，停止注入液体A。

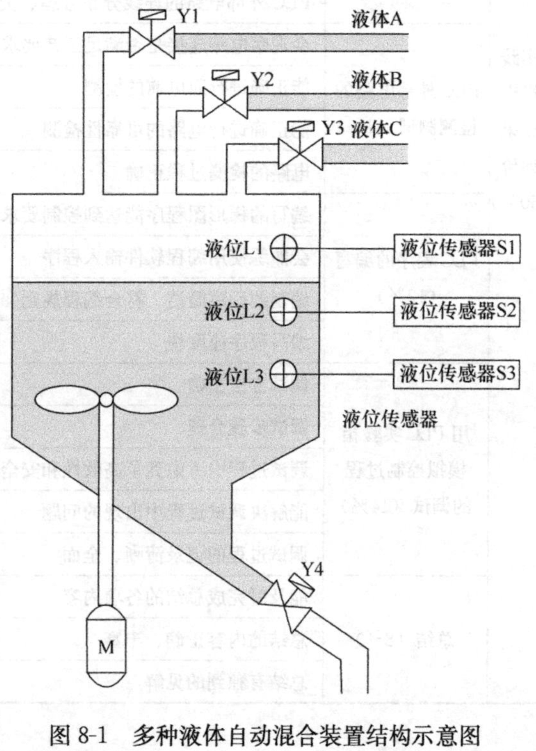

图8-1　多种液体自动混合装置结构示意图

② S3接通后，自动打开控制阀Y2，开始注入液体B，当液面到达L2位置时，液位

传感器 S2 接通，同时控制阀 Y2 关闭，停止注入液体 B。

③ S2 接通 2s 后起动搅拌电动机 M，搅拌 10s 后，搅拌电动机停止。

④ 搅拌电动机停止 1s 后，打开控制阀 Y3，开始注入液体 C，当液面到达 L1 位置时，液位传感器 S1 接通，同时控制阀 Y3 关闭，停止注入液体 C。

⑤ 液位传感器 S1 接通 2s 后，起动搅拌电动机 M，搅拌 20s 后，搅拌电动机停止。

⑥ 搅拌电动机停止 1s 后打开控制阀 Y4，开始排放混合液体，至液体高度降到 L3 后，再经过 5s 后，关闭控制阀 Y4，停止排放混合液体。自动回到按下起动按钮时的情况。

⑦ 后打开控制阀 Y2，开始注入液体 B，当液面到达 L2 时（S2 为 ON），关闭控制阀 Y2。

3）停止操作：

在工作过程中，如果没有按下停止按钮，则装置在连续排放了五次混合液体后自动停止；如果按下停止按钮，则装置在完成当前的液体混合过程并排放结束后，回到初始状态停止。

相关知识

1. 计数器（C）

计数器分为两大类，一类是内部信号计数器，另一类是高速计数器。

（1）内部信号计数器

内部信号计数器是执行扫描操作时对内部元件（如 X、Y、M、S、T 和 C）的信号进行计数的计数器。因此，其接通（ON）时间和断开（OFF）时间应比 PLC 扫描周期稍长，通常其输入信号频率大约为几个扫描周期。

三菱 FX_{2N}系列 PLC 提供了以下四种类型的内部信号计数器：16 位非断电保持型加计数器（C0～C99）、16 位断电保持型加计数器（C100～C199）、32 位断电保持型加/减计数器（C200～C219）和 32 位特殊用计数器（C220～C234）。

16 位计数器的计数范围为 1～32767；32 位计数器的计数范围为－2147483648～2147483647。C0～C199 的 200 个计数器的断电保持区和非断电保持区可以通过参数设定进行调整。当切断 PLC 电源时，非断电保持的计数器的计数值和触点状态会被清除；而断电保持型的计数器的计数值和触点状态不会被清除，上电后计数器可以接着断电前的数值累计计数。

图 8-2a 所示为一个非断电保持型 16 位加计数器的梯形图程序。在这个梯形图程序中，当 X010 不接通（复位不起作用）时，输入信号 X011 每出现一次 OFF 到 ON 的变化（X011 每接通一次），计数器 C0 的当前值就加 1，第 10 次 X011 出现 OFF 到 ON 的变化时，计数器输出触点动作，常开触点闭合，如图 8-2b 所示，Y000 有信号输出。以后即使 X011 再出现 OFF 到 ON 的变化，计数器的当前值还是 10 不变。如果任何时候复位输入 X010 为 ON，则执行 RST 指令，计数器的当前值清零，其输出触点复位。

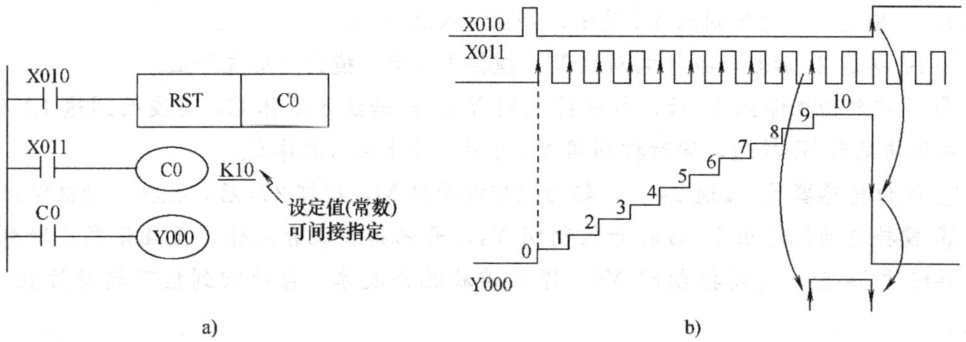

a) b)

图 8-2 16 位计数器应用示例一

注：在图 8-2 中的计数器设定值是直接用十进制常数 K10 指定的；但其设定值还可以间接通过数据寄存器指定。例如，指定数据寄存器 D10 作为计数器的设定，如果 D10 中的内容为 K123，那么也就相当于计数器的设定值为 K123。另外如果将设定值设为 K0，则其作用和设为 K1 相同，即在第一次计数开始时输出触点就动作。

（2）高速计数器

高速计数器（C235～C255）是对 PLC 上的六个高速计数器输入端（X0～X5）信号进行计数的计数器，并且它是按中断原则运行的，与扫描周期无关，因此不同的调整处理不能用同一个输入端子。可见，在 PLC 程序中最多同时只能用六个高速计数器。

（3）计数器应用举例

图 8-3 所示梯形图程序中，计数器 C0 对 T0 接通的次数进行计数，只有当 T0 接通了 60 次后，其触点才动作，因此 Y000 比 X002 延时了一个小时。从这个应用中，可以知道，可以通过计数器来扩展延时时间。

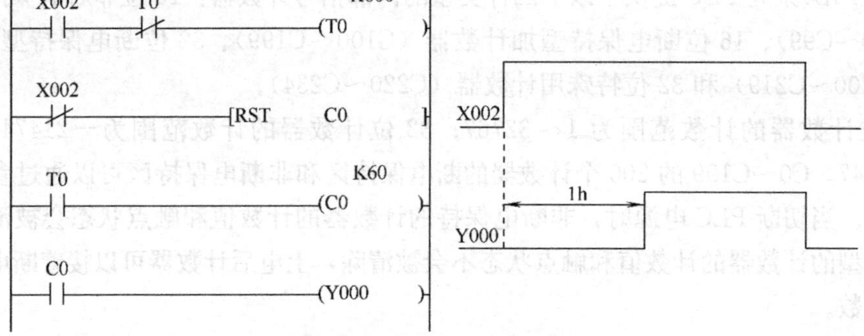

图 8-3 16 位计数器应用示例二

2. 置位（SET）指令和复位（RST）指令的应用

在项目六中，已经学习过置位（SET）指令和复位（RST）指令的作用和用法，但是前面的工作任务中，很少用到这两个指令。其实灵活应用这两个指令，有时会给编写程序带来很多方便，并让程序变得简短。

图 8-4 和图 8-5 所示梯形图程序中，若 X000 表示正转起动按钮，X001 表示反转起动按钮，X002 表示停止按钮，X005 表示右限位，X006 表示左限位；Y000 驱动电动机正转右行，Y001 驱动电动机反转左行。则图 8-4 和图 8-5 所示梯形图程序都能实现电动机自动往返控制过程，从图可看出，图 8-4 比图 8-5 要简短一些，仔细分析两个梯形图，比较看看哪个梯形图的可读性更好。

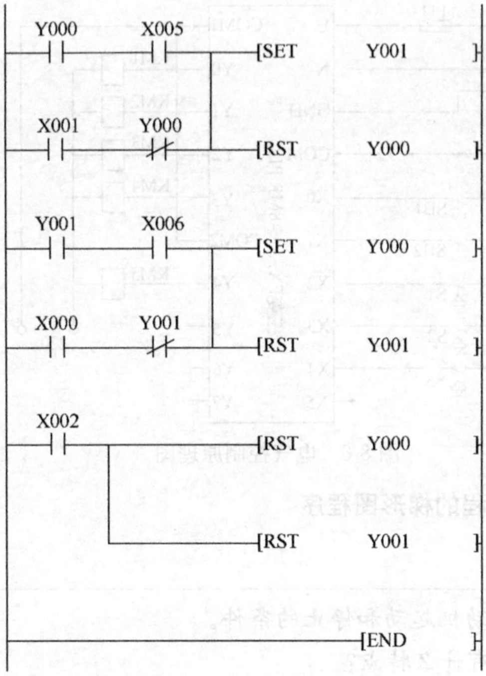

图 8-4

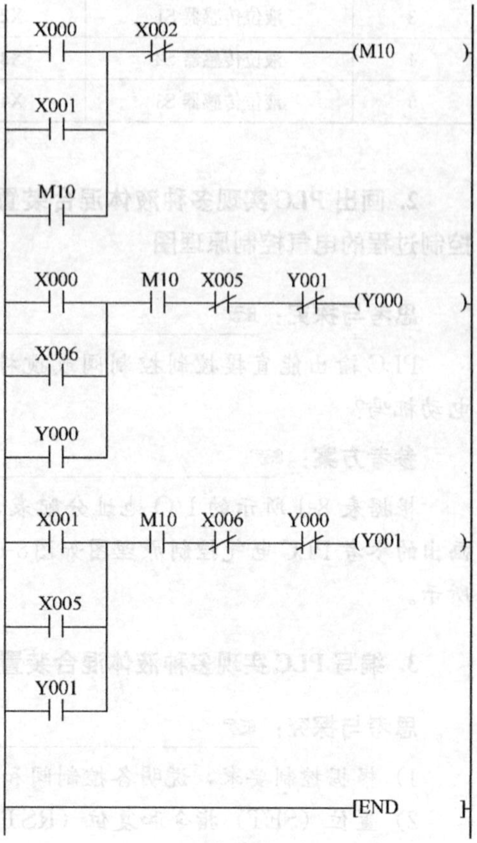

图 8-5

任务实施

1. 列出 PLC 实现多种液体自动混合装置控制过程的 I/O 地址分配表

思考与探究：☞

1）根据控制要求说明多种液体自动混合装置有哪些输入信号，有哪些输出信号。

2）其输出信号是否能用同一组输出？

参考方案：☞

根据多种液体自动混合装置的控制要求，需要一个起动按钮、一个停止按钮和三个液位传感器，共计五个输入信号；需要四个控制阀和一个搅拌电动机，共计五个输出信号。I/O 地址的分配可以由小到大来选择，参考的 I/O 地址分配见表 8-1。

表 8-1 实现多种液体混合装置控制过程的 I/O 地址分配表

输入			输出		
序号	说明	地址编号	序号	说明	地址编号
1	起动按钮	X0	1	控制阀 1	Y0
2	停止按钮	X1	2	控制阀 2	Y1
3	液位传感器 S1	X2	3	控制阀 3	Y2
4	液位传感器 S2	X3	4	控制阀 4	Y3
5	液位传感器 S3	X4	5	搅拌电动机 M	Y4

2. 画出 PLC 实现多种液体混合装置控制过程的电气控制原理图

思考与探究：☞

PLC 输出能直接控制控制阀或搅拌电动机吗?

参考方案：☞

根据表 8-1 所示的 I/O 地址分配表，画出的参考 PLC 电气控制原理图如图8-6 所示。

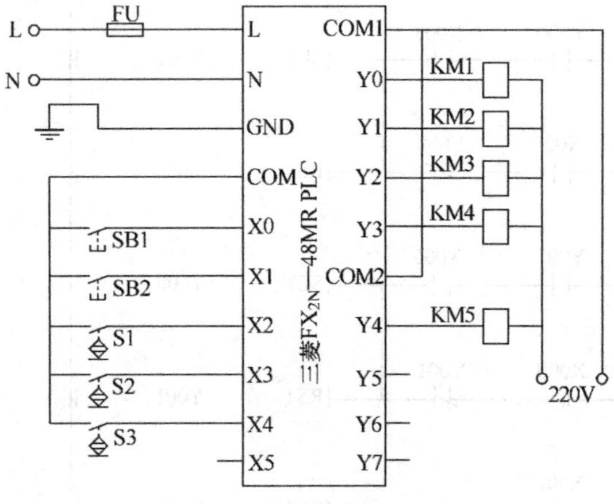

图 8-6 电气控制原理图

3. 编写 PLC 实现多种液体混合装置控制过程的梯形图程序

思考与探究：☞

1）根据控制要求，说明各控制阀和搅拌电动机起动和停止的条件。

2）置位（SET）指令和复位（RST）指令有什么特点?

3）如何来实现连续完成五次多种液体混合工作过程之后就自动停止?

4）如果控制要求中搅拌电动机的搅拌时间需要改变，那么控制梯形图程序做怎样的修改才能满足新的控制要求?

参考方案：☞

根据控制要求，先理清多种液体混合装置各执行机构的起动条件和停止条件。控制阀 Y1 的起动条件是装置在初始位置按下起动按钮或完成混合液体的排放之后（没有按过停止按钮或没有连续排放五次混合液体），停止条件是液位传感器 S3 接通；控制阀 Y2 的起动条件是 Y1 停止条件，停止条件是液位传感器 S2 接通；控制阀 Y3 的起动条件是搅拌电动机停止第一次搅拌 2s 后，停止条件是液位传感器 S1 接通；搅拌电动机的起动条件是液位传感器 S2 接通 2s 时和液位传感器 S1 接通 2s 时，停止条件是搅拌时间到；控制阀 Y4 的起动条件是搅拌电动机第二次停止搅拌 2s 后，停止条件是液位传感器 S3 断开 5s。再根据起动和停止的条件编写梯形图程序，满足起动条件就置位对应输出，满足停止条件就复位对应输出。参考的 PLC 梯形图程序如图 8-7 所示。

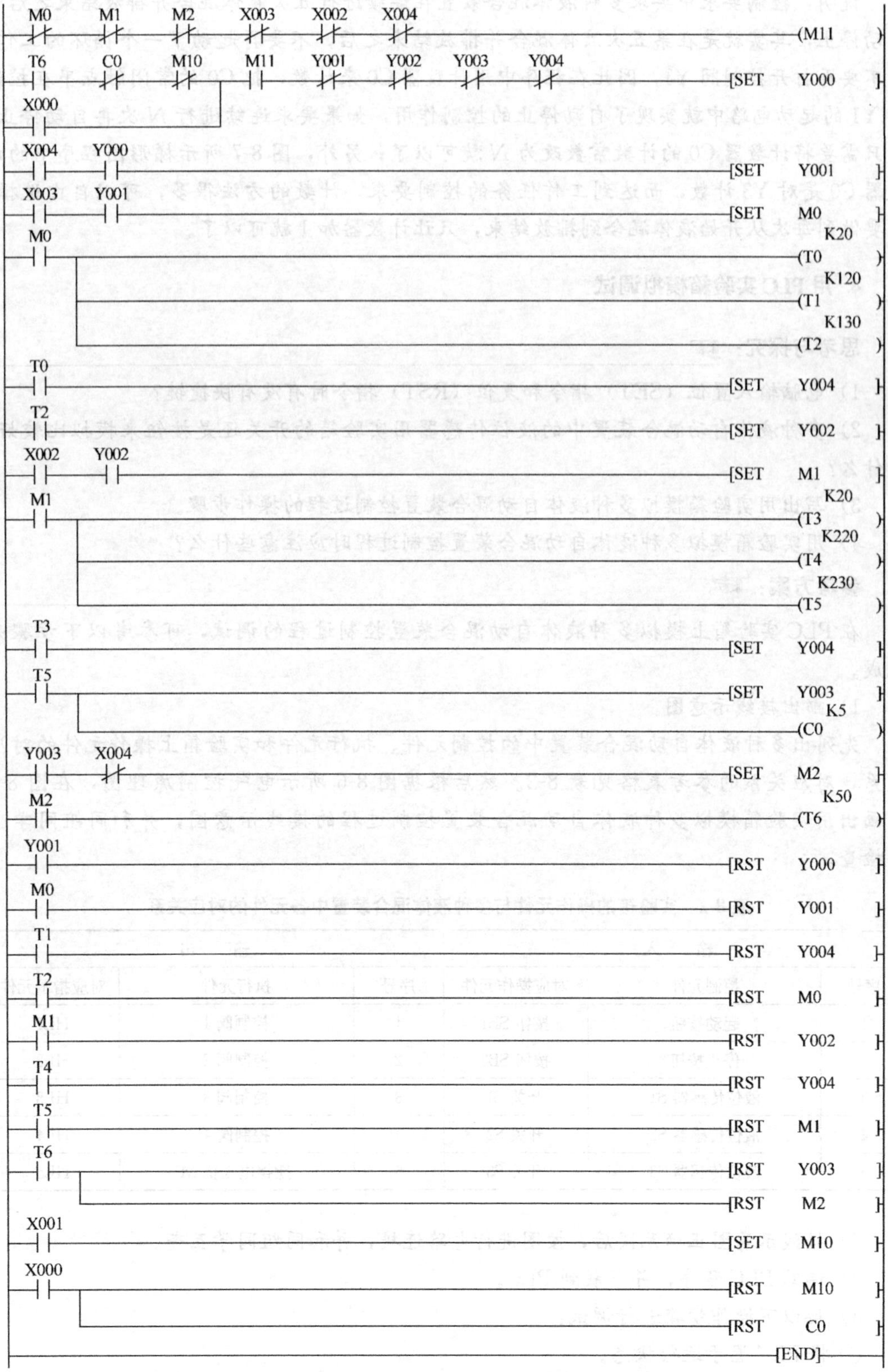

图 8-7　实现多种液体自动混合装置控制过程的 PLC 梯形图程序

说明：控制要求中要求多种液体混合装置在连续进行五次液体混合并排放结束之后就自动停止，其实就是在第五次液体混合并排放结束之后，不要再起动下一个循环的工作，即不要再打开控制阀 Y1，因此在程序中用计数器 C0 来计数，把 C0 的常闭触点串在控制阀 Y1 的起动电路中就实现了自动停止的控制作用，如果要求连续进行 N 次再自动停止，则只需要将计数器 C0 的计数常数改为 N 就可以了；另外，图 8-7 所示梯形图程序中的计数器 C0 是对 Y3 计数，而达到工作任务的控制要求，计数的方法很多，可以自由选择，只要做到每次从开始液体混合到排放结束，只让计数器加 1 就可以了。

4. 用 PLC 实验箱模拟调试

思考与探究：☞

1）电脑输入置位（SET）指令和复位（RST）指令时有没有快捷键？

2）多种液体自动混合装置中的液位传感器用实验箱的开关还是按钮来模拟比较好？为什么？

3）写出用实验箱模拟多种液体自动混合装置控制过程的操作步骤。

4）用实验箱模拟多种液体自动混合装置控制过程时应注意些什么？

参考方案：☞

在 PLC 实验箱上模拟多种液体自动混合装置控制过程的调试，可参考以下步骤来完成。

1）画出接线示意图。

先列出多种液体自动混合装置中的控制元件、执行元件和实验箱上操作元件的对应关系，对应关系的参考表格见表 8-2。然后根据图 8-6 所示电气控制原理图，在图 8-8 中画出用实验箱模拟多种液体自动混合装置控制过程的接线示意图，并和同组同学交换检查。

表 8-2　实验箱的操作元件与多种液体混合装置中各元件的对应关系

输入			输出		
序号	控制元件	对应操作元件	序号	执行元件	对应指示元件
1	起动按钮	按钮 SB1	1	控制阀 1	HL1
2	停止按钮	按钮 SB2	2	控制阀 2	HL2
3	液位传感器 S1	开关 S1	3	控制阀 3	HL3
4	液位传感器 S2	开关 S2	4	控制阀 4	HL4
5	液位传感器 S3	开关 S3	5	搅拌电动机 M	HL5

2）接线示意图正确无误后，按图进行电路连接，并和同组同学互查。

3）编写 PLC 程序，并下载到 PLC。

4）按以下操作步骤进行调试：

① 将 PLC 置于运行状态。

② 先将开关 S1、S2、S3 断开，再按一下按钮 SB1，则指示灯 HL1 亮，其他指示灯

均不亮，表示打开了控制阀 Y1，正在注入液体 A。

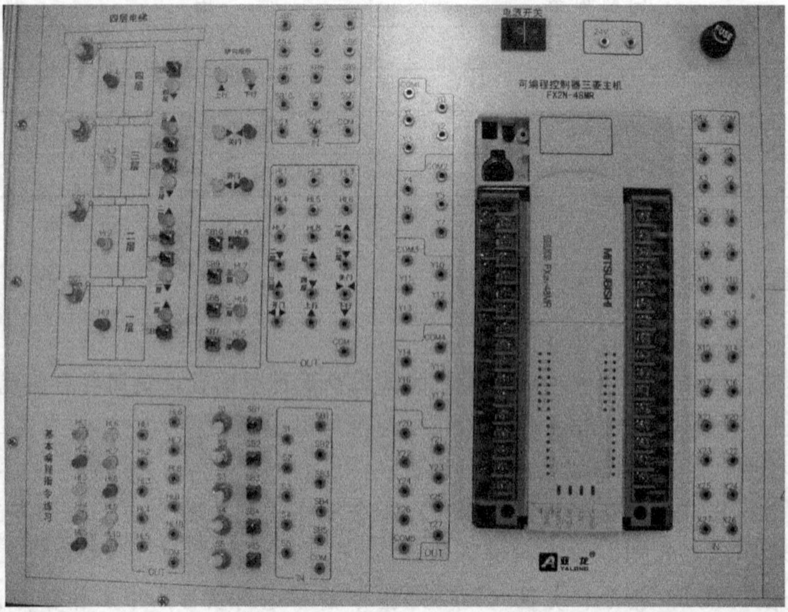

图 8-8 用 PLC 实验箱模拟多种液体自动混合装置控制过程的接线示意图

③ 接通开关 S3，表示液面到达 L3 位置，则指示灯 HL1 熄灭，表示停止注入液体 A，指示灯 HL2 亮，表示打开控制阀 Y2，开始注入液体 B。

④ 接通开关 S2，表示液面到达 L2 位置，指示灯 HL2 熄灭，表示停止注入液体 B；过 2s 后指示灯 HL5 亮，表示搅拌电动机 M 正在搅拌，HL5 亮 10s 后熄灭，表示搅拌电动机停止工作。

⑤ 指示灯 HL5 熄灭 1s 后，指示灯 HL3 亮，表示打开了控制阀 Y3，正在注入液体 C。

⑥ 接通开关 S1，表示液面到达 L1 位置，指示灯 HL3 熄灭，表示停止注入液体 C；过 2s 后，指示灯 HL5 亮，表示搅拌电动机 M 又开始搅拌，HL5 亮 20s 后熄灭，表示搅拌电动机停止工作。

⑦ 指示灯 HL5 熄灭 1s 后，指示灯 HL4 亮，表示打开了控制阀 Y4，正在排放混合液体。

⑧ 再依次断开开关 S3、S2、S1，断开开关 S1 后过 5s，指示灯 HL4 熄灭，表示停止排放混合液体；指示灯 HL1 亮，表示自动回到按下起动按钮时的情况。

⑨ 重复上述过程后按一下停止按钮，操作到第⑧步时，指示灯 HL4 熄灭，HL1 不再亮，表示已经停止工作。

⑩ 重复操作步骤②～⑧五次，在第五次操作到第⑧步时，指示灯 HL4 熄灭，HL1 不再亮，表示已经停止工作。

如果以上现象都正常，则说明控制过程正确；如有现象不符，则说明设备或程序有问题，需要进行修改，请将相关内容记录在表 8-3 中。

表 8-3 调试记录表

序号	问题现象	原 因	解决方法

总结提高

1. 将你写出的调试步骤和参考方案中的调试步骤进行比较，说明各自的优缺点。

2. 用置位（SET）指令和复位（RST）指令编写达到项目六中工作任务二中控制要求的梯形图程序，并用 PLC 实验箱进行调试。

3. 用置位（SET）指令和复位（RST）指令编写达到项目六中工作任务三中控制要求的梯形图程序，并用 PLC 实验箱进行调试。

4. 用置位（SET）指令和复位（RST）指令编写达到项目六中工作任务四中控制要求的梯形图程序，并用 PLC 实验箱进行调试。

5. 在完成本项目梯形图程序的编写中，是否是用置位（SET）指令和复位（RST）指令来完成的？若是，请再编写一个相同功能的不用这两条指令的梯形图程序；若不是，请用这两条指令编写一个相同功能的梯形图程序。并比较两种方法各有什么特点。

6. 完成以下工作任务：

用 PLC 实现图 8-1-1 所示的多种液体自动混合装置的控制要求。具体任务如下：

1）列出 PLC 控制的 I/O 地址分配表。

2）画出实现以下多种液体自动混合装置控制要求的 PLC 电气控制原理图。

3）编写用 PLC 实现以下多种液体自动混合装置控制要求的梯形图程序。

4）用实验箱模拟以下控制过程，完成程序调试，达到预定要求。

多种液体自动混合装置控制要求：

1）初始状态：槽罐里没有液体，控制阀 Y1、Y2、Y3、Y4 均为关闭状态，搅拌电动机 M 不转动；三个液位传感器 S1、S2、S3 均为断开状态。

2）起动操作：

① 按下起动按钮后，打开控制阀 Y1，开始注入液体 A，当液面到达 L3 时，液位传感器 S3 接通，关闭控制阀 Y1，停止注入液体 A；

② S3 接通 1s 后打开控制阀 Y2，开始注入液体 B，当液面到达 L2 时，液位传感器 S2 接通，关闭控制阀 Y2，停止注入液体 B；

③ S2 接通 1s 后打开控制阀 Y3，开始注入液体 C，当液面到达 L1 时，液位传感器 S1 接通，关闭控制阀 Y3，停止注入液体 C；

④ S1 接通 2s 后起动搅拌电动机 M，搅拌 20s 后，搅拌电动机停止；

⑤ 搅拌电动机停止 1s 后打开控制阀 Y4，开始放出混合液体，至液体高度降到 L3

后，再经过5s后关闭控制阀Y4，停止放出混合液体，再一次打开控制阀Y1（回到起动开始的情况）。

3）停止操作：

在工作过程中，如果没有按下停止按钮，则装置在连续排放了三次混合液体后自动停止；如果按下停止按钮，则装置在完成当前的液体混合过程并排放结束后，回到初始状态停止。

评价反思

项目	评价内容		分值	学生自评	小组互评	教师评分
实践操作过程评价（50%）	安全文明操作（20%）	按要求穿着工作服、电工鞋	2			
		工具摆放整齐	2			
		完成任务后及时清理工位	2			
		不乱丢杂物	2			
		不带电进行电路连接	3			
		不擅自连接或改接设备线路	3			
		未发生触电事故	3			
		未造成设备或元器件损坏	3			
	工作程序规范（15%）	操作先后顺序安排恰当	3			
		操作过程规范	2			
		操作程序合理	3			
		操作技能娴熟	4			
		工具使用规范	3			
	个人职业素养（15%）	操作时不大声喧哗	2			
		不做与工作无关的事	2			
		遵守操作纪律	2			
		仪表仪态端正	1			
		工作态度积极	2			
		注重交流和沟通	2			
		能够注重协作互助	2			
		创新意识强	2			
实践操作成果评价（50%）	PLC I/O地址分配（4%）	能正确确定所需要的I/O点数	2			
		能将I/O信号进行正确的分组	1			
		能列出正确的I/O地址分配表	1			
	电气控制原理图的绘制（4%）	元器件采用国家统一标准规定的符号	1			
		对电气控制原理图进行正确布局	0.5			
		电气控制原理图原理正确	2			
		电气控制原理图清晰易读	0.5			

（续）

项目	评价内容		分值	学生自评	小组互评	教师评分
实践操作成果评价（50%）	PLC外部电路的连接（4%）	PLC外部电路连接正确	2			
		PLC外部电路连接符合工艺要求	1			
		PLC外部电路连接方法正确	0.5			
		PLC外部电路的连线分布合理、美观	0.5			
	PLC外部电路的检测测试（4%）	会观察电路连接是否满足工艺要求	1			
		能正确进行通电前的检测	1			
		能正确进行电路的可靠性检测	1			
		电路的检测过程正确	1			
	PLC程序的编写（12%）	编写的梯形图程序能达到控制要求	5			
		会熟练使用编程软件输入程序	3			
		编制的程序简洁、符合编程规则	3			
		编写程序速度快	1			
	用PLC实验箱模拟控制过程的调试（14%）	调试方法正确	3			
		调试步骤合理	3			
		调试过程中考虑到了高效性和安全性	2			
		能解决调试过程中出现的问题	3			
		调试过程的记录清晰、全面	3			
	总结（8%）	能及时完成总结的各项内容	4			
		总结的内容正确、丰富	2			
		总结有独到的见解	2			

项目九 自动送料装车系统的PLC控制

自动送料装车系统在运输行业应用非常广泛，常常用PLC来控制。通过完成自动送料装车系统的模拟控制过程，进一步学会如何应用PLC。

工作任务

自动送料装车系统控制要求：

1. 如图9-1所示自动送料装车系统启动工作前红灯L1和绿灯L2都不亮，按一下起动按钮SB1，则系统启动，此时，红灯L1灭，绿灯L2亮，表示等待汽车来装料，系统按以下要求工作：

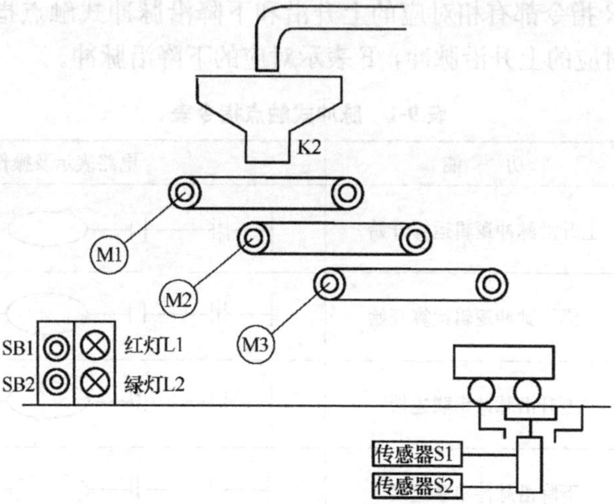

图9-1 自动送料装车系统结构示意图

1）在汽车到来之前，料斗K2关闭（失电状态），电动机M1、M2、M3均为OFF。

2）当汽车到来时（S2为ON），红灯L1和绿灯L2全亮，表示正在进行汽车装料，此时，电动机M1、M2和M3同时运行，运行2s后，料斗K2打开出料。

3）当料满后（料满时S1为ON），料斗K2关闭，停止出料，2s后电动机M1停止运行，再过2s后电动机M2停止运行，再过2s后电动机M3停止运行，三台电动机都停止运行后，红灯 L1 亮，绿灯 L2 灭，表示等待汽车离开。

4）汽车离开后又变为红灯 L1 灭，绿灯 L2 亮，再重复上述过程。

2. 按一下停止按钮，系统在当前的自动送料装车过程完成后停止工作。系统停止工作后，指示灯都熄灭。

3. 系统工作过程中突然断电，则恢复供电后，按一下起动按钮，就接着断电前的工作继续。

说明：在自动送料装车系统中，指示灯工作电压为 DC 24V，而电动机和料斗的工作电压为 AC 220V。

用 PLC 实现以上控制要求。具体任务如下：

1. 列出 PLC 自动送料装车系统控制要求的 I/O 地址分配表。

2. 画出实现自动送料装车系统控制要求的 PLC 电气控制原理图。

3. 编写用 PLC 实现自动送料装车系统控制要求的梯形图程序。

4. 用 PLC 实验箱模拟自动送料装车系统的控制过程，完成程序调试使其达到预定要求。

相关知识

1. 脉冲式触点指令

在自动控制的某些场合，要求某种功能只在电路接通或断开的瞬间实现，这时就要用到脉冲式触点指令，下面介绍脉冲式触点指令及其用法。

LD、AND、OR 指令都有相对应的上升沿和下降沿脉冲式触点指令，具体见表9-1，其中指令中 P 表示对应的上升沿脉冲，F 表示对应的下降沿脉冲。

表 9-1　脉冲式触点指令表

符号、名称	功　能	电路表示及操作元件
LDP 取上升沿脉冲	上升沿脉冲逻辑运算开始	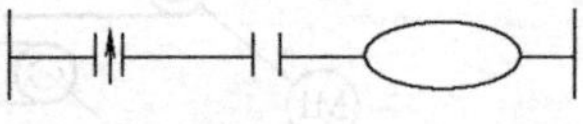 X. Y. M. S. T. C
LDF 取下降沿脉冲	下降沿脉冲逻辑运算开始	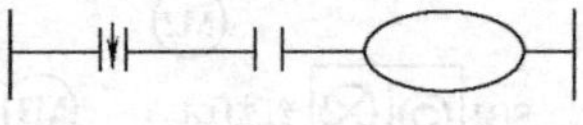 X. Y. M. S. T. C
ANP 与上升沿脉冲	上升沿脉冲串联连接	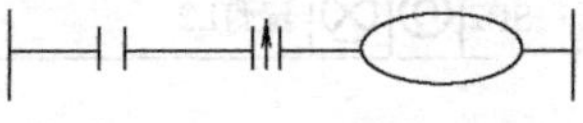 X. Y. M. S. T. C
ANF 与下降沿脉冲	下降沿脉冲串联连接	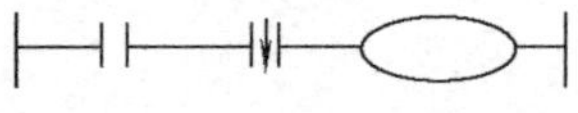 X. Y. M. S. T. C
ORP 或上升沿脉冲	上升沿脉冲并联连接	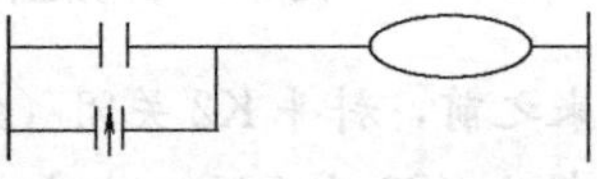 X. Y. M. S. T. C
ORF 或下降沿脉冲	下降沿脉冲并联连接	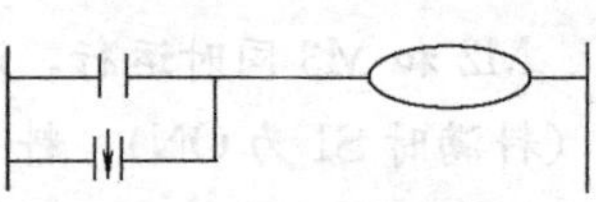 X. Y. M. S. T. C

脉冲式触点指令中的触点仅在操作元件有上升沿/下降沿时导通一个扫描周期。如图 9-2所示，M6 仅在 X010 由 OFF→ON 时接通一个扫描周期。

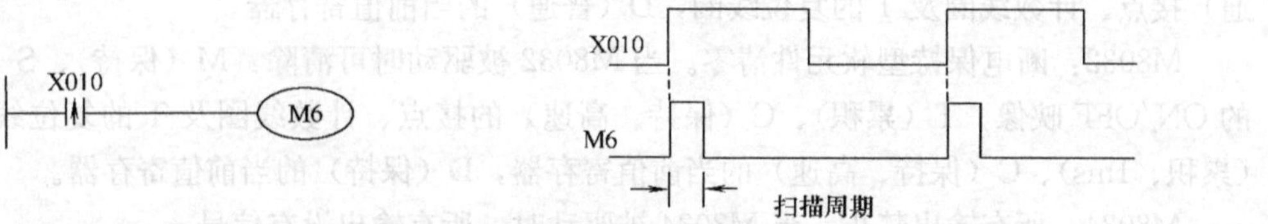

图 9-2 脉冲式触点指令的应用

2. 区间复位指令（批复位指令）ZRST

前面学习过复位 RST 指令，但该指令只能使一个元件复位，如果有多个元件需要复位，则需要使用多次 RST 指令；而 ZRST 指令能够将指定范围内的软元件全部复位（清零），其应用的电路形式如图 9-3 所示。

图 9-3 ZRST 指令的电路形式

注：对于 D1、D2 有如下要求：

1）指定为同一种类的软元件。如位软元件 S、M、X、Y 及字软元件 KnX、KnY、KnM、KnS、T、C、D、V、Z。

2）D1 的编号要小于 D2 的编号。

3）D1、D2 应同为 16 位数据或同为 32 位数据。

ZRST 指令既可以将位元件成批复位（如图 9-4 所示，PLC 开始运行的第一个扫描周期将 M500～M599 之间的所有辅助继电器复位），又可以将字元件成批复位（如图 9-5 所示，当 X1 接通时将计数器 C10～C120 的数据全部清零）。

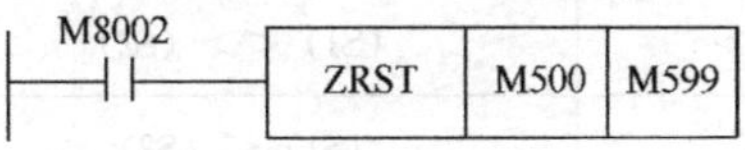

图 9-4 ZRST 应用举例一

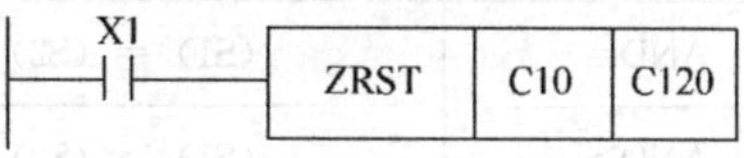

图 9-5 ZRST 应用举例二

3. 特殊辅助继电器

在编写 PLC 程序时，常常可以利用一些特殊辅助继电器来方便地实现某些功能。下面介绍几个实用的特殊辅助继电器。

M8000：运行监视常开触点。如图 9-6 所示，只要 PLC 处于运行状态，则 M8000 常开触点就接通。

M8002：初始化脉冲常开触点。如图 9-6 所示，当 PLC 从停止状态转换为运行状态时，M8002 常开触点接通一个扫描周期。

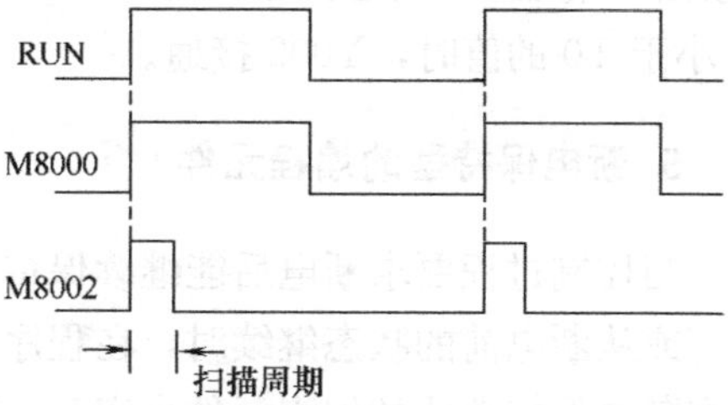

图 9-6

M8031：非断电保持型继电器、寄存器状态清除。当 M8031 被驱动时可清除：X、Y、M（普通）、S（普通）的 ON/OFF 映像，T、C（普通）当前值寄存器，T、C（普通）接点、计数线圈及 T 的复位线圈，D（普通）的当前值寄存器。

M8032：断电保持型软元件清零。当 M8032 被驱动时可清除：M（保持）、S（保持）的 ON/OFF 映像，T（累积）、C（保持、高速）的接点、计数线圈及 T 的复位线圈，T（累积、1ms）、C（保持、高速）的当前值寄存器，D（保持）的当前值寄存器。

M8034：所有输出禁止。当 M8034 被驱动时，所有输出没有信号。

M8039：恒定扫描模式。M8039 为 ON 时 PLC 按照 D8039 里被指定的扫描时间进行循环操作。

M8040：禁止状态转移。M8040 驱动时状态间的传送被禁止。

4. 触点比较指令

表 9-2 列出了所有的比较指令，但在这些比较指令中，最常用的是 LD＝、LD＞、LD＜、LD⩽、LD⩾、LD＜＞指令。

表 9-2　触点比较指令表

指令助记符	指令功能	指令助记符	指令功能
LD＝	(S1) ＝ (S2)	AND＜＞	(S1) ＜＞ (S2)
LD＞	(S1) ＞ (S2)	AND⩽	(S1) ⩽ (S2)
LD＜	(S1) ＜ (S2)	AND⩾	(S1) ⩾ (S2)
LD＜＞	(S1) ＜＞ (S2)	OR＝	(S1) ＝ (S2)
LD⩽	(S1) ⩽ (S2)	OR＞	(S1) ＞ (S2)
LD⩾	(S1) ⩾ (S2)	OR＜	(S1) ＜ (S2)
AND＝	(S1) ＝ (S2)	OR＜＞	(S1) ＜＞ (S2)
AND＞	(S1) ＞ (S2)	OR⩽	(S1) ⩽ (S2)
AND＜	(S1) ＜ (S2)	OR⩾	(S1) ⩾ (S2)

图 9-7 所示梯形图为触点比较指令的应用示例，当计数器 C10 中的值等于 5 时，Y000 接通；当数据寄存器 D1 的值大于 5 时，Y001 接通；当 10 小于 T0 的值时，Y002 接通。

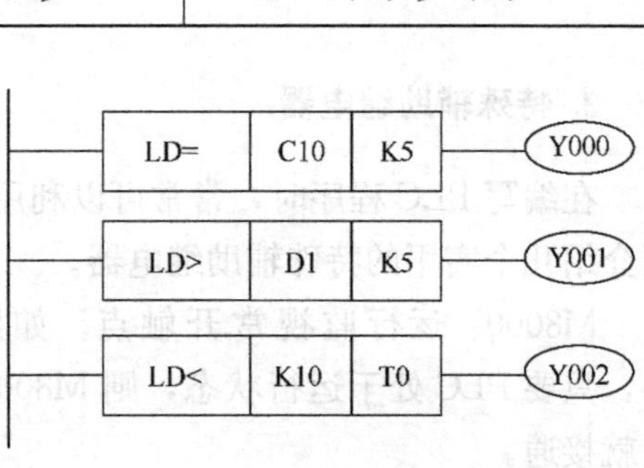

图 9-7　触点比较指令的应用示例

5. 断电保持型的编程元件

当控制过程要求断电后能继续保持断电前的状态或从断电前的状态继续时，在程序中可以用具有断电保持功能的编程元件来实现，下面学习一些断电保持型的编程元件。

在FX_{2N}系列PLC中，断电保持型的辅助继电器有M500～M3071，其中M500～M1023可通过参数设置方法改为非断电保持用，而M1024～M3071则是断电保持专用辅助继电器；断电保持型的状态继电器为S500～S899；断电保持型的定时器是T246～T255；断电保持型的通用计数器是C100～C199；断电保持型的数据寄存器有D200～D7999，其中D200～D511可通过参数设置改为通用型，而D512～D7999为断电保持专用寄存器。

6. 一般型辅助继电器与断电保持型辅助继电器的区别

一般型辅助继电器和断电保持型辅助继电器的区别是：前者在断电再来电时，不能保持原来的状态，只要断过电就会处于失电状态；后者在断电之后仍然能够保持断电前瞬间的状态。分析图9-8所示梯形图程序中M0和M500的状态可真正理解以上内容。

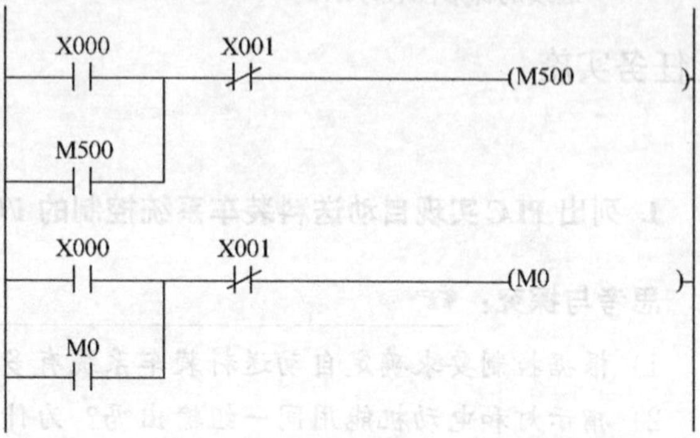

图9-8 一般型和断电保持型辅助继电器的比较

在图9-8所示梯形图程序中，若接通一下X000，则M0和M500都得电并自锁保持，断电后不作任何操作，再恢复供电，由于M500有断电保持功能，而M0没有断电保持功能，因此，M500常开触点接通使得M500继续得电，而M0则失电；但是，若在恢复供电时X001处于断开状态，则M500也失电。

注：断电保持型辅助继电器得电后，如果所在的梯断开，则它并不能保持原有状态。

7. 断电保持功能实现的方法

实现断电保持功能时，所需用到的计数器、数据寄存器必须用断电保持型的，定时器需要用累积型的定时器，但是状态继电器和辅助继电器则可用断电保持型的，也可用一般型号的，不过实现断电保持功能的方法就不同了（这里只介绍辅助继电器和状态继电器都用断电保持型的方法）。如果状态继电器和辅助继电器都用了断电保持型的，可以分两种情况来实现。

1）如果要求恢复供电不作任何操作就接着断电前的状态继续，则不需要作任何处理。如图9-9所示梯形图程序，在断电后恢复供电就接着断电前的状态继续。

2）如果要求恢复供电后进行某一操作才接着断电前的状态继续，则在恢复供电时要将所有输出禁止，只有当进行了要求的操作后才恢复输出。如图9-10所示梯形图程序，断电后恢复供电时没有输出，只有当再次按下复位按钮才接着断电前的状态继续。

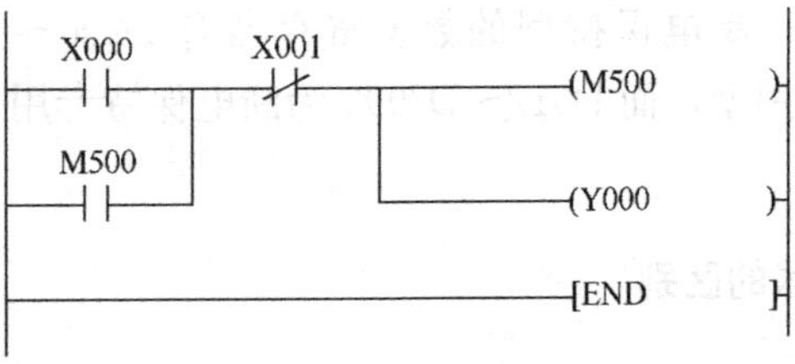

图 9-9 恢复供电后接着断电前的状态继续的梯形图程序示例

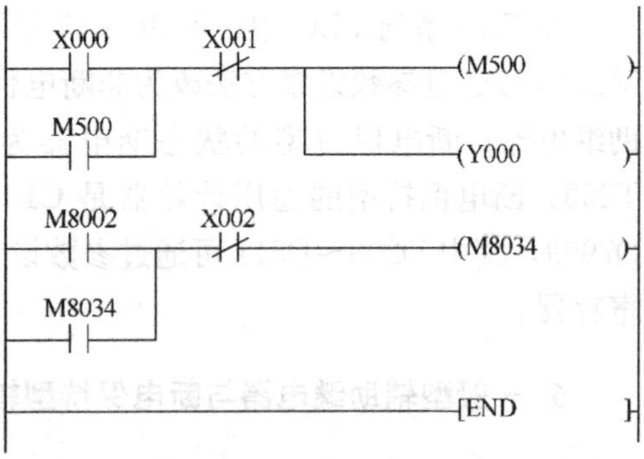

图 9-10 恢复供电后需要操作复位按钮才接着断电前的状态继续的梯形图程序示例

任务实施

1. 列出 PLC 实现自动送料装车系统控制的 I/O 地址分配表

思考与探究：☞

1）根据控制要求确定自动送料装车系统有多少个输入，多少个输出。

2）指示灯和电动机能用同一组输出吗？为什么？

参考方案：☞

根据自动送料装车系统的控制要求，自动送料装车系统有一个起动按钮、一个停止按钮，两个检测传感器，L1、L2 两盏指示灯，三台电动机和一个料斗，因此共需要四个输入点和六个输出点，其参考 I/O 地址分配表见表 9-3。

表 9-3 自动送料装车系统参考 I/O 地址分配表

输入			输出		
序号	说明	地址编号	序号	说明	地址编号
1	起动按钮 SB1	X0	1	红灯 L1	Y0
2	停止按钮 SB2	X1	2	绿灯 L2	Y1
3	传感器 S1	X2	3	料斗 K2	Y4
4	传感器 S2	X3	4	电动机 M1	Y5
			5	电动机 M2	Y6
			6	电动机 M3	Y7

注：不同工作电压的负载不能用同一组输出控制。

2. 画出 PLC 实现自动送料装车系统控制的电气控制原理图

思考与探究：☞

1）能否用 PLC 的输出直接接电动机或料斗？为什么？

2）图 9-11 所示电路中接触器 KM1、KM2、KM3、KM4 分别控制自动送料装车系统中的哪个执行机构？

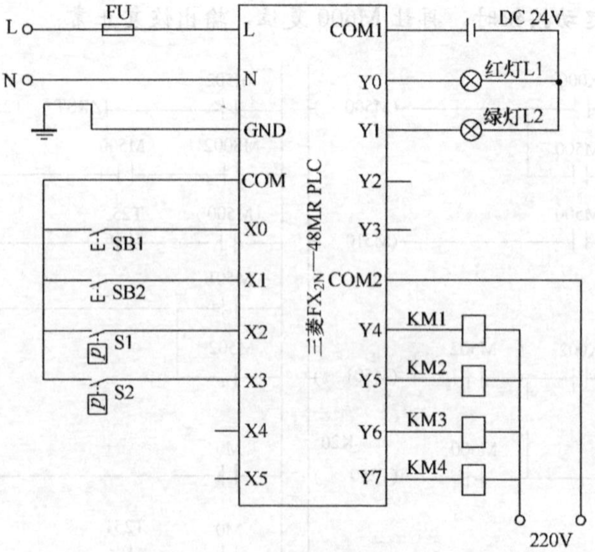

图 9-11　电气控制原理图

参考方案：☞

由于 PLC 输出的带负载能力较小，不能直接用来驱动传动带电动机和料斗，因此，需要通过接触器来转换。根据表 9-3 所示的 I/O 地址分配表，画出的参考 PLC 电气控制原理图如图 9-11 所示。

3. 编写 PLC 实现自动送料装车系统控制过程的梯形图程序

思考与探究：☞

1）根据控制要求，说明自动送料装车系统的起停控制还可以用起保停控制梯吗？

2）梯形图程序中是否需要用到定时器？该选用哪种类型的定时器？

3）怎样才能达到意外断电后的处理要求？

4）怎样才能达到按过停止按钮后，完成了当前的工作之后才停止？

参考方案：☞

根据控制要求，按下起动按钮能开始工作，按一下停止按钮要等工作结束才能停止，也就是要求即使按过停止按钮，只要工作没有结束就不能停，因此需要工作是否结束用一个辅助继电器记住，程序中将它的常开与停止并联；这样就能实现按过停止按钮后等工作结束才停止（如图 9-12 所示的梯形图程序中 M500 的控制梯，按下起动按钮接通 X000 后 M500 得电自锁，只有当按下停止按钮使 M510 得电，M510 常闭触点断开并且 M0 常开触点断开后，M500 才能失电）。

系统断电并恢复供电后，要求按下起动按钮能接着断电前的工作继续，因此所用的辅助继电器都要选用断电保持型的，而定时器要用累积型定时器（注意：累积型定时器在用完之后要复位）。另外，恢复供电后如果没有按起动按钮，则系统不工作。因此用了辅助继电器 M600，如果来电时检测到系统断电前处在工作状态，则让 M600 得电，让所有输出复位；而当按下起动按钮时，再让 M600 复位，输出恢复正常。

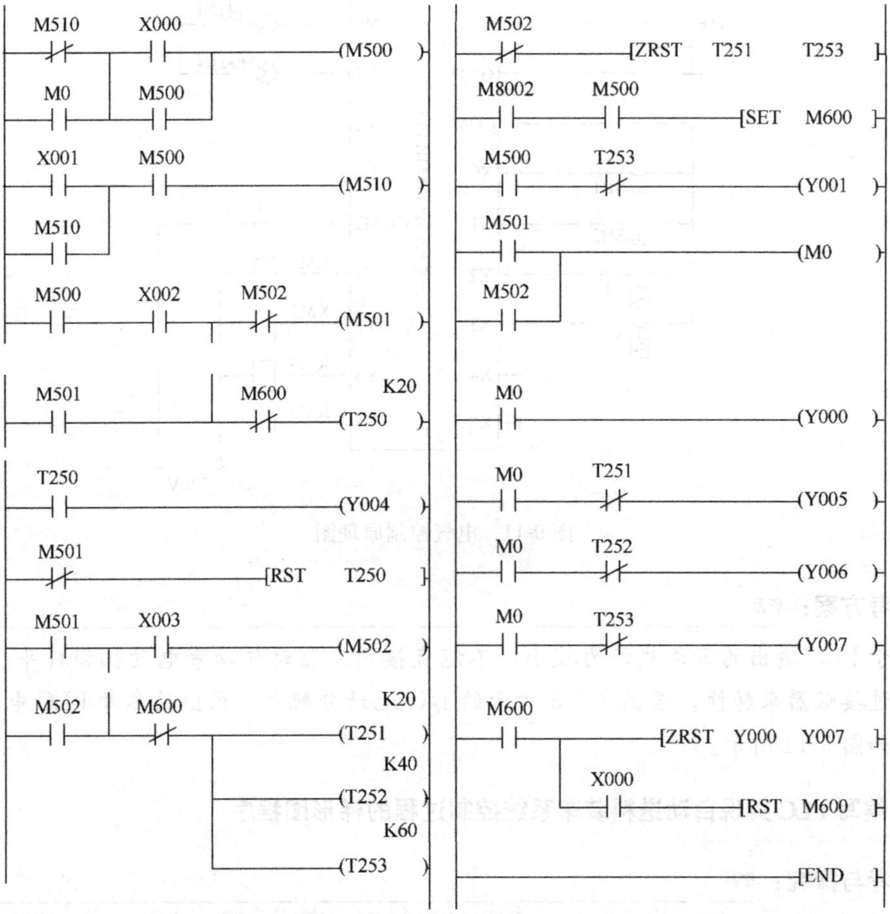

图 9-12 PLC 控制自动送料装车系统的参考梯形图程序

4. 用 PLC 实验箱模拟调试

思考与探究：

1）传感器用实验箱上的开关还是按钮来代替更好？

2）实验箱上没有电动机和料斗，那模拟调试时用什么来模拟？

3）调试时要怎样才能看到完整的控制过程？

4）列出用 PLC 实验箱模拟调试自动送料装车系统控制过程的步骤。

参考方案：

在 PLC 实验箱上模拟调试自动送料装车系统控制过程，可参考以下步骤来完成。

1）画出接线示意图。

先列出自动送料装车系统中的控制元件、执行元件和实验箱上操作元件的对应关系，对应关系的参考表格见表9-4。然后根据图9-11所示电气控制原理图，在图9-13中画出PLC控制自动送料装车系统的接线示意图，并和同组同学交换检查。

表9-4 实验箱的操作元件与自动装车系统中各元件的对应关系

输入			输出		
序号	控制元件	对应操作元件	序号	执行元件	对应指示元件
1	起动按钮SB1	按钮SB1	1	红灯L1	HL1
2	停止按钮SB2	按钮SB2	2	绿灯L2	HL2
3	传感器S1	开关S1	3	料斗K2	HL3
4	传感器S2	开关S2	4	电动机M1	HL4
			5	电动机M2	HL5
			6	电动机M3	HL6

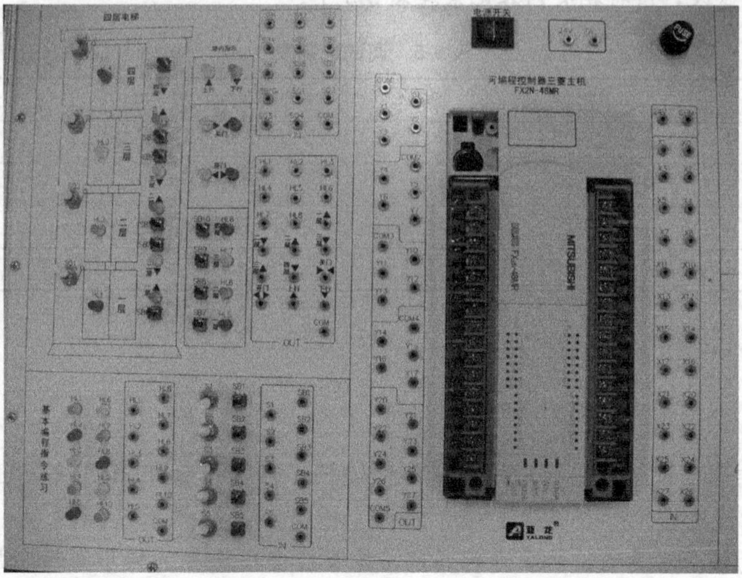

图9-13 用PLC实验箱模拟自动送料装车系统控制过程的接线示意图

2）接线示意图正确无误后，按图进行电路连接，并和同组同学互查。

3）编写PLC程序，并下载到PLC。

4）按以下操作步骤进行调试：

① 将PLC置于运行状态。

② 先将开关S1、S2断开，再按一下SB1，则指示灯HL2亮，其他指示灯均不亮；模拟自动送料装车系统起动后等待汽车到来。

③ 将开关S1接通（表示汽车已到位），则指示灯HL1、HL2、HL4、HL5、HL6同时亮，过2s后，HL3也变亮，并一直保持不变；模拟系统正在自动送料装车。

④ 再将开关S2接通（表示汽车料已快满），HL3熄灭，过2s后HL4熄灭，再过2s后HL5熄灭，再过2s后HL2、HL6熄灭，此时只有指示灯HL1亮，表示送料装车过程

全部结束，等待汽车离开。

⑤ 先断开开关 S1、再断开开关 S2，表示汽车离开，则指示灯 HL1 熄灭，同时指示灯 HL2 亮，又进入等待汽车来的状态。

⑥ 按一下停止按钮，指示灯 HL2 熄灭，系统停止工作。

⑦ 重新按②、③、④、⑤的顺序操作一次，现象应该还是一样。

⑧ 在每个不同的工作阶段按停止按钮，能观察到下列现象：在等待汽车到来或等汽车离开的情况下操作停止按钮，指示灯立刻熄灭，表示系统立刻停止工作；在其他的工作情况下操作停止按钮，则只有等送料装车过程结束后，系统才停止工作。

⑨ 断电功能的调试：在不同的工作情况下断电，观察恢复供电后，在没有按起动按钮之前是否有输出，在按下起动按钮后是否接着断电前的瞬间继续。特别是每个定时时间内都要调试一次，才能确保工作过程完全达到要求。

如果以上现象都正常，则说明控制过程正确；如有现象不符，则说明设备或程序有问题，需要进行修改，请将相关内容记录在表 9-5 中。

表 9-5 调试记录表

序号	问题现象	原　因	解决方法

总结提高

1. 如果在调试过程中出现：按下起动按钮 SB1 后，指示灯 HL1 亮，HL2 不亮。则可能是什么原因造成的？

2. 你认为按参考的调试步骤进行调试，能否检查出编写的梯形图程序是否完善？你有更好的调试方法吗？

3. 完成以下工作任务。

自动送料装车系统控制要求：

1）图 9-1 所示自动送料装车系统启动工作前红灯 L1 和绿灯 L2 都不亮，按一下起动按钮 SB1，则系统启动，此时，红灯 L1 亮，绿灯 L2 灭，表示等待汽车来装料，系统按以下要求工作：

① 在汽车到来之前，料斗 K2 关闭（失电状态），电动机 M1、M2、M3 均为 OFF。

② 当汽车到来后（S1 为 ON），指示灯 L1 和 L2 全亮，表示正在进行汽车装料，此时，电动机 M3 开始运行，2s 后 M2 开始运行，再过 2s 后 M3 开始运行，运行 2s 后，料斗 K2 打开出料。

③ 当料满后（料满时 S2 为 ON），料斗 K2 关闭，停止出料，2s 后电动机 M1 停止运行，再过 2s 后电动机 M2 停止运行，再过 2s 后电动机 M3 停止运行，三台电动机都停止

运行后，红灯L1灭，绿灯L2亮，表示等待汽车离开。

④汽车离开后又变为红灯L1亮，绿灯L2灭，再重复上述过程。

2）按一下停止按钮，系统在当前的自动送料装车过程完成后停止工作。系统停止工作后，指示灯都熄灭。

3）系统工作过程中突然断电，则恢复供电后，就接着断电前的工作继续。

说明：在自动送料装车系统中，指示灯工作电压为DC 24V，而电动机和料斗的工作电压为AC 220V。

用PLC实现以上控制要求。具体任务如下：

1）列出PLC自动送料装车系统控制要求的I/O地址分配表。

2）画出实现自动送料装车系统控制要求的PLC电气控制原理图。

3）编写用PLC实现自动送料装车系统控制要求的梯形图程序。

4）用PLC实验箱模拟自动送料装车系统的控制过程，完成程序调试使其达到预定要求。

评价反思

项目	评价内容		分值	学生自评	小组互评	教师评分
实践操作过程评价（50%）	安全文明操作（20%）	按要求穿着工作服、电工鞋	2			
		工具摆放整齐	2			
		完成任务后及时清理工位	2			
		不乱丢杂物	2			
		不带电进行电路连接	3			
		不擅自连接或改接设备线路	3			
		未发生触电事故	3			
		未造成设备或元器件损坏	3			
	工作程序规范（15%）	操作先后顺序安排恰当	3			
		操作过程规范	2			
		操作程序合理	3			
		操作技能娴熟	4			
		工具使用规范	3			
	个人职业素养（15%）	操作时不大声喧哗	2			
		不做与工作无关的事	2			
		遵守操作纪律	2			
		仪表仪态端正	1			
		工作态度积极	2			
		注重交流和沟通	2			
		能够注重协作互助	2			
		创新意识强	2			

（续）

项目	评价内容		分值	学生自评	小组互评	教师评分
实践操作成果评价（50%）	PLC I/O地址分配（4%）	能正确确定所需要的I/O点数	2			
		能将I/O信号进行正确的分组	1			
		能列出正确的I/O地址分配表	1			
	电气控制原理图的绘制（4%）	元器件采用国家统一标准规定的符号	1			
		对电气控制原理图进行正确布局	0.5			
		电气控制原理图原理正确	2			
		电气控制原理图清晰易读	0.5			
	PLC外部电路的连接（4%）	PLC外部电路连接正确	2			
		PLC外部电路连接符合工艺要求	1			
		PLC外部电路连接方法正确	0.5			
		PLC外部电路的连线分布合理、美观	0.5			
	PLC外部电路的检测测试（4%）	会观察电路连接是否满足工艺要求	1			
		能正确进行通电前的检测	1			
		能正确进行电路的可靠性检测	1			
		电路的检测过程正确	1			
	PLC程序的编写（12%）	编写的梯形图程序能达到控制要求	5			
		会熟练使用编程软件输入程序	3			
		编制的程序简洁、符合编程规则	3			
		编写程序速度快	1			
	用PLC实验箱模拟控制过程的调试（14%）	调试方法正确	3			
		调试步骤合理	3			
		调试过程中考虑到了高效性和安全性	2			
		能解决调试过程中出现的问题	3			
		调试过程的记录清晰、全面	3			
	总结（8%）	能及时完成总结的各项内容	4			
		总结的内容正确、丰富	2			
		总结有独到的见解	2			

项目十 机械手搬运系统的PLC控制

机械手是机电一体化设备或自动生产系统中常用的装置，常用来搬运物料或代替人工完成某些操作，在工业生产中发挥着不可替代的作用。通过本项目的学习，学会如何用PLC实现机械手自动搬运的控制过程。

任务一　机械手自动搬运过程的PLC控制

工作任务

根据机械手的结构和控制要求完成以下任务：

1. 列出PLC实现机械手自动搬运工件控制要求的I/O地址分配表。
2. 画出实现机械手自动搬运工件控制要求的PLC电气控制原理图。
3. 编写用PLC实现自动搬运工件控制要求的梯形图程序。
4. 完成程序调试，达到预定要求。

控制要求：若机械手在原点位置，按下起动按钮SB1，机械手下降，下降到下限位后，机械手夹紧，夹紧0.3s后，机械手上升，上升到上限位后机械手前伸，前伸到前限位后机械手下降，下降到下限位后机械手松开，松开后机械手上升，上升到上限位后机械手缩回，缩回到后限位后机械手重复上述动作，将下一工件再从A位置搬运至B位置，机械手搬运工件的动作过程如图10-1-1所示。按下停止按钮，机械手在完成当前的搬运过程并回到原点后停止。

若机械手不在原点，即使按下起动按钮SB1，机械手也不动作。指示灯HL1用来指示机械手是否在原点，只要机械手回到原点，HL1就亮，否则HL1熄灭。

机械手的原点位置为：机械手在上限位和后限位。

机械手的结构示意图如图10-1-2所示，机械手各方向的动作均通过双向电磁阀控制气缸动作来完成。

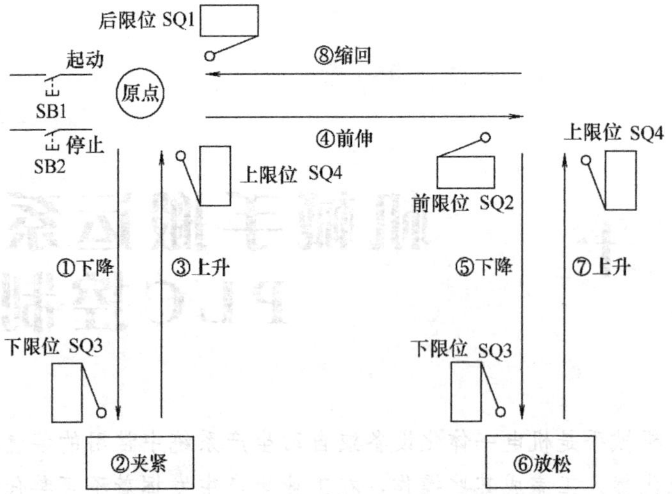

图 10-1-1 机械手搬运工件的动作过程

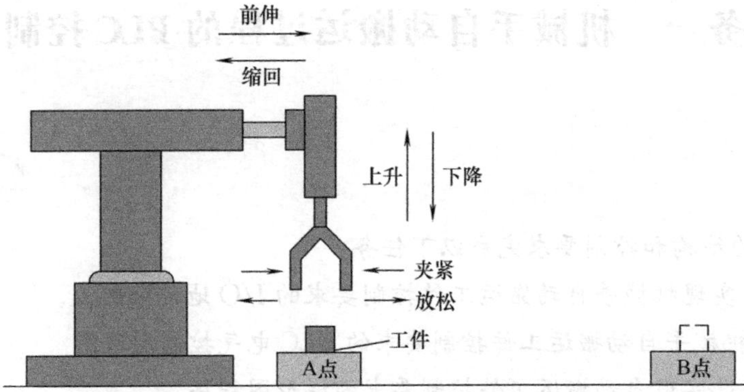

图 10-1-2 机械手的结构示意图

相关知识

1. 机械手搬运过程的特点

机械手搬运过程是一个不断重复的过程，机械手的每个动作都有固定的顺序，每个动作结束或开始都有一定的条件，针对这一特点，这里要用一种新的编程方法：顺序控制设计法。

2. 顺序控制设计法与顺序功能图（SFC）的定义

1）顺序控制：就是按照生产工艺预先规定的顺序，在各个输入信号的作用下，根据内部状态或时间的顺序，使生产过程中各个执行机构自动而有序地进行工作。

2）顺序功能图（SFC）：是一种新颖的、按照工艺流程图进行编程的图形编程语言。

3）顺序控制设计法：根据系统的工作过程，画出顺序功能图，然后根据顺序功能图

(SFC) 画出梯形图。

3. 顺序功能图 (SFC) 的组成要素

(1) 步与动作

当系统正工作于某一步时，该步处于活动状态，称为“活动步”。处于活动状态时，相应的动作为允许执行；处于不活动状态时，相应的非保持型动作被停止执行。

每一个顺序功能图至少应有一个初始步，它对应于系统等待起动的初始状态。(一般要用特殊辅助继电器 M8002 来转换。)

(2) 有向连线、转换和转换条件

有向连线上无箭头标注时，其进展方向是从上到下、从左到右。若不是上述方向，应在有向连线上标注箭头。

转换用与有向连线垂直的短画线来表示，步与步之间用转换隔开，转换与转换之间用步隔开。转换条件写在表示转换的短画线旁边。

(3) 步成为活动步同时具备的两个条件

前级步必须是活动步，并且满足对应的转换条件。

4. 顺序控制设计法的基本步骤

(1) 划分步

控制系统中某一执行装置在某一段时间相对不变的一个动作或者几个动作称为状态。按状态的不同，将控制系统划分为若干控制任务，每一个控制任务称为 PLC 程序中的一步。

(2) 确定转换条件

转换条件是系统从当前步进入下一步的条件，即从一个动作转换为另一个动作的条件。

(3) 绘制顺序功能图 (SFC)

根据以上分析可画出描述系统工作过程的顺序功能图 (SFC)。画顺序功能图时，先画初始步，再按各工作步的顺序画转移条件、步和步内所需要驱动的输出，一个步画完再画下一个步。

每一步都用一个软元件状态继电器 (S) 来表示。FX_{2N} 系列 PLC 的状态继电器中共有 900 点状态 (S0～S899)，可用于构成顺序功能图，其中 S0～S9 用作初始状态，S10～S19 用作回原点状态，S20～S499 用作通用工作状态，S500～S899 用作断电保持型工作状态。

注：① 在顺序功能图中，不同的状态可以输出同一个双线圈，但是同一状态内或状态内与状态外不能有双线圈输出。
② 在顺序功能图中，同一分支的不相邻状态可以重复使用同一个定时器。

(4) 绘制步进梯形图

步进梯形图程序可以由顺序功能图转换而来，该梯形图采用步进梯形图指令来绘制。

5. 顺序功能图的基本结构

顺序功能图根据具体的控制过程有单流程结构、选择性分支结构和并行分支结构。

（1）单流程结构

当工作过程是一个简单的顺序动作过程时，只用单流程结构的顺序功能图就足够了。图 10-1-3 所示小车的工作过程的顺序功能图如图 10-1-4 所示。

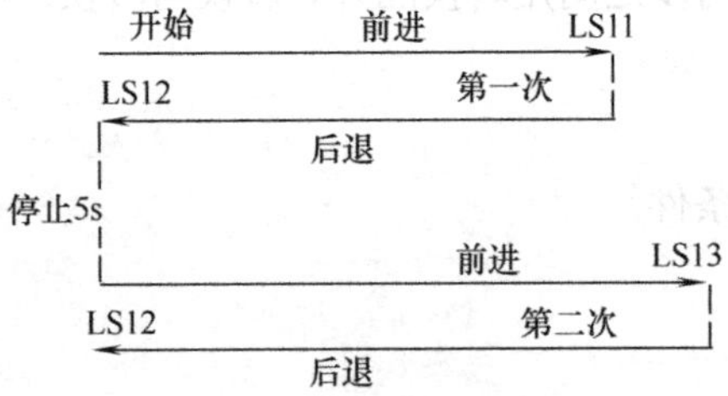

图 10-1-3　小车的工作过程

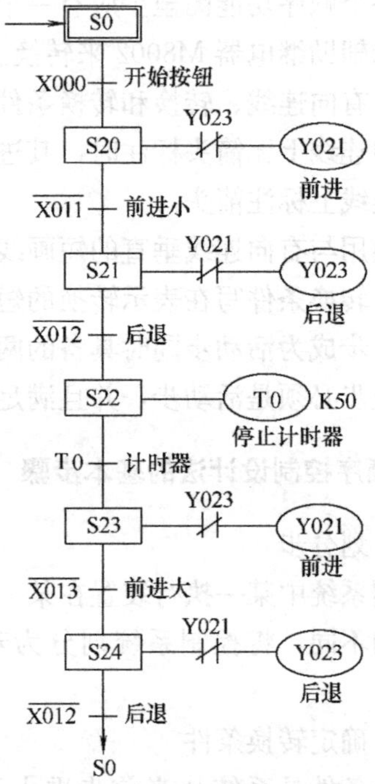

图 10-1-4　单流程结构顺序功能图

（2）选择性分支结构

当工作过程需要根据当时条件的不同进行调整时，要用选择性分支结构，选择性分支结构顺序功能图如图 10-1-5 所示。选择性分支在分流处的转换条件不能相同，并且转换的条件都应位于各分支中；在合流处，转换的条件也应该是在各分支中，但转换的条件可以相同。

（3）并行分支结构

当要求有几个工作流程同时进行时，要用并行分支结构。并行分支结构顺序功能图如图 10-1-6 所示。

在并行分支结构中，分流处转换的条件一定是在分支之前，分支后的每一个状态前不能再有转换条件；在合流处转换的条件应该完全相同，并且不能放在分支中。

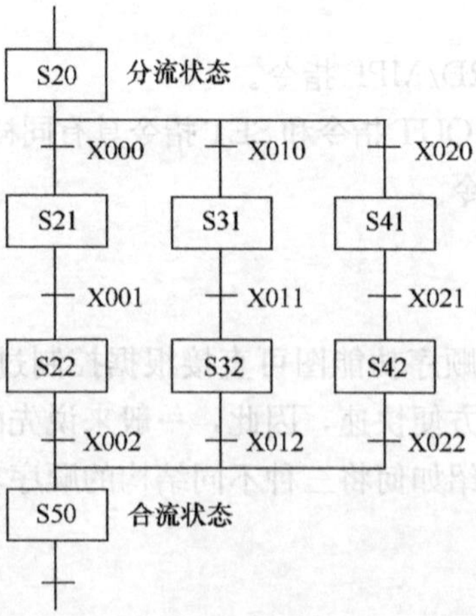

图 10-1-5　选择性分支结构顺序功能图

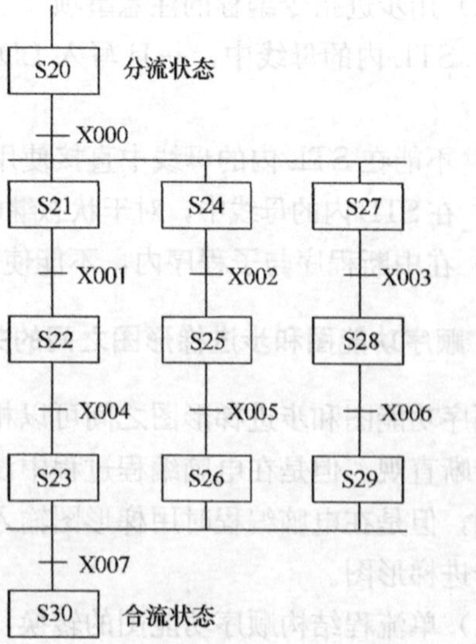

图 10-1-6　并行分支结构顺序功能图

6. 画顺序功能图（SFC）的注意事项

1）两个步绝对不能直接相连，必须用一个转换条件将它们隔开。

2）两个转换也不能直接相连，必须用一个步将它们隔开。

3）顺序功能图中的初始步不能少。

4）在连续循环工作方式时，应从最后一步返回下一个工作周期开始运行的第一步。

5）无论是选择性分支结构还是并行分支结构，每次的分支数量不能超过八条，总计不超过 16 条。

7. 步进梯形图指令

步进梯形图指令只有两条指令，一条为步进梯形图开始指令 STL，另一条为步进梯形图返回指令 RET；步进梯形图开始指令 STL 是利用内部软元件状态继电器（S），在顺序控制程序上面进行工序步开始的指令。步进梯形图返回指令 RET 是表示状态继电器（S）流程的结束，用于返回主程序母线的指令。

（1）指令助记符和功能

步进梯形图指令的助记符和功能见表 10-1-1。

表 10-1-1　步进梯形图指令与功能表

助记符、名称	功　能	回路表示和可用软元件	程序步
步进梯形图开始指令 STL	步进梯形图开始	[STL S20]	1
步进梯形图返回指令 RET	步进梯形图结束	[RET]	1

（2）用步进指令编程的注意事项

1）STL内的母线中，一旦写入LD或LDI指令后，对不需要触点的指令就不能再编程。

2）不能在STL内的母线中直接使用MPS/MRD/MPP指令。

3）在STL内的母线中，对于状态继电器（S），OUT指令和SET指令具有同样的功能。

4）在中断程序与子程序内，不能使用STL指令。

8. 顺序功能图和步进梯形图之间的关系

顺序功能图和步进梯形图之间可以相互转换，顺序功能图可直接根据控制过程画出，并且清晰直观，但是在电脑编程过程中没有梯形图方便快速，因此，一般来说先画出顺序功能图，但是在电脑编程时用梯形图输入。下面介绍如何将三种不同结构的顺序功能图转换成步进梯形图。

（1）单流程结构顺序功能图的转换

图10-1-7所示是单流程结构的顺序功能图，将其用步进梯形图来表示，如图10-1-8所示。两个图对比即可总结出单流程结构顺序功能图如何转换成步进梯形图程序。该内容请同学们自己完成。

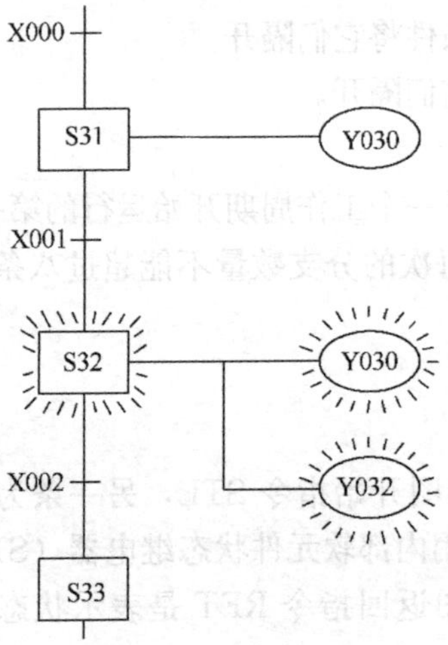

图10-1-7　单流程结构的顺序功能图

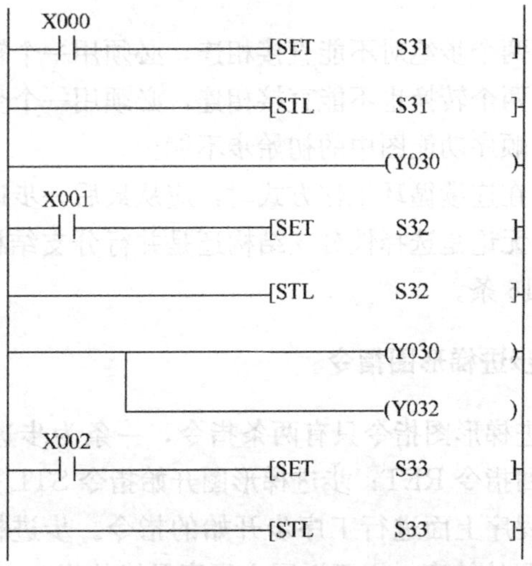

图10-1-8　对应的步进梯形图

（2）选择性分支结构分流处的转换

图10-1-9所示选择性分支分流处的顺序功能图转换成步进梯形图后如图10-1-10所示，各分支用STL指令开始独立转换，转换方法和单流程结构完全相同。

（3）选择性分支结构汇合处的转换

图10-1-11所示选择性分支汇合处的顺序功能图转换成步进梯形图后如图10-1-12所示，各选择性分支分别转移到汇合后的状态，所有的转移结束后再开始汇合状态的梯的编写。

（4）并行分支结构分流处的转换

图10-1-13所示并行分支分流处的顺序功能图转换成步进梯形图后如图10-1-14所示，

各分支用 STL 指令开始独立转换，转换方法和单流程结构完全相同。

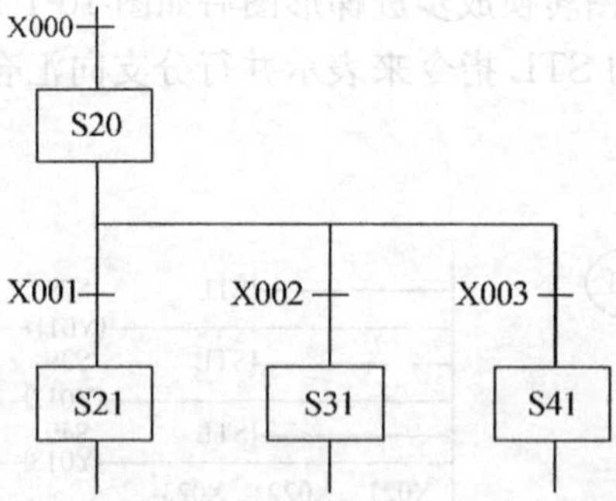

图 10-1-9 选择性分支分流处的顺序功能图

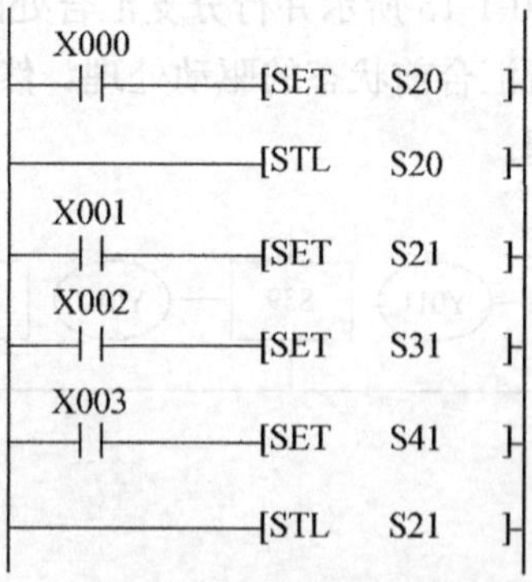

图 10-1-10 图 10-1-9 对应的步进梯形图

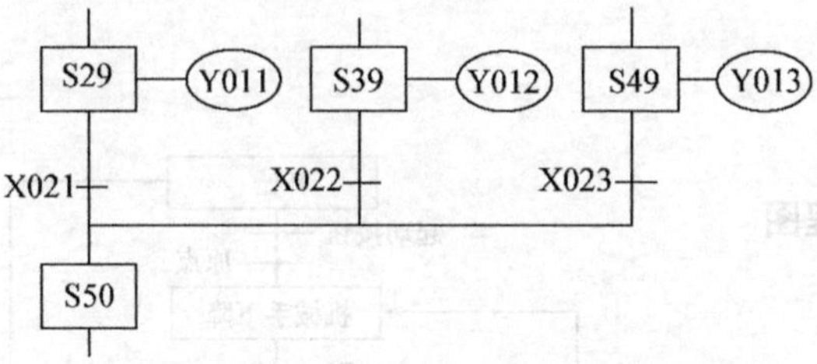

图 10-1-11 选择性分支汇合处的顺序功能图

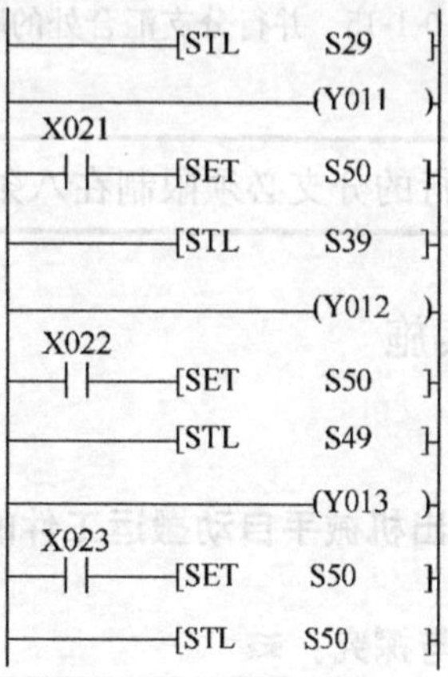

图 10-1-12 图 10-1-11 对应的步进梯形图

注：① 各选择性分支列不能相互交叉。
② 分支列和汇合列也不能交叉。

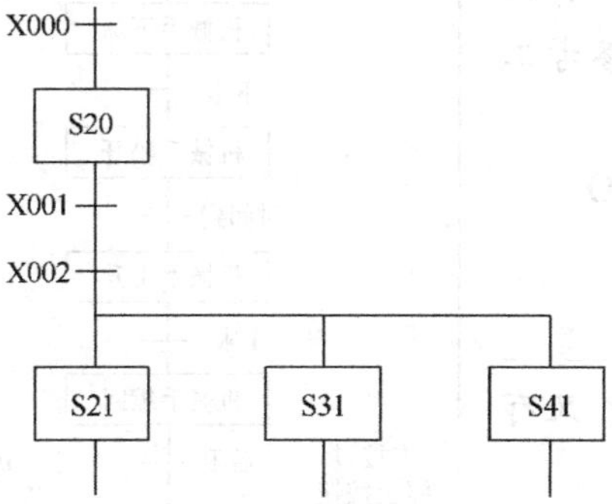

图 10-1-13 并行分支分流处的顺序功能图

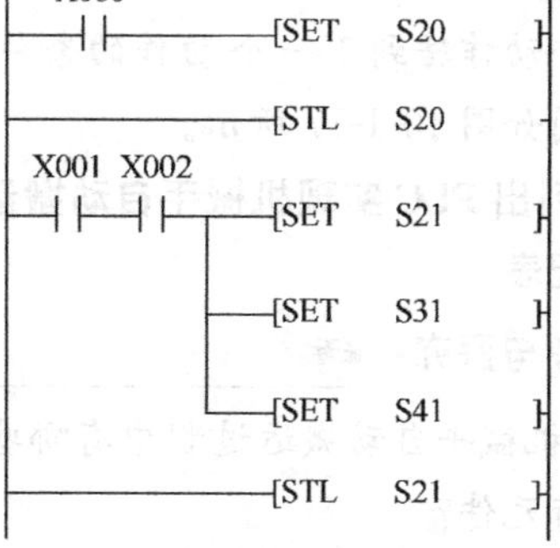

图 10-1-14 图 10-1-13 对应的步进梯形图

(5) 并行分支结构汇合处的转换

图 10-1-15 所示并行分支汇合处的顺序功能图转换成步进梯形图后如图 10-1-16 所示，首先进行汇合前状态的驱动处理，然后用连续的 STL 指令来表示并行分支向汇合状态的转移处理。

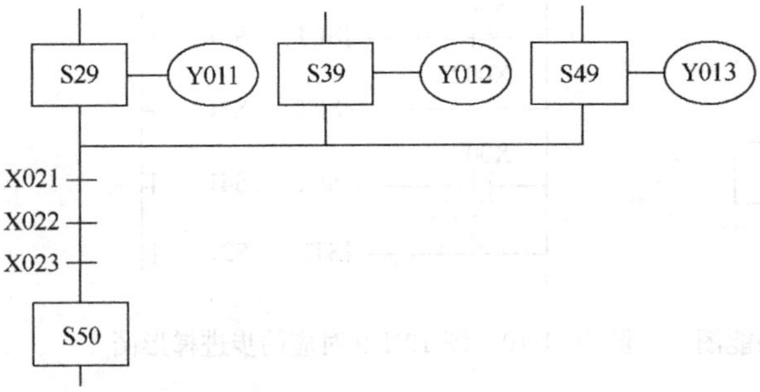

图 10-1-15 并行分支汇合处的顺序功能图

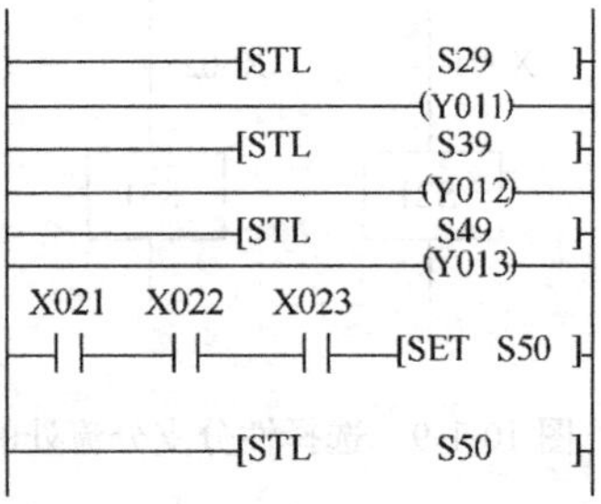

图 10-1-16 图 10-1-15 对应的步进梯形图

注：并行的分支必须限制在八条以下。

任务实施

1. 画出机械手自动搬运工件的工作流程图

思考与探究：

1）工作流程图应包括哪些内容？

2）工作流程图应根据什么来确定？

参考方案：

工作流程图就是把工作过程简单清晰地表示出来的图，因此机械手自动搬运工件的工作流程图就是把机械手自动搬运的每一个动作按先后顺序排列，并注明前一个动作转到下一个动作的条件。画出的参考工作流程图如图 10-1-17 所示。

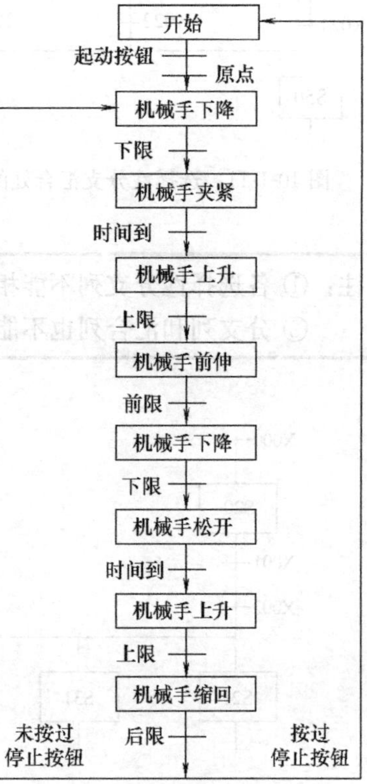

图 10-1-17 机械手自动搬运工件的工作流程图

2. 列出 PLC 实现机械手自动搬运控制的 I/O 地址分配表

思考与探究：

1）机械手自动搬运过程中有哪些控制信号？又有哪些执行元件？

2）仔细阅读工作任务中的控制要求和图 10-1-1 所示的搬运过程示意图，对照工作流程图，说明需要多少个输入点，多少个输出点。

参考方案：☞

根据PLC要实现机械手自动搬运过程的工作流程图，可以知道机械手自动搬运工件的控制过程有两个按钮和四个限位开关，需要控制机械手的六个不同的动作。因此需要六个输入点和七个输出点。列出的参考I/O地址分配表见表10-1-2。

表10-1-2 实现机械手自动搬运控制的I/O地址分配表

输入			输出		
序号	说明	地址编号	序号	说明	地址编号
1	起动按钮SB1	X0	1	机械手上升	Y0
2	停止按钮SB2	X1	2	机械手下降	Y1
3	前限位SQ1	X2	3	机械手夹紧	Y2
4	后限位SQ2	X3	4	机械手松开	Y3
5	上限位SQ4	X4	5	机械手前伸	Y4
6	下限位SQ3	X5	6	机械手缩回	Y5
			7	原点指示灯	Y6

3. 画出PLC实现机械手自动搬运控制的电气控制原理图

思考与探究：☞

电磁阀的图形符号和文字符号是怎样的？

参考方案：☞

根据表10-1-2所示的I/O地址分配表，画出的参考PLC电气控制原理图如图10-1-18所示。

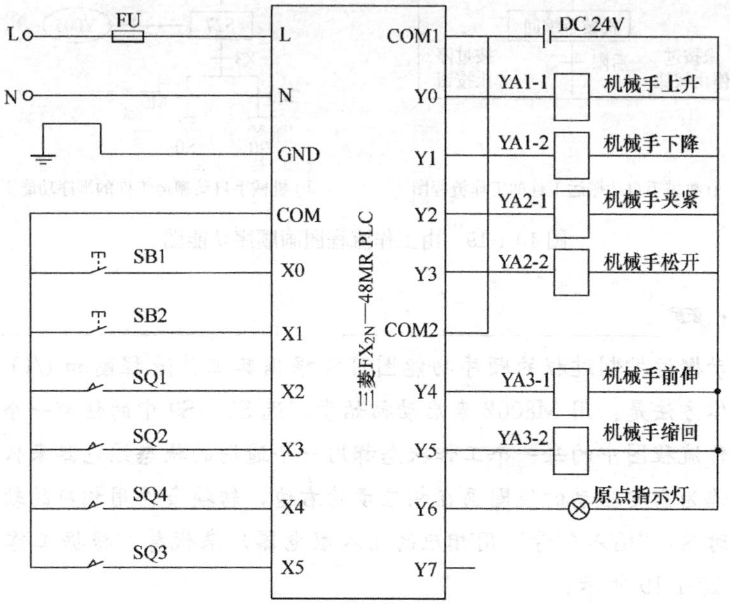

图10-1-18 电气控制原理图

4. 画出PLC实现机械手自动搬运工件控制的顺序功能图（SFC）

思考与探究： ☞

1）仔细阅读控制要求，说明机械手自动搬运工件的过程有什么特点。

2）PLC编程有哪几种方法？机械手自动搬运工件的控制选用哪种编程方法较好？

3）顺序功能图有哪些组成要素？

4）画顺序功能图应注意些什么？

5）比较图10-1-19所示的工作流程图和顺序功能图，说明两者之间的关系。

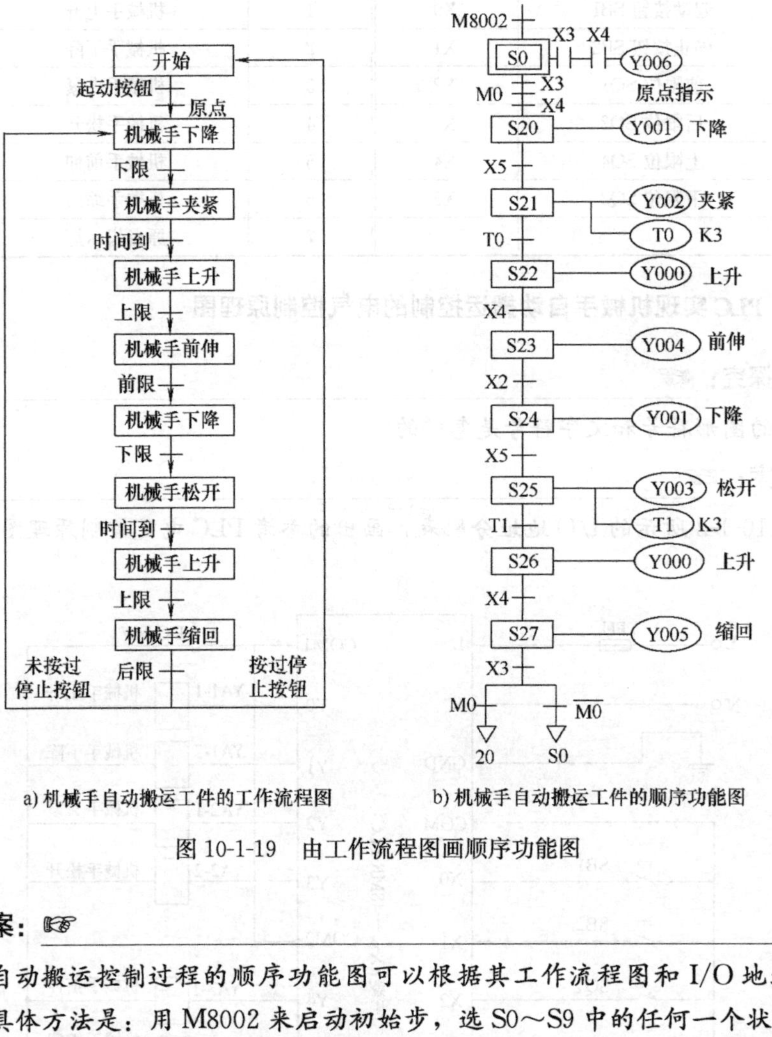

a) 机械手自动搬运工件的工作流程图　　b) 机械手自动搬运工件的顺序功能图

图10-1-19　由工作流程图画顺序功能图

参考方案： ☞

机械手自动搬运控制过程的顺序功能图可以根据其工作流程图和I/O地址分配表画出，参考的具体方法是：用M8002来启动初始步，选S0～S9中的任何一个状态继电器作为初始步，工作流程图中的每一个工作状态都用一个通用的状态继电器来代替，每个工作状态中的动作作为需要驱动的线圈画在相应步的右边，转换条件用相应的软元件（“定时时间到”用定时器，“输入信号”用相应的输入继电器）来代替。根据工作流程图画出顺序功能图如图10-1-19所示。

说明：“是否按过停止按钮”的条件是需要有记忆功能的，也就是如果按了一下停止按钮，那就要把这一操作记住，可以选用辅助继电器来完成这一功能。图 10-1-18 中选用辅助继电器 M0 来记忆起动的状态，当按一下起动按钮就让 M0 得电并保持，按一下停止按钮，则让 M0 失电。转移条件中的“M0”是 M0 的常开触点，而“$\overline{M0}$”是 M0 的常闭触点。

5. 编写 PLC 实现机械手自动搬运工件控制过程的梯形图程序

思考与探究：☞

1）步进编程指令有哪几条指令？

2）如何将顺序功能图转换为步进梯形图？

参考方案：☞

根据控制要求，需要用 SB1 起动工作过程，用 SB2 停止工作过程，而整个工作过程都包含在顺序功能图中，所以只需要编写一个起停控制电路，并且可以用传统的起保停梯，至于停止的特殊要求在顺序功能图中已经体现。而其他的程序部分可直接由顺序功能图转换而来。参考的梯形图程序如图 10-1-20 所示。

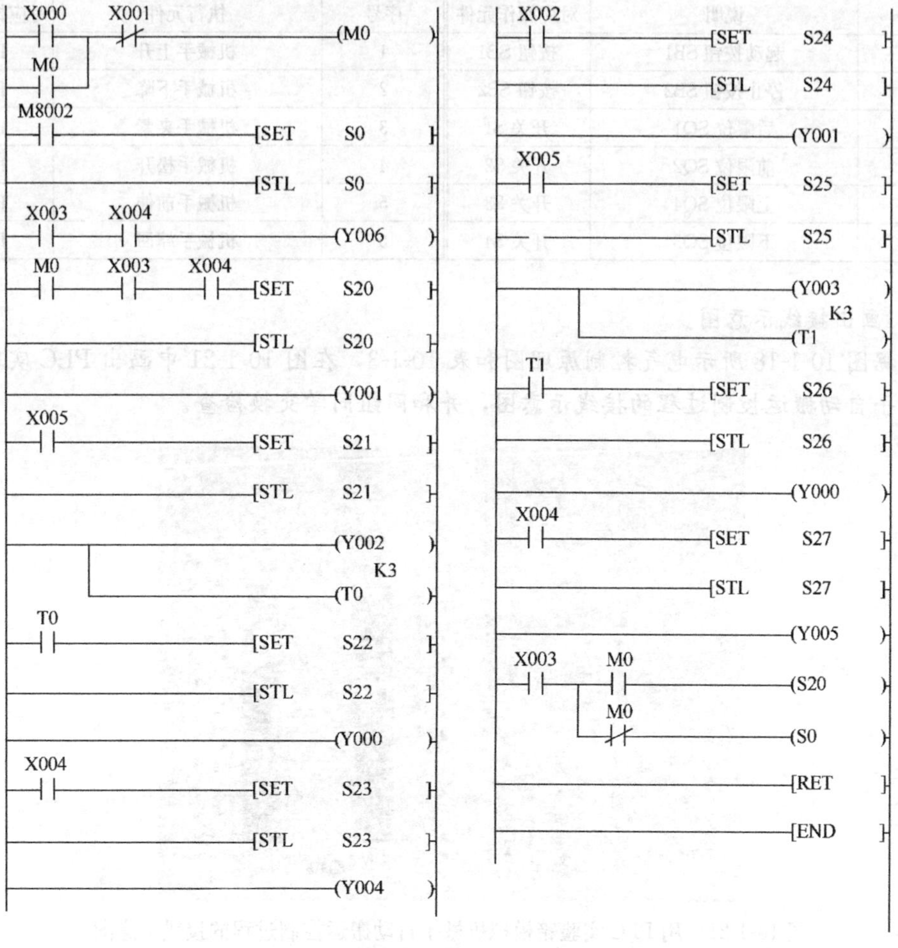

图 10-1-20　PLC 实现机械手自动搬运工件控制过程的梯形图程序

6. 用 PLC 实验箱模拟调试

思考与探究：

1）模拟调试时，工作流程图可以起什么作用？

2）写出用 PLC 实验箱模拟机械手自动搬运工件的调试步骤。

3）用开关模拟限位开关应注意什么？

参考方案：

在 PLC 实验箱上模拟机械手自动搬运工件控制过程的调试，可参考以下步骤来完成。

1）列出代替机械手自动搬运工件系统的元件。

在用实验箱模拟机械手自动搬运工件控制过程前，要先确定好机械手的各控制元件和执行元件用什么模拟，因此可以先列出机械手自动搬运工件的各控制元件、执行元件和实验箱上各元件的对应关系。参考的对应关系见表 10-1-3。

表 10-1-3　实验箱的操作元件与机械手自动搬运系统中各元件的对应关系

输入			输出		
序号	说明	对应操作元件	序号	执行元件	对应指示元件
1	起动按钮 SB1	按钮 SB1	1	机械手上升	HL1
2	停止按钮 SB2	按钮 SB2	2	机械手下降	HL2
3	后限位 SQ1	开关 S1	3	机械手夹紧	HL3
4	前限位 SQ2	开关 S2	4	机械手松开	HL4
5	上限位 SQ4	开关 S3	5	机械手前伸	HL5
6	下限位 SQ3	开关 S4	6	机械手缩回	HL6

2）画出接线示意图。

根据图 10-1-18 所示电气控制原理图和表 10-1-3，在图 10-1-21 中画出 PLC 实验箱模拟机械手自动搬运控制过程的接线示意图，并和同组同学交换检查。

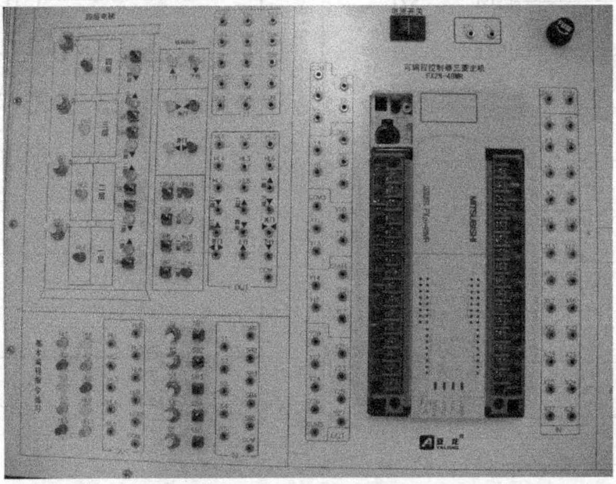

图 10-1-21　用 PLC 实验箱模拟机械手自动搬运控制过程的接线示意图

3）接线示意图正确无误后，按图进行电路连接，并和同组同学互查。

4）编写PLC程序，并下载到PLC。

5）按以下操作步骤进行调试：

注：开关S1和开关S2不能同时接通，开关S3和开关S4也不能同时接通。

① 将PLC置于运行状态。

② 接通表示后限位的开关S1和表示上限位的开关S3，断开表示前限位的开关S2和表示下限位的开关S4，能观察到指示灯HL1亮。

③ 在开关S1、S2都断开、只断开S1或只断开S2三种情况下（机械手不在原点），指示灯HL1不亮；在这三种情况下分别按一下起动按钮，机械手也不动作。

④ 在指示灯HL1亮的情况下（表示机械手在原点），按一下起动按钮SB1，则表示机械手下降的指示灯HL2亮，此时断开开关S3，接通开关S4（表示已到下限位），则指示灯HL2熄灭，表示夹紧的指示灯HL3亮，亮0.3s（表示机械手已夹紧）后自动熄灭，同时表示机械手上升的指示灯HL1亮，再断开开关S4。

⑤ 再接通开关S3（表示上升到位），则指示灯HL5亮（表示机械手前伸），断开S1（表示离开后限位），然后再接通S2（表示前伸到位），此时指示灯HL5熄灭，指示灯HL2亮（表示机械手下降），断开S3（表示离开上限位），然后再接通开关S4，则指示灯HL2熄灭，指示灯HL4亮（表示机械手松开），过0.3s后，指示灯HL4熄灭，指示灯HL1亮（表示机械手上升），断开开关S4（表示机械手离开下限位），接通开关S3（表示机械手上升到位），指示灯HL1熄灭，指示灯HL6亮，断开开关S1（表示机械手离开后限位），然后接通开关S2（表示机械手到达前限位），此时按按下起动按钮后的过程重复。

⑥ 在任何时候按下停止按钮SB2，则只有当完成了步骤④和步骤⑤的过程，机械手回到原点后，机械手才停止。

如果以上现象都正常，则说明控制过程正确；如有现象不符，则说明设备或程序有问题，需要进行修改，请将相关内容记录在表10-1-4中。

表10-1-4 调试记录表

序号	问题现象	原 因	解决方法

总结提高

1. 如果在调试过程中出现：按下起动按钮SB1后，指示灯HL2不亮，则可能是什么原因造成的？

2. 你认为完成本次工作任务最大的收获是什么？

3. 你认为完成本次工作任务的关键是什么？

4. 你认为完成本次工作任务的最佳步骤应该是怎样的？

5. 仔细读图10-1-22所示的梯形图程序（其I/O地址的含义和表10-1-2所示完全一样），并和图10-1-20所示的梯形图程序比较，说明图10-1-22所示梯形图程序的功能。

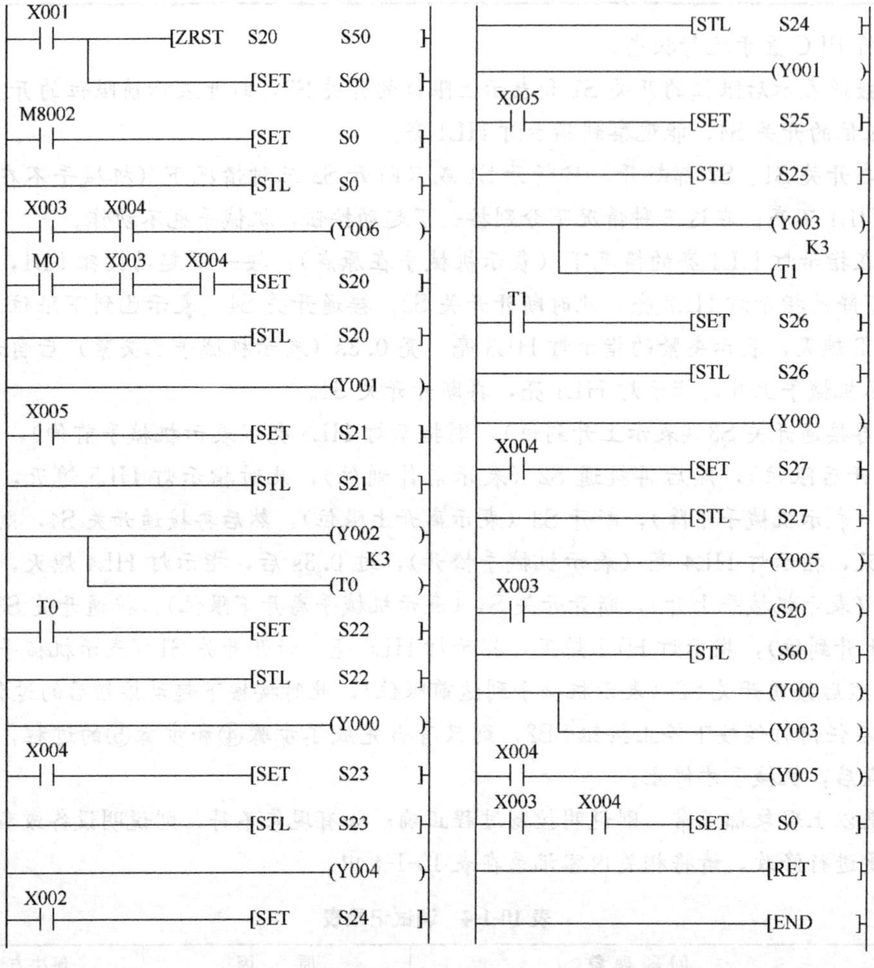

图 10-1-22

6. 比较以下工作任务和已完成的工作任务有什么异同，并根据机械手的结构和控制要求完成以下任务：

1）列出PLC实现机械手自动搬运工件控制要求的I/O地址分配表。

2）画出实现机械手自动搬运工件控制要求的PLC电气控制原理图。

3）编写用PLC实现自动搬运工件控制要求的梯形图程序。

4）完成程序调试，达到预定要求。

控制要求：若机械手在原点位置，按下起动按钮SB1，机械手下降，下降到下限位后，机械手夹紧，夹紧0.3s后，机械手上升，上升到上限位后机械手前伸，前伸到前限位后机械手下降，下降到下限位后机械手松开，松开后机械手上升，上升到上限位后机械手缩回，缩回到后限位后机械手重复上述动作，将下一工件再从A位置搬运至B位置，搬运过程的示意图如图10-1-1所示。按下停止按钮，机械手立刻停止当前工作，并自动回到原点后停止。

若机械手不在原点，即使按下起动按钮SB1，机械手也不动作，同时用指示灯HL1来指示机械手是否在原点，只要机械手回到原点HL1就亮，否则HL1熄灭。

机械手原点位置为：机械手在上限位和后限位。

任务二　有多种工作方式的机械手搬运系统的PLC控制

工作任务

根据机械手的结构和控制要求完成以下任务：

1. 列出PLC实现机械手自动搬运工件控制要求的I/O地址分配表。
2. 画出实现机械手自动搬运工件控制要求的PLC电气控制原理图。
3. 编写用PLC实现自动搬运工件控制要求的梯形图程序。
4. 完成程序调试，达到预定要求。

控制要求：

1）系统具有手动、连续、单步运行、单周期运行和回原点五种不同的运行方式，方式的选择由多档位转换开关实现，并分别由HL1、HL2、HL3、HL4、HL5常亮来指示。

2）机械手在原点位置才能起动连续运行、单步运行和单周期运行等，原点位置在机械手后上角。

3）手动操作方式要求：按相应按钮后机械手能手动完成夹紧、放松、上升、下降、前伸和缩回等动作。

4）连续运行方式要求：按起动按钮后机械手按图10-1-1所示的动作过程自动连续工作，直到按下停止按钮后，机械手完成当前搬运过程并回到原点后停止。

5）回原点运行方式要求：按回原点按钮后机械手按松开、上升、缩回的动作顺序自动回归原点。

6）单周期运行方式要求：按起动按钮后机械手按连续运行方式的动作过程要求运行完一个周期后自动停止。

7）单步运行方式要求：每按一次起动按钮，机械手按连续运行方式的顺序完成一个动作。

8）各种工作方式的转换只有在系统停止的情况下才能实现。

注：机械手的结构示意图如图10-1-2所示，机械手各方向的动作均通过额定电压为24V的双向电磁阀控制气缸动作来完成。

任务实施

1. 画出多种工作方式的机械手搬运系统的工作流程图

思考与探究：☞

1）多档位转换开关有什么特点？

2）如何用工作流程图来表示多种工作方式？是不是每种工作方式都要有一个分支？

3）多种工作方式的机械手搬运系统的工作流程和本项目任务一中的机械手自动搬运过程的工作流程有什么异同？

参考方案：☞

该工作任务要求实现的控制要求和任务一的控制要求比较，机械手搬运工件的工作过程完全相同，只是在开始的时候要根据选择的工作方式来进行不同的工作，因此可以在前面的工作流程图的基础上进行修改。画出的参考工作流程图如图 10-2-1 所示。

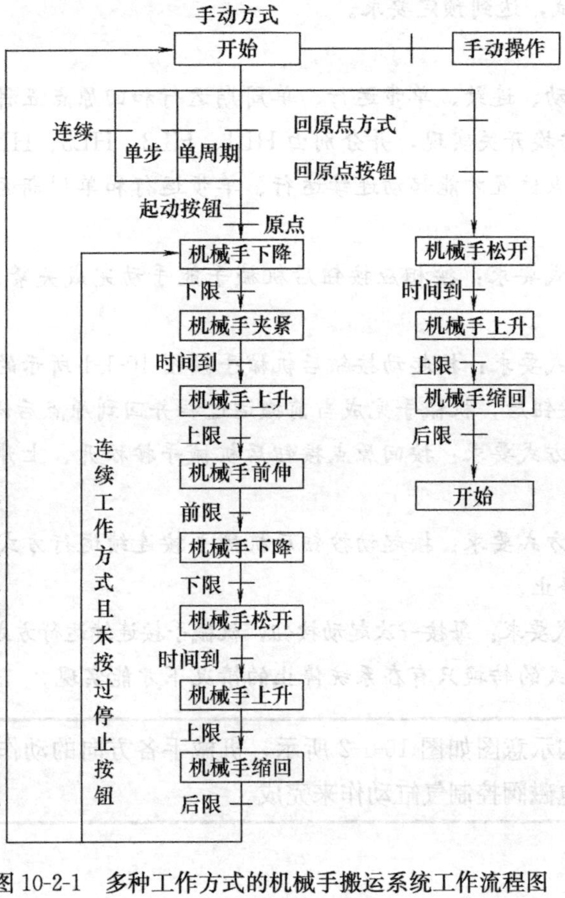

图 10-2-1　多种工作方式的机械手搬运系统工作流程图

2. 列出PLC实现多种工作方式的机械手自动搬运控制的I/O地址分配表

思考与探究：☞

1）多种工作方式的机械手搬运系统的控制信号有哪些？执行元件又有哪些？

2）说明多种工作方式的机械手搬运系统需要多少个输入点，多少个输出点。

参考方案：☞

根据PLC要实现的多种工作方式的机械手搬运系统的控制要求，机械手有五种工作方式，手动工作方式需要六个操作按钮，回原点操作方式需要一个回原点按钮，另外三种工作方式需要一个起动按钮，连续运行方式的停止按钮，还有四个限位开关，因此多种工作方式的机械手搬运系统需要18个输入点；机械手有六种动作，还需要五种工作方式的指示，因此多种工作方式的机械手搬运系统需要11个输出点；由于输出所带负载的工作电压完全相同，因此可以用同一组输出。列出的实现多种工作方式的机械手搬运系统的参考I/O地址分配表见表10-2-1。

表10-2-1 实现多种工作方式的机械手搬运系统控制的I/O地址分配表

输入			输出		
序号	说明	地址编号	序号	说明	地址编号
1	起动按钮SB1	X0	1	机械手上升	Y0
2	停止按钮SB2	X1	2	机械手下降	Y1
3	前限位SQ1	X2	3	机械手夹紧	Y2
4	后限位SQ2	X3	4	机械手松开	Y3
5	上限位SQ4	X4	5	机械手前伸	Y4
6	下限位SQ3	X5	6	机械手缩回	Y5
7	手动方式	X6	7	手动方式指示灯HL1	Y6
8	连续运行方式	X7	8	连续运行方式指示灯HL2	Y7
9	单步运行方式	X10	9	单步运行方式指示灯HL3	Y10
10	单周期方式	X11	10	单周期方式指示灯HL4	Y11
11	回原点方式	X12	11	回原点方式指示灯HL5	Y12
12	手动上升按钮	X13			
13	手动下降按钮	X14			
14	手动前伸按钮	X15			
15	手动缩回按钮	X16			
16	手动夹紧按钮	X17			
17	手动松开按钮	X20			
18	回原点按钮	X21			

3. 画出PLC实现多种工作方式的机械手搬运系统控制的电气控制原理图

思考与探究：☞

1）工作方式指示灯和机械手的动作机构可用同一组输出控制吗？为什么？

2）多档位转换开关的符号是怎样的？

参考方案：☞

根据表10-2-1所示的I/O地址分配表，画出实现多种工作方式的机械手搬运系统控制的PLC电气控制原理图如图10-2-2所示。

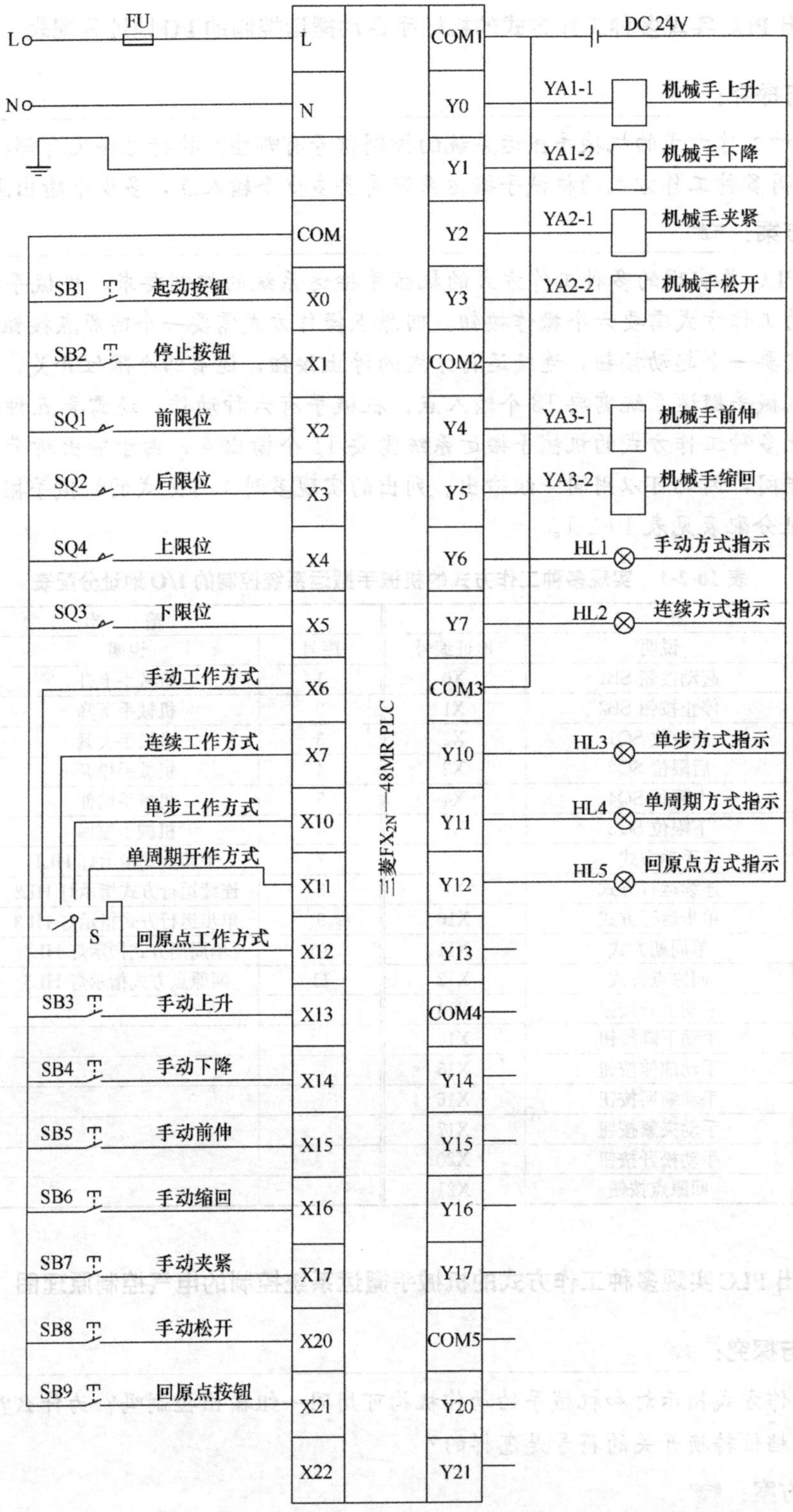

图 10-2-2 多种工作方式的机械手搬运系统控制的 PLC 电气控制原理图

4. 画出 PLC 实现多种工作方式的机械手搬运系统控制的顺序功能图（SFC）

思考与探究：☞

1）工作流程图中的“手动操作”应该用独立的状态还是放在开始的状态里？

2）顺序功能图根据怎样的图来画最简单？

3）比较图 10-2-1 所示的工作流程图和图 10-2-3 所示的顺序功能图，说明两者之间的关系。

4）某一控制过程的顺序功能图是不是唯一的？

5）比较图 10-2-1 和图 10-2-3，说明 M50 常开触点闭合的条件。

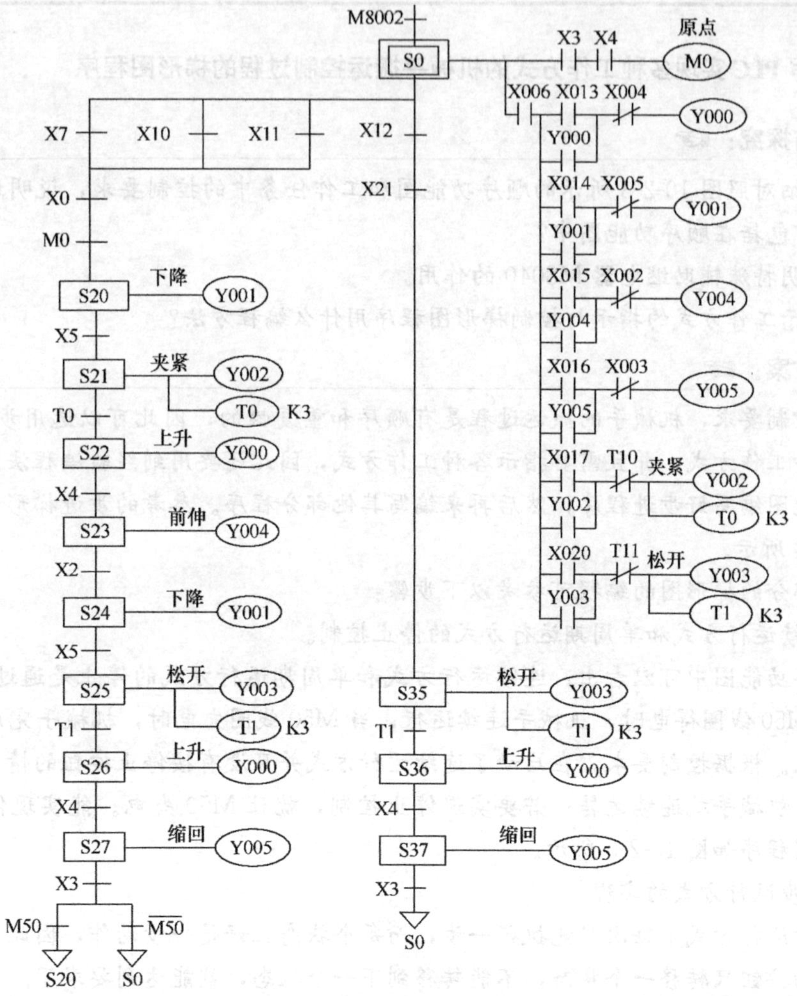

图 10-2-3 多种工作方式的机械手搬运系统控制过程的顺序功能图

参考方案：☞

多种工作方式的机械手搬运系统控制的顺序功能图可以根据其工作流程图和 I/O 地址分配表画出，参考的具体方法是：用 M8002 来启动初始步，选 S0～S9 中的任何一个状态继电器作为初始步，工作流程图中的每一个工作状态都用一个通用的状态继电器来代替，每个工作状态中要执行的动作作为需要驱动的输出画在相应步的右边，转换条件用相应的软元件（“定时时间到”用定时器常开触点，“输入信号”用相应的输入继电器的常开触点，而一些相对比较复杂的条件可以选用辅助继电器）来代替。另外在多种工作方式的机械手搬运系统控制中，要求选择手动工作方式时可通过相应操作按钮让机械手执行各种动作，并且只有在系统停止的状态下选择该方式才有效，因此可以把这一控制要求放到初始状态里。多种工作方式的机械手搬运系统控制的参考顺序功能图如图 10-2-3 所示。

注：对于并非单一流程的控制过程，有些控制流程中的一些指示要求或其他要求一般都用前面用到的经验编程法来实现。

5. 编写 PLC 实现多种工作方式的机械手搬运控制过程的梯形图程序

思考与探究：☞

1）仔细对照图 10-2-3 所示的顺序功能图和工作任务中的控制要求，说明还有哪些控制要求没有包括在顺序功能图中？

2）说明特殊辅助继电器 M8040 的作用。

3）指示工作方式的指示灯控制梯形图程序用什么编程方法？

参考方案：☞

根据控制要求，机械手的搬运过程是有顺序和重复性的，因此可以选用步进编程法，但还有五种工作方式，并且需要指示各种工作方式，因此还要用到经验编程法。可以先根据顺序功能图编写好步进程序，然后再来编写其他部分程序。参考的步进梯形图程序部分如图 10-2-4 所示。

其他部分的梯形图的编程可参考以下步骤：

1）连续运行方式和单周期运行方式的停止控制。

从顺序功能图中可以看出，连续运行方式和单周期运行方式的停止是通过 M50 来实现的。当 M50 线圈得电时，机械手连续运行；当 M50 线圈失电时，机械手完成当前搬运任务后停止。根据控制要求，在启动了连续运行方式并且没有按停止按钮的情况下，M50 保持得电，机械手就连续运转；若要实现停止控制，就让 M50 失电。能实现停止与否的控制梯形图程序如图 10-2-5 所示。

2）单步运行方式的实现。

在单步运行方式下每次只能执行一步，而每个状态正好是一步动作，因此只要实现每按一次起动按钮只转移一个状态，不能转移到下一个状态，就能达到要求了。可见，可以用禁止状态转移的特殊辅助继电器 M8040 来实现。实现单步工作方式的控制梯形图程序如图 10-2-6 所示。

3）各种工作方式的转换条件的实现。

控制要求中要求各种工作方式的转换只有在停止之后才能实现，而在工作过程中即使多档位转换开关的位置发生了变化，还应能保持当前的工作状态继续。手动操作的控制梯

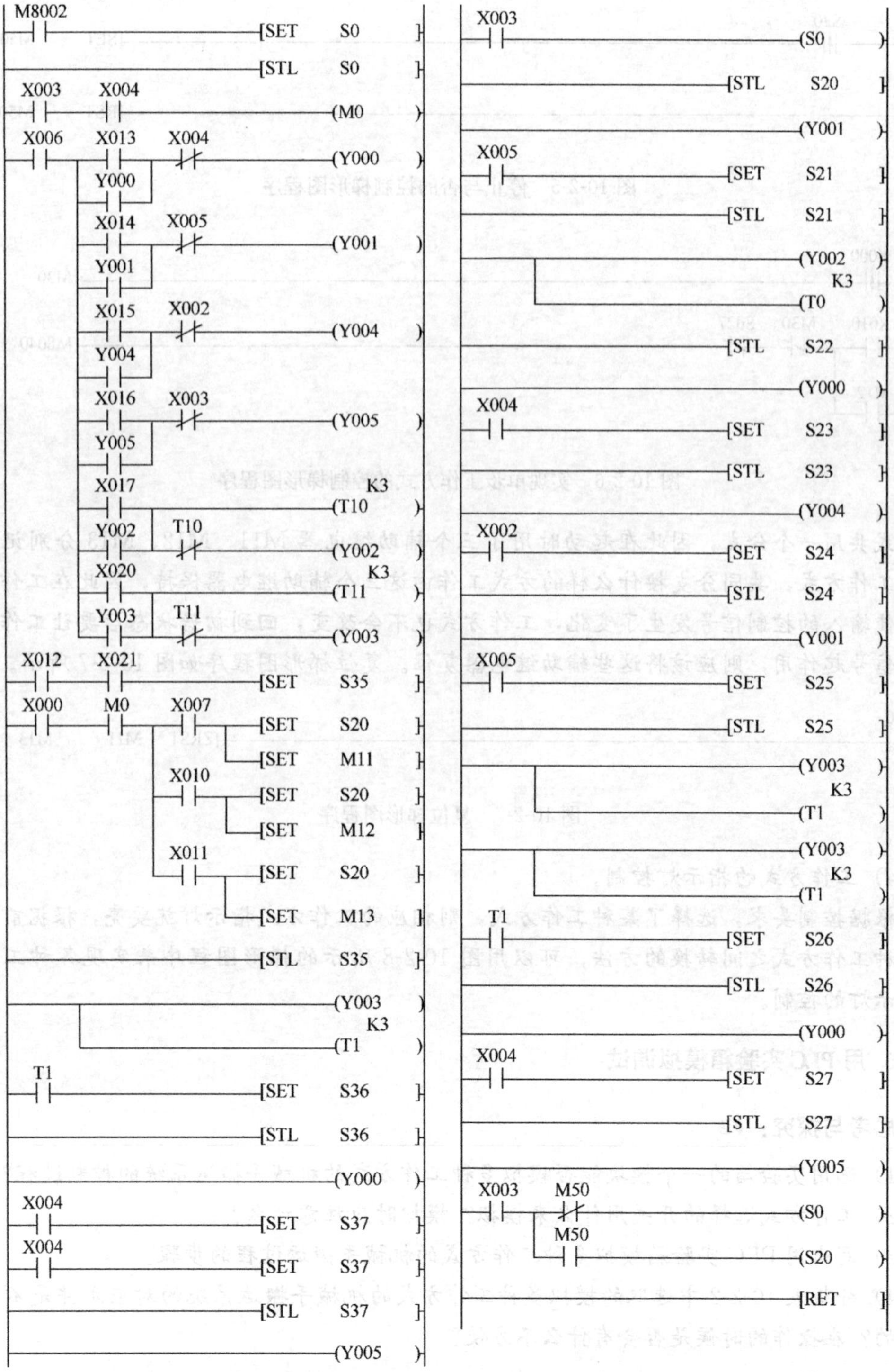

图 10-2-4 PLC 实现机械手自动搬运工件控制过程的步进梯形图程序

就放在初始状态中，只有停止之后才能回到初始状态，而回原点运行方式是一个独立的分支，不回到初始状态就能进行这两种方式的运行；只有连续、单步和单周期运行这三种工

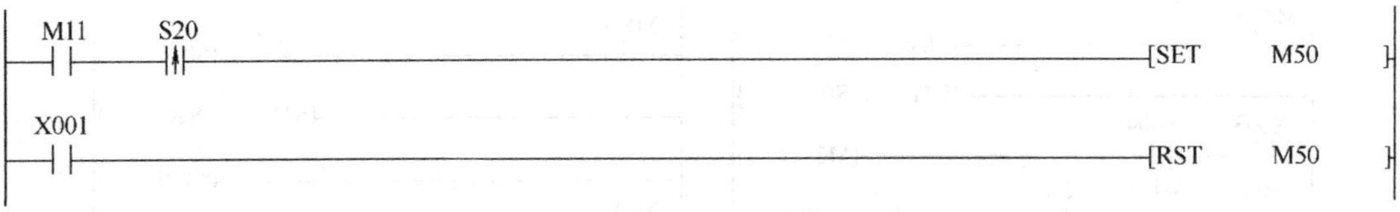

图 10-2-5　停止与否的控制梯形图程序

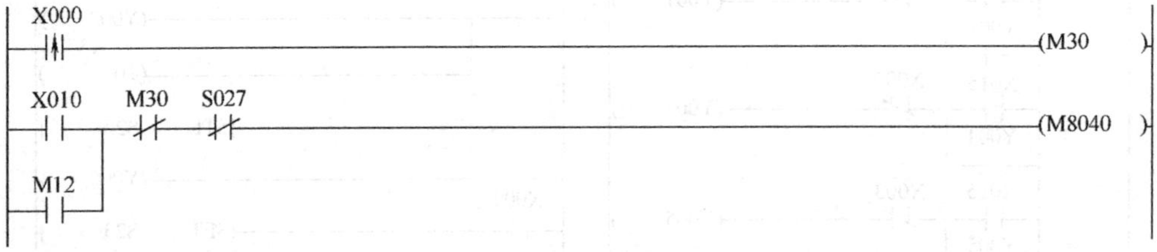

图 10-2-6　实现单步工作方式的控制梯形图程序

作方式共用一个分支，因此在起动时用了三个辅助继电器 M11、M12、M13 分别记住这三种工作方式，共同分支按什么样的方式工作由这三个辅助继电器保持，因此在工作过程中即使输入的控制信号发生了变化，工作方式也不会改变，回到初始状态后要让工作方式选择信号起作用，则应该将这些辅助继电器复位。复位梯形图程序如图 10-2-7 所示。

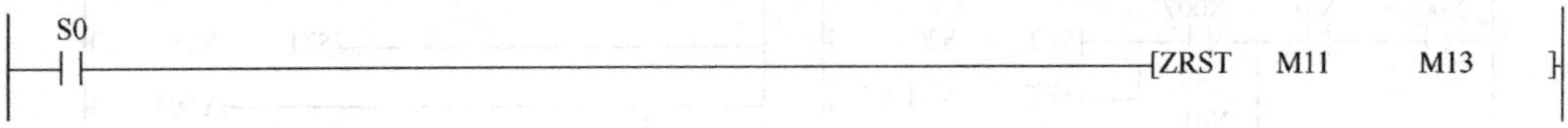

图 10-2-7　复位梯形图程序

4）工作方式的指示灯控制。

根据控制要求，选择了某种工作方式，则相应的工作方式指示灯就要亮，根据前面处理各种工作方式之间转换的方法，可以用图 10-2-8 所示的梯形图程序来实现各种工作方式指示灯的控制。

6. 用 PLC 实验箱模拟调试

思考与探究：☞

1）选用实验箱的一个模块能否模拟多种工作方式的机械手搬运系统的控制过程？

2）工作方式选择的开关用什么来模拟？模拟时应注意什么？

3）写出用 PLC 实验箱模拟多种工作方式的机械手搬运过程的步骤。

4）分析表 10-2-2 中选取的模拟多种工作方式的机械手搬运系统的对应元件是不是最合适的？在操作的时候是否会有什么不方便？

参考方案：☞

在 PLC 实验箱上模拟多种工作方式的机械手搬运工件控制过程的调试，可参考以下步骤来完成。

1）列出实验箱上代替机械手搬运系统各控制元件和执行元件的元件。

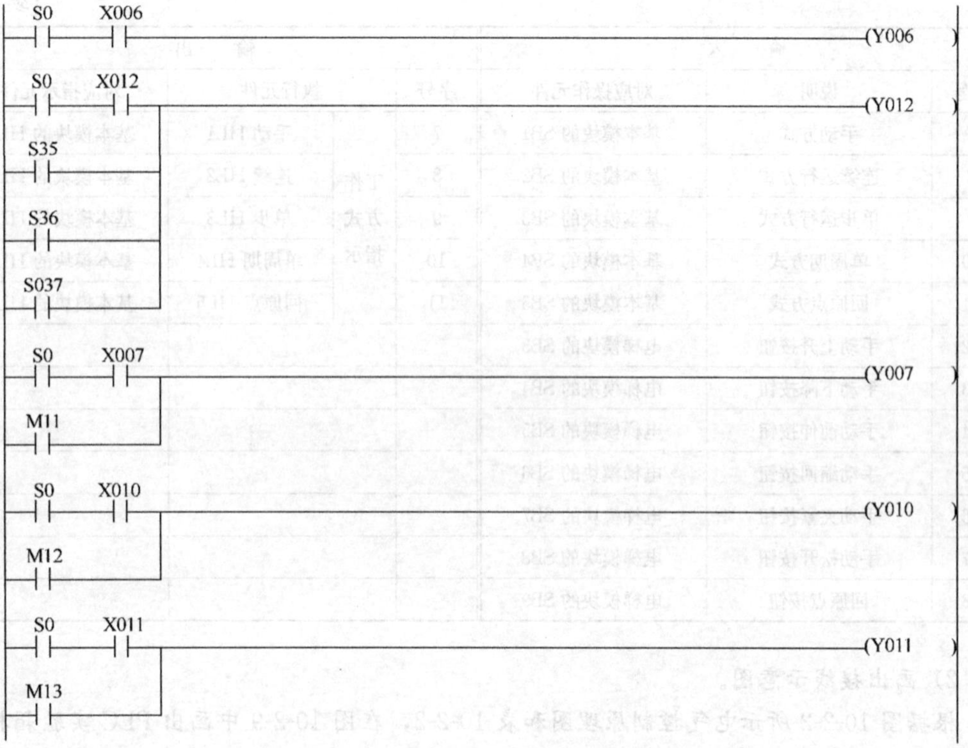

图 10-2-8 各种工作方式指示灯的控制梯形图程序

在用实验箱模拟多种工作方式的机械手搬运控制过程前，要先确定好机械手的各控制元件和执行元件用实验箱上的什么元件来模拟。由于多种工作方式的机械手搬运系统的控制元件较多，用实验箱的一个模块满足不了要求，因此可选用基本指令练习模块和电梯控制模块组合，然后根据机械手控制元件的特点选择相应的元件来代替。这样可列出机械手搬运系统的各控制元件、执行元件和实验箱上各元件的对应关系。参考的对应关系见表 10-2-2。

表 10-2-2 实验箱的操作元件与多种方式的机械手搬运系统中各元件的对应关系

输入			输出		
序号	说明	对应操作元件	序号	执行元件	对应指示元件
1	起动按钮 SB1	电梯模块的 SB1	1	机械手上升	电梯模块的 HL1
2	停止按钮 SB2	电梯模块的 SB2	2	机械手下降	电梯模块的 HL2
3	后限位 SQ1	电梯模块的 SQ1	3	机械手夹紧	电梯模块的 HL3
4	前限位 SQ2	电梯模块的 SQ2	4	机械手松开	电梯模块的 HL4
5	上限位 SQ4	电梯模块的 SQ3	5	机械手前伸	电梯模块的 HL5
6	下限位 SQ3	电梯模块的 SQ4	6	机械手缩回	电梯模块的 HL6

（续）

输入			输出			
序号	说明	对应操作元件	序号	执行元件		对应指示元件
7	手动方式	基本模块的 SB1	7	工作方式指示	手动 HL1	基本模块的 HL1
8	连续运行方式	基本模块的 SB2	8		连续 HL2	基本模块的 HL2
9	单步运行方式	基本模块的 SB3	9		单步 HL3	基本模块的 HL3
10	单周期方式	基本模块的 SB4	10		单周期 HL4	基本模块的 HL4
11	回原点方式	基本模块的 SB5	11		回原点 HL5	基本模块的 HL5
12	手动上升按钮	电梯模块的 SB3				
13	手动下降按钮	电梯模块的 SB4				
14	手动前伸按钮	电梯模块的 SB5				
15	手动缩回按钮	电梯模块的 SB6				
16	手动夹紧按钮	电梯模块的 SB7				
17	手动松开按钮	电梯模块的 SB8				
18	回原点按钮	电梯模块的 SB9				

2）画出接线示意图。

根据图 10-2-2 所示电气控制原理图和表 10-2-2，在图 10-2-9 中画出 PLC 实验箱模拟多种工作方式的机械手搬运系统控制过程的接线示意图，并和同组同学交换检查。

3）接线示意图正确无误后，按图进行电路连接，并和同组同学互查。

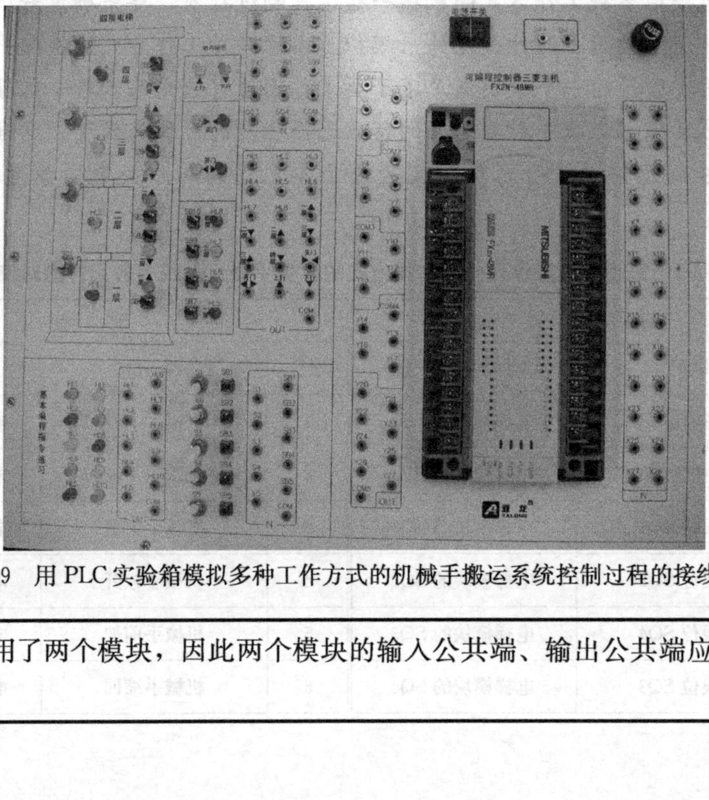

图 10-2-9　用 PLC 实验箱模拟多种工作方式的机械手搬运系统控制过程的接线示意图

注：由于选用了两个模块，因此两个模块的输入公共端、输出公共端应分别连接在一起。

4）编写PLC程序，并下载到PLC。

5）按以下操作步骤进行调试：

注：开关SQ1和开关SQ2不能同时接通，开关SQ3和开关SQ4也不能同时接通；另外工作方式选择按钮不能同时接通，而起动时应将工作方式选择按钮和起动操作按钮同时按下。

① 将PLC置于运行状态。

② 工作方式选择的操作。当工作方式选择按钮被按下时，对应工作方式的指示灯亮。如按下基本模块中的SB1，则基本模块中的指示灯HL1亮，以此类推，基础模块中，SB2对应HL2，SB3对应HL3，SB4对应HL4，SB5对应HL5。

③ 手动工作方式的调试。按下基本模块中的SB1，能观察到基本模块中指示灯HL1亮，同时依次进行下列操作：

a）按下电梯模块中的SB3，如果电梯模块中的SQ3断开，则电梯模块中的HL1亮，若SQ3接通，则熄灭；

b）按下电梯模块中的SB4，如果电梯模块中的SQ4断开，则电梯模块中的HL2亮，若SQ4接通，则熄灭；

c）按下电梯模块中的SB6，如果电梯模块中的SQ1断开，则电梯模块中的HL6亮，若SQ1接通，则熄灭；

d）按下电梯模块中的SB5，如果电梯模块中的SQ2断开，则电梯模块中的HL5亮，若SQ2接通，则HL5熄灭；

e）按下电梯模块中的SB8，则电梯模块中的HL4亮0.3s后熄灭；

f）按下电梯模块中的SB7，则电梯模块中的HL3亮0.3s后熄灭；此时机械手位于前限位和下限位，且机械手夹紧。

注：将限位开关调整到合适的位置

④ 回原点工作方式的调试。按下基本模块中的SB5，能观察到基本模块中指示灯HL5亮，同时按下电梯模块中的SB9，则电梯模块中指示灯HL4亮0.3s后熄灭，此时变为电梯模块中的HL1亮，再接通SQ3，指示灯HL1熄灭，变为电梯模块中的HL5亮，接通SQ2，指示灯熄灭，表示回到了原点。

注：在整个过程中基本模块中指示灯HL5都亮。

⑤ 连续工作方式的调试。参照步骤③使机械手离开原点位置，然后按下基本模块中的SB2的同时按下电梯模块中的SB1，机械手不能起动工作；再参照步骤③使机械手回到原点位置，然后按下基本模块中的SB2的同时按下电梯模块中的SB1，机械手起动连续搬运工件的工作过程。

a）电梯模块中的指示灯HL2亮（表示机械手下降）；

b）断开SQ3（表示离开上限位），再接通SQ4（表示到达下限位），则电梯模块中的指示灯HL2熄灭，电梯模块中的指示灯HL3亮（表示机械手夹取工件）；

c）电梯模块中的指示灯 HL3 亮 0.3s 后自动熄灭，HL3 熄灭后电梯模块中的指示灯 HL1 亮（表示机械手上升）；

d）断开 SQ4，接通 SQ3，则电梯模块中的指示灯 HL5 亮（表示机械手前伸）；

e）断开 SQ1（表示机械手离开后限位），接通 SQ2（表示机械手到达前限位），则电梯模块中的指示灯 HL5 熄灭，电梯模块中的指示灯 HL2 亮；

f）断开 SQ3，接通 SQ4（表示机械手到达下限位），则电梯模块中的指示灯 HL2 熄灭，电梯模块中的指示灯 HL4 亮（表示机械手松开放工件）；

g）电梯模块中的指示灯 HL4 亮 0.3s 后自动熄灭，电梯模块中的指示灯 HL1 亮；

h）断开 SQ4，接通 SQ3，则电梯模块中的指示灯 HL1 熄灭，电梯模块中的指示灯 HL6 亮（表示机械手缩回）；

i）断开 SQ2，接通 SQ1，则重复起动后的工作过程，即回到 a)。重复上述操作过程，看到的现象应完全相同。

注：若在上述操作过程中，按一下电梯模块中的 SB2，则操作到 i）的时候不再回到 a)，而是停止工作。以上操作过程应多重复调试几次，每次按下电梯模块中 SB2 的时间要不同，以保证检查出在任何时候按下停止按钮都能达到相同的停止功能。

⑥ 单周期工作方式的调试。该工作方式的调试过程和连续工作方式的基本相同，只有两个区别：一是不再按下基本模块中的 SB2，而是要按下基本模块中的 SB3；二是当操作到 i）的时候，不会回到 a)，而是停止工作。

⑦ 单步工作方式的调试。先让机械手回到原点，按下基本模块中的 SB4 的同时按一下电梯模块中的 SB1，机械手起动单步搬运工件的工作过程，工作过程和连续工作方式完全相同，只是当一步动作完成后，不能执行下一步动作，而是要再按一下电梯模块中的 SB1 才能执行下一步动作。

如果以上现象都正常，则说明控制过程正确；如有现象不符，则说明设备或程序有问题，需要进行修改，请将相关内容记录在表 10-2-3 中。

表 10-2-3 调试记录表

序号	问题现象	原 因	解决方法

总结提高

1. 本次调试过程是参考了教材中的参考方案后完成的，还是按自己设计的方案完成的？

2. 你认为完成本次工作任务最大的收获是什么？

3. 你认为完成本次工作任务中，出现过哪些问题？是怎样解决的？

4. 完成本次工作任务的过程中，最容易混淆或出错的是什么？

5. 你认为完成本次工作任务的最佳步骤应该是怎样的？

6. 如果把图 10-2-6 所示的梯形图程序换成图 10-2-10 所示的梯形图程序，则会影响控制要求中哪部分功能？能否达到控制要求？把程序改好后写入 PLC 重新进行调试，观察调试结果和你的分析结果是否一样？

图 10-2-10

7. 用步进编程的方法重新完成项目八和项目九的工作任务。

评价反思

项目	评价内容		分值	学生自评	小组互评	教师评分
实践操作过程评价（50%）	安全文明操作（20%）	按要求穿着工作服、电工鞋	2			
		工具摆放整齐	2			
		完成任务后及时清理工位	2			
		不乱丢杂物	2			
		不带电进行电路连接	3			
		不擅自连接或改接设备线路	3			
		未发生触电事故	3			
		未造成设备或元器件损坏	3			
	工作程序规范（15%）	操作先后顺序安排恰当	3			
		操作过程规范	2			
		操作程序合理	3			
		操作技能娴熟	4			
		工具使用规范	3			
	个人职业素养（15%）	操作时不大声喧哗	2			
		不做与工作无关的事	2			
		遵守操作纪律	2			
		仪表仪态端正	1			
		工作态度积极	2			
		注重交流和沟通	2			
		能够注重协作互助	2			
		创新意识强	2			

（续）

项目		评价内容	分值	学生自评	小组互评	教师评分
实践操作成果评价（50%）	PLC I/O地址分配（4%）	能正确确定所需要的I/O点数	1			
		能将I/O信号进行正确的分组	1			
		能列出正确的I/O地址分配表	2			
	电气控制原理图的绘制（4%）	元器件采用国家统一标准规定的符号	1			
		对电气控制原理图进行正确布局	0.5			
		电气控制原理图原理正确	2			
		电气控制原理图清晰易读	0.5			
	PLC外部电路的连接（4%）	PLC外部电路连接正确	2			
		PLC外部电路连接符合工艺要求	1			
		PLC外部电路连接方法正确	0.5			
		PLC外部电路的连线分布合理、美观	0.5			
	PLC外部电路的检测测试（4%）	会观察电路连接是否满足工艺要求	1			
		能正确进行通电前的检测	1			
		能正确进行电路的可靠性检测	1			
		电路的检测过程正确	1			
	PLC程序的编写（12%）	编写的梯形图程序能达到控制要求	5			
		会熟练使用编程软件输入程序	3			
		编制的程序简洁、符合编程规则	3			
		编写程序速度快	1			
	用PLC实验箱模拟控制过程的调试（14%）	调试方法正确	3			
		调试步骤合理	3			
		调试过程中考虑到了高效性和安全性	2			
		能解决调试过程中出现的问题	3			
		调试过程的记录清晰、全面	3			
	总结（8%）	能及时完成总结的各项内容	4			
		总结的内容正确、丰富	2			
		总结有独到的见解	2			

项目十一 传送带输送机系统的PLC控制

传送带输送机是机电一体化设备或自动生产系统中常用的装置，该装置能将物料从一个位置根据材质或颜色等的不同传送到不同的位置，从而实现分类，可代替人工搬运和分类，在工业生产中发挥着不可替代的作用。通过本项目的学习，学会如何用传感器和PLC结合起来实现传送带输送机传送物料、识别物料和传送分拣的控制过程。

任务一　传送带输送机传送物料和识别物料的PLC控制

工作任务

根据传送带输送机传送物料和识别物料的要求完成以下任务：

1. 根据物料识别要求选择并安装调整好传感器的位置及灵敏度。
2. 列出PLC实现传送带输送机传送物料和识别物料控制要求的I/O地址分配表。
3. 画出实现传送带输送机传送物料和识别物料控制要求的PLC电气控制原理图。
4. 编写用PLC实现传送带输送机传送物料和识别物料控制要求的梯形图程序。
5. 完成程序调试，达到预定要求。

控制要求：生产线加工金属材质、白色塑料和黑色塑料三种工件，在该生产线的终端有一传送带传送和物料识别装置，用来将零件传送到检测位置并识别出这三种工件。具体的控制要求是：接通电源，按下起动按钮SB4时，设备红色指示灯HL1以1Hz频率闪烁，表示此时正在等待工件到来，可以从落料口放入工件，当传送带输送机落料口检测到有工件时，传送带输送机以正转运行，红色指示灯HL1变为常亮，表示此时传送带上有工件，设备正在进行工件的传送和检测，将工件送到检测位置，检测出工件的材质时，传送带输送机停止运行，同时工件材质指示灯HL2（绿色）根据材质不同以不同的规律闪亮，直到传送带输送机上工件被取走之后，指示灯HL2熄灭，指示灯HL1又恢复以1Hz频率闪烁，准备下一工件的到来。

当检测出工件材质时，指示灯HL2以不同的发光规律来指示，表示工件识别已完成，可以将工件取走，工件取走后，指示灯 HL2 熄灭。HL2 的发光规律是：若工件为金属材料，则 HL2 以 2s 的周期闪烁；若工件为白色塑料，则 HL2 以 0.5s 的周期闪烁；若工件为黑色塑料，则 HL2 以亮 0.5s，灭 1s 的规律闪烁。

当按下停止按钮 SB5 后，若传送带输送机上无工件，则设备立即停止工作；若传送带输送机上有工件，则识别完当前工件，并在工件取走后设备才停止工作。

完成上述控制要求的设备结构如图 11-1-1 所示，传送带输送机由三相异步电动机带动，而三相异步电动机电源通过交流接触器提供。

图 11-1-1　传送和识别物料的传送带输送机的结构示意图

相关知识

1. 三相异步电动机的控制

三相异步电动机根据控制要求的不同，控制方法有很多。在本工作任务中只需要传送带输送机向一个方向运行，并且是连续运行，因此主电路部分就可以用电动机连续运行控制电路的主电路；由于本工作任务中传送带输送机的运行是自动控制的，因此给传送带输送机电动机提供电源的交流接触器控制电路的通断由 PLC 来控制。

2. 传感器的选择

现代传感器在原理与结构上千差万别，如何根据具体的测量目的、测量对象以及测量环境合理地选用传感器，是在进行某个量的测量时首先要解决的问题。当传感器确定之后，与之相配套的测量方法和测量设备也就可以确定了。测量结果的成败，在很大程度上取决于传感器的选用是否合理。在实际应用中，可以根据以下几个方面来选择传感器。

（1）根据测量对象与测量环境确定传感器的类型

首先考虑进行一个具体的测量工作需要采用何种原理的传感器，这需要分析多方面的因素之后才能确定。因为，即使是测量同一物理量，也有多种原理的传感器可供选用，哪一种原理的传感器更为合适，则需要根据被测量的要求、特点和传感器的使用条件考虑以下一些具体问题：量程的大小、被测位置对传感器尺寸的要求、测量方式为接触式还是非接触式、信号的引出方法为有线或是无线测量、传感器的来源是国产还是进口、价格能否承受等。考虑到成本，还要以经济又能满足检测要求为原则。

在确定选用何种类型的传感器之后，再考虑传感器的以下具体性能指标。

（2）传感器的灵敏度

传感器的灵敏度是在稳态工作情况下输出量变化 Δy 对输入量变化 Δx 的比值。通常，在传感器的线性范围内，希望传感器的灵敏度越高越好。因为只有灵敏度高时，与被测量变化对应的输出信号的值才比较大，有利于信号处理。但要注意的是，传感器的灵敏度高，与被测量无关的外界噪声也容易混入，也会被放大系统放大，影响测量精度。因此，要求传感器本身应具有较高的信噪比，尽量减少从外界引入的干扰信号。

传感器的灵敏度是有方向性的。当被测量是单向量，而且对其方向性要求较高时，应选择其他方向灵敏度小的传感器；如果被测量是多维向量，则要求传感器的交叉灵敏度越小越好。

（3）传感器的频率响应特性

传感器的频率响应特性决定了被测量的频率范围，必须在允许频率范围内保持不失真的测量条件，实际上传感器的响应总有一定延迟，希望延迟时间越短越好。

传感器的频率响应高，可测的信号频率范围就宽，而由于受到结构特性的影响，机械系统的惯性较大，因而频率低的传感器可测信号的频率较低。

在动态测量中，应根据信号的特点（稳态、瞬态、随机等）来选择响应特性，以免产生过大的误差。

3. 传感器的线性范围

传感器的线性范围是指输出与输入成正比的范围。从理论上讲，在此范围内，灵敏度保持定值。传感器的线性范围越宽，则其量程越大，并且能保证一定的测量精度。在选择传感器时，当传感器的种类确定以后首先要看其量程是否满足要求。

但实际上，任何传感器都不能保证绝对的线性，其线性度也是相对的。当所要求测量精度比较低时，在一定的范围内，可将非线性误差较小的传感器近似看做线性的，这会给测量带来极大的方便。

4. 传感器的稳定性

传感器使用一段时间后，其性能保持不变的能力称为稳定性。影响传感器长期稳定性的因素除传感器本身结构外，主要是传感器的使用环境。因此，要使传感器具有良好的稳定性，传感器必须要有较强的环境适应能力。

在选择传感器之前，应对其使用环境进行调查，并根据具体的使用环境选择合适的传感器，或采取适当的措施，减小环境的影响。

传感器的稳定性有定量指标，在超过使用期后，在使用前应重新进行标定，以确定传感器的性能是否发生变化。

在某些要求传感器能长期使用而又不能轻易更换或标定的场合，所选用的传感器稳定性要求更严格，要能够经受住长时间的考验。

5. 传感器的精度

精度是传感器的一个重要的性能指标，它是关系到整个测量系统测量精度的一个重要因素。传感器的精度越高，其价格越昂贵，因此，传感器的精度只要满足整个测量系统的精度要求就可以，不必选得过高。这样就可以在满足同一测量目的的诸多传感器中选择比较便宜和简单的传感器。

如果是为了定性分析，选用重复精度高的传感器即可，不宜选用绝对量值精度高的；如果是为了定量分析，必须获得精确的测量值，就需选用精度等级能满足要求的传感器。

对某些特殊使用场合，无法选到合适的传感器，则需自行设计制造传感器。自制传感器的性能应满足使用要求。

任务实施

1. 传感器的选择和安装位置的确定

思考与探究：☞

1）如何选择传感器？

2）传感器安装位置的先后顺序不同会影响实现控制要求的难易程度吗？

参考方案：☞

根据工作任务要求，需要识别的材质只有金属、白色塑料和黑色塑料三种，而且检测的传感器只能用非接触式的，如果检测部件与物料接触会影响到物料的传送，而电感式传感器正好能把金属和塑料区分开来，并且成本不高，又便于安装，因此选择电感式传感器，而白色塑料和黑色塑料的区分可以用多种传感器来实现，这里选择了光纤传感器。落料口传感器只需检测有无物料落下，因此选择了光电传感器。

传感器选择好后，其安装位置排列的不同会对控制过程的实现带来很大的影响。根据控制要求和传感器的检测特性，将能检测到金属的传感器放在离落料口最近的位置，不能检测到黑色塑料的传感器安装在中间位置，而能检测到黑色塑料的传感器安装到离落料口最远的位置，则当传送带输送机传送物料的过程中，在第一个位置检测到的就是金属，在第二个位置检测到的就是白色塑料，在第三个位置检测到的就是黑色塑料，很容易就实现了物料的识别。

2. 画出传送带输送机传送和识别物料的工作流程图

思考与探究：☞

1）本工作任务中的工作过程是单流程还是多分支流程？

2）该工作任务有几个步骤？

参考方案：☞

根据工作流程图的画法和控制要求，画出的参考工作流程图如图 11-1-2 所示。

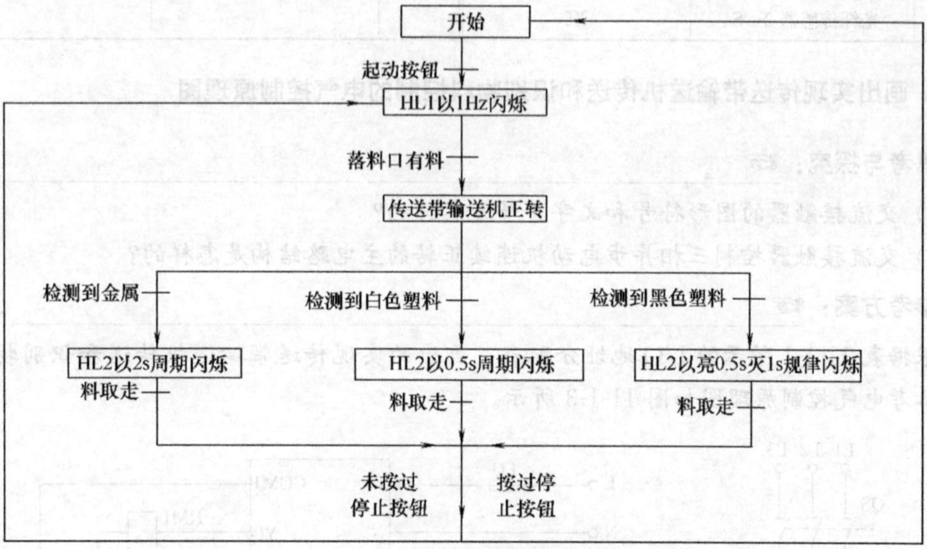

图 11-1-2　传送带输送机传送和识别物料的工作流程图

3. 列出 PLC 实现传送带输送机传送和识别物料的 I/O 地址分配表

思考与探究：☞

1）传送带输送机传送和识别物料过程中的控制信号有哪些？执行元件又有哪些？

2）仔细阅读工作任务中的控制要求，对照图 11-1-2 所示的工作流程图，说明需要多少个输入点，多少个输出点。

参考方案：☞

根据传送带输送机传送和识别物料的控制过程的工作流程图，可以知道传送带输送机传送和识别物料的控制过程，有两个按钮和四个检测传感器，需要控制传送带输送机正转运行和两个指示灯工作。因此需要六个输入点和三个输出点。由于传送带输送机拖动电动机电源由交流接触器控制，控制传送带输送机正转运行的输出点用来控制交流接触器，因此电源是交流电源，而指示灯的工作电压为 DC 24V，所以控制指示灯的输出点和控制传送带输送机的输出点不能是同一组的。列出的参考 I/O 地址分配表见表 11-1-1。

表 11-1-1 实现传送带输送机传送和识别物料控制过程的 I/O 地址分配表

输入			输出		
序号	说明	地址编号	序号	说明	地址编号
1	起动按钮 SB4	X0	1	指示灯 HL1	Y4
2	停止按钮 SB5	X1	2	指示灯 HL2	Y5
3	电感式传感器 S1	X2	3	传送带输送机电动机	Y0
4	落料口光电传感器 S2	X3			
5	光纤传感器 1　S3	X4			
6	光纤传感器 2　S4	X5			

4. 画出实现传送带输送机传送和识别物料控制的电气控制原理图

思考与探究：☞

1）交流接触器的图形符号和文字符号是怎样的？

2）交流接触器控制三相异步电动机连续正转的主电路结构是怎样的？

参考方案：☞

根据表 11-1-1 所示的 I/O 地址分配表，画出的实现传送带输送机传送和识别物料系统的参考电气控制原理图如图 11-1-3 所示。

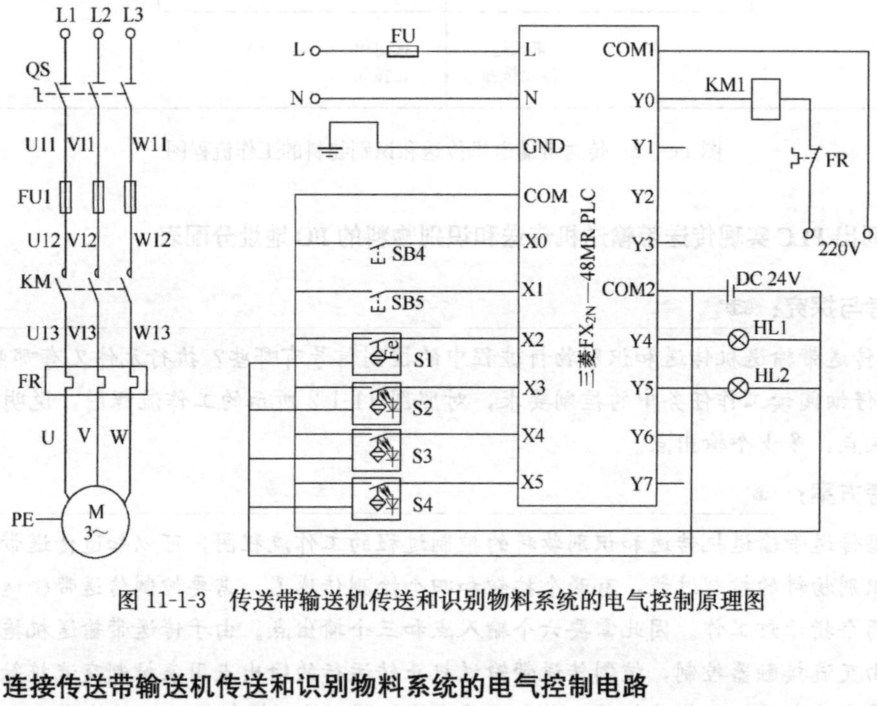

图 11-1-3 传送带输送机传送和识别物料系统的电气控制原理图

5. 连接传送带输送机传送和识别物料系统的电气控制电路

思考与探究：☞

1）图 11-1-3 所示电气控制原理图包括几部分电路？应先接哪一部分电路？

2）电路连接有哪些工艺要求？

参考方案：☞

该控制系统除传感器和三相异步电动机以外的所有电气元件都安装在一块控制板上，一般先接控制电路，再安装主电路。在连接控制电路时，PLC、按钮、传感器、电动机和其他电器之间的连线都要经过接线端子排。控制板上所有连接线都应进线槽，并注意电动机的电源线和控制电路要分开。

6. 编写用PLC实现传送带输送机传送和识别物料控制过程的梯形图程序

思考与探究：☞

1）传送带输送机传送和识别物料的控制过程可选用哪种编程方法？

2）如何编写指示灯闪烁控制梯形图程序？

3）比较参考方案中的两种编程方法，你认为哪种编程方法更好理解和掌握？

参考方案一：☞

根据传送带输送机传送和识别物料的控制要求，一个完整的控制过程的步骤不多，因此既可用经验编程法，也可选用步进编程法。

下面介绍如何用步进编程法编写传送带输送机传送和识别物料的PLC控制程序。

（1）画顺序功能图

用步进编程法编程，首先要列出顺序功能图（SFC），本工作任务中要求的传送带输送机传送和识别物料的顺序功能图可根据工作流程图画出，参考的顺序功能图如图11-1-4所示。

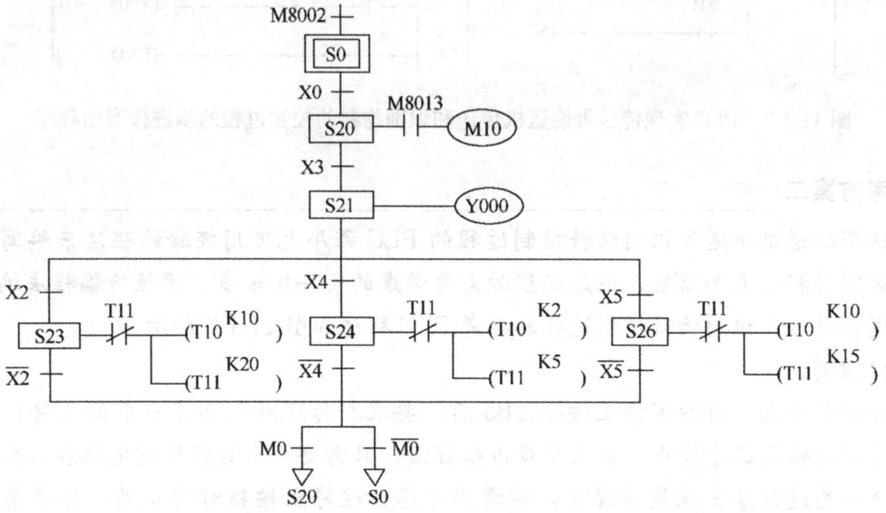

图11-1-4　传送带输送机传送和识别物料的顺序功能图

（2）编写梯形图程序

根据控制要求，需要用SB4起动工作过程，用SB5停止工作过程，因此还需要一个起停控制电路；另外，由于工作过程中物料材质的指示由同一盏指示灯HL2指示，只是闪烁规律不同，在顺序功能图中只设定了闪烁规律，而 HL2 的输出放在状态外；指示灯 HL1 在整个工作过程中都要长亮或闪烁，因此输出也放在状态外。编写的参考梯形图程序如图 11-1-5 所示。

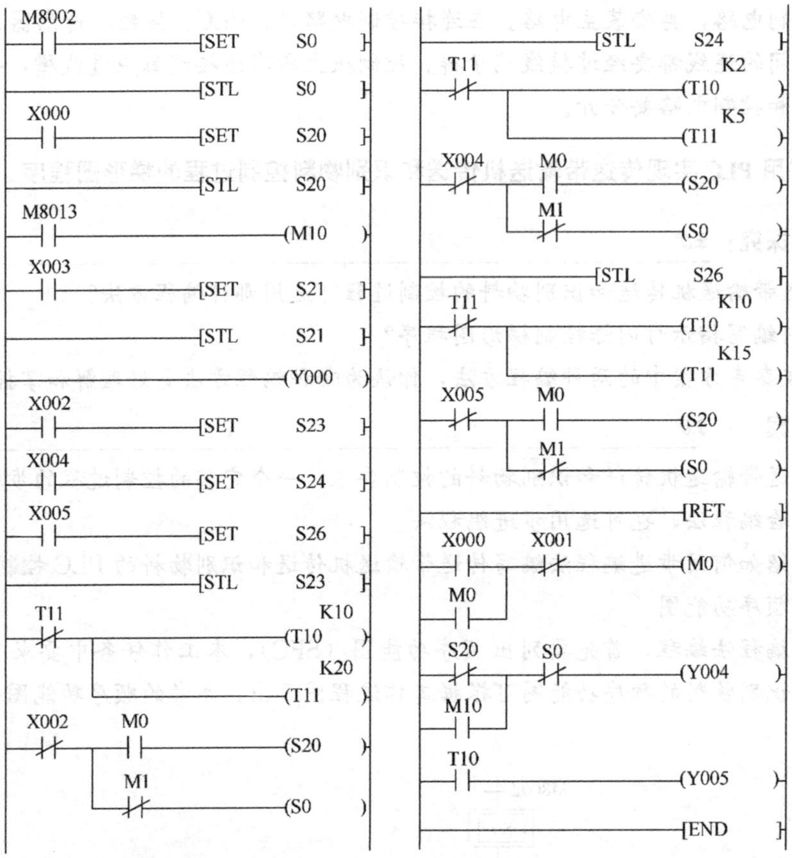

图 11-1-5 PLC 实现传送带输送机传送和识别物料的控制过程的步进梯形图程序

参考方案二：

传送带输送机传送和识别物料控制过程的 PLC 程序也可用经验编程法来编写，用这种方法编写时程序更加简短，但是编程时需要考虑的条件比较多。用经验编程法编写的传送带输送机传送和识别物料控制过程的参考 PLC 程序如图 11-1-6 所示。

起停控制：

根据控制要求，当按下停止按钮 SB5 后，要求在传送和识别完当前的工件，并且在工件取走的时候设备才停止。如果用步进编程法，只需要一个起停控制电路和工作流程中最后一个状态进行分支就能实现了，不需要考虑按过停止按钮时需要满足什么条件才能停；而用经验编程法，则需要具体考虑按过停止按钮后设备停止的具体条件。因此起动和停止的控制梯形图比较复杂，图 11-1-6 所示参考梯形图中的前三个梯中，第一个梯用 M1 记住起动和停止的操作，就是一个典型的起保停控制梯，而 M0 用来表示设备在运行还是已经停止，一旦按过起动按钮 SB4，则第二个梯就将 M0 置位，表示设备应处于运行状

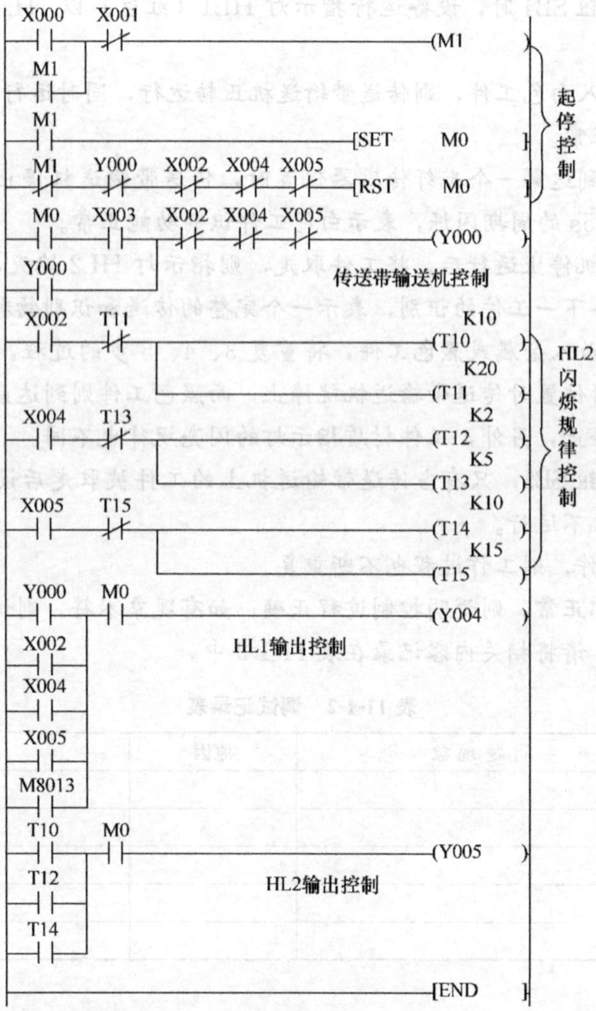

图 11-1-6 PLC实现传送带输送机传送和识别物料控制过程的梯形图程序

态；但是当按过停止按钮SB5后，并不是立刻将M0复位，而是当传送带不传送物料，且检测位置的物料被取走后才将M0复位，满足本工作任务的停止条件。

7. 调试并完善程序，以达到系统控制要求

思考与探究：☞

1）调试时，工作流程图可以起什么作用？

2）写出传送带输送机传送和识别物料系统的调试步骤。

3）设备在通电调试时应注意些什么？

参考方案：☞

传送带输送机传送和识别物料系统的调试和程序的完善，可参考以下步骤来完成。

1）接通设备电源，下载PLC控制程序，并让PLC处于运行状态。

2）按下起动按钮SB4时，设备运行指示灯HL1（红色）以1Hz频率闪烁，说明起动功能正常。

3）从落料口放入白色工件，则传送带输送机正转运行，同时运行指示灯HL1变为常亮，表示传送功能正常。

4）当白色工件到达第一个光纤传感器位置时，传送带输送机停止运行，同时工件材质指示灯HL2以0.5s的周期闪烁，表示白色工件识别功能正常。

5）传送带输送机停止运行后，将工件取走，则指示灯HL2熄灭，指示灯HL1又以1Hz频率闪烁，准备下一工件的识别，表示一个完整的传送和识别物料的工作过程正常。

6）再从落料口放入金属或黑色工件，将重复3、4、5步的过程，只是金属工件到达能检测金属的传感器位置时传送带输送机就停止，而黑色工件则到达最后一个传感器位置时传送带输送机才停止，另外，工件材质指示灯的闪亮规律也不同。

7）按下停止按钮SB5，只有当传送带输送机上的工件被取走后设备才停止，指示灯不亮，传送带输送机不运行。

8）重复上述操作，则工作过程也不断重复。

如果以上现象都正常，则说明控制过程正确；如有现象不符，则说明设备或程序有问题，需要进行修改，请将相关内容记录在表11-1-2中。

表11-1-2 调试记录表

序号	问题现象	原因	解决方法

总结提高

1. 如果在调试过程中出现：按下起动按钮SB4后，指示灯HL1不亮。则可能是什么原因造成的?

2. 你认为本次工作任务和以前的工作任务有什么不同?

3. 你认为实验箱和实际生产设备的调试过程有什么异同?

4. 试用PLC实验箱模拟调试传送带输送机传送和识别物料系统的控制过程。

5. 你认为完成本次工作任务的最佳步骤应该是怎样的?

6. 比较以下工作任务和完成的工作任务有什么异同，并完成以下工作任务：

根据传送带输送机传送物料和识别物料的要求完成以下任务：

1）根据物料识别要求调整好传感器的灵敏度；

2）列出PLC实现传送带输送机传送物料和识别物料控制要求的I/O地址分配表；

3）画出实现传送带输送机传送物料和识别物料控制要求的PLC电气控制原理图；

4）编写用PLC实现传送带输送机传送物料和识别物料控制要求的梯形图程序；

5）完成程序调试，达到预定要求。

控制要求：生产线加工金属材质、白色塑料和黑色塑料三种零件，在该生产线的终端有一传送带传送和物料识别装置，用来将零件传送到检测位置并识别出这三种零件。具体的控制要求是：接通电源，按下起动按钮SB4时，设备红色指示灯HL1以1Hz频率闪烁，表示此时正在等待工件到来，可以从落料口放入工件，当传送带输送机落料口检测到有工件时，传送带输送机以正转运行，红色指示灯HL1变为常亮，表示此时传送带上有工件，设备正在进行工件的传送和检测，将工件送到最后一个检测位置时，传送带输送机停止运行，同时工件材质指示灯HL2（绿色）根据材质不同以不同的规律闪亮，直到传送带输送机上工件被取走之后，传送带输送机才停止正转运行，指示灯HL2熄灭，指示灯HL1又以1Hz频率闪烁，准备下一工件的识别。

当检测出工件材质时，指示灯HL2以不同的发光规律来指示，表示工件识别已完成，可以将工件取走，工件取走后，指示灯HL2熄灭。HL2的发光规律是：若工件为金属材料，则HL2以2Hz的频率闪烁；若工件为白色塑料，则HL2以1s的周期闪烁；若工件为黑色塑料，则HL2以亮1s，灭0.5s的规律闪烁。

当按下停止按钮SB5后，若传送带输送机上无工件，则设备立即停止工作；若传送带输送机上有工件，则识别完当前工件，并在工件取走后设备才停止工作。

设备介绍：完成上述控制要求的设备结构如图11-1-1所示，传送带输送机由三相异步电动机带动，而三相异步电动机电源通过交流接触器提供。

任务二 传送带输送机传送分拣系统的PLC控制

工作任务

根据传送带输送机传送分拣系统的控制要求完成以下任务：

1. 根据分拣要求选择并安装调试好传感器的位置及灵敏度。
2. 列出PLC实现传送带输送机传送分拣系统控制要求的I/O地址分配表。
3. 画出实现传送带输送机传送分拣系统控制要求的PLC电气控制原理图。
4. 编写用PLC实现传送带输送机传送分拣系统控制要求的梯形图程序。
5. 完成程序调试，达到预定要求。

控制要求：

某生产线加工金属材质、白色塑料和黑色塑料三种工件，在该生产线的终端有一个传送带传送分拣装置，用来将零件传送到相应的分拣位置，并按要求进行包装，其具体结构如图11-2-1所示。该装置在接通电源，按下起动按钮SB1时，设备起动开始工件分拣，指示灯HL以5Hz频率闪烁，指示正在等待放入工件，当传送带输送机落料口检测到有工件时，指示灯HL变为常亮，同时传送带正转运行，如果放在传送带上的是金属，传送带将其传送到推料位置一后停止，并由1号推料气缸推入1号滑槽；如果放在传送带上的是白色塑料件，传送带将其传送到推料位置二后停止，并由 2 号推料气缸推入 2 号滑槽；如果放在传送带上的是黑色塑料件，则由 3 号推料气缸推入 3 号滑槽。在推料结束时，指示灯 HL 又以 5Hz 频率闪烁，等待下一个工件到来。

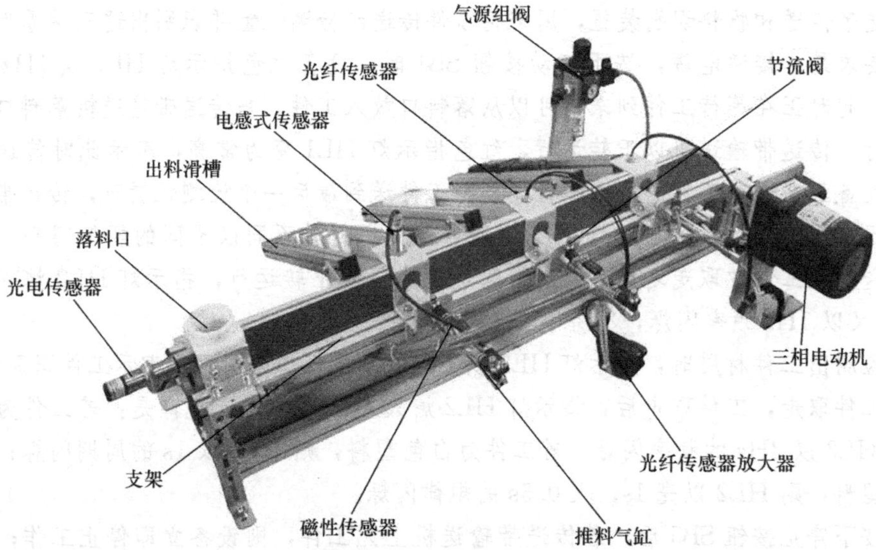

图 11-2-1　传送带输送机传送分拣装置结构示意图

当推料气缸开始动作时，传送带输送机停止运行，当推料气缸缩回至后限，且落料口有工件时传送带输送机才再次起动正转运行，进行下一次的传送分拣。

任何一个滑槽内的物料达到五个时，应将物料取走进行包装（模拟），在这期间传送和分拣过程暂停，用指示灯或蜂鸣器提示哪种工件需要包装。红色指示灯亮指示金属需要包装；绿色指示灯亮指示黑色塑料件需要包装；蜂鸣器鸣叫表示白色塑料件需要包装。包装完成后按下复位按钮 SB2，提示包装结束，同时继续物料的传送和分拣。

按下停止按钮 SB3，设备在分拣完传送带输送机上的工件后才停止工作。若未断电，再次起动时，工件接着前一次停止时的数量计数。

说明：该传送带输送机传送分拣装置结构示意图如图 11-2-1 所示。其中传送带输送机的运行由三相异步电动机控制，而三个推料气缸动作由单向电磁阀控制。

任务实施

1. 传感器的选择和安装位置的确定

思考与探究：☞

1）分拣位置的检测传感器是否能和任务一相同？

2）磁性传感器应用在什么场合？

参考方案：☞

分拣的物料和任务一中的完全相同，因此检测传感器的安装可以不变，而气缸动作限位的传感器一般都用磁性传感器。

2. 画出传送带输送机传送和分拣系统的工作流程图

思考与探究：☞

1）本工作任务中的工作过程是单流程还是多分支流程？

2）该工作任务有几个步骤？

参考方案：☞

根据工作流程图的画法和控制要求，画出传送带输送机传送和分拣系统的参考工作流程图如图 11-2-2 所示。

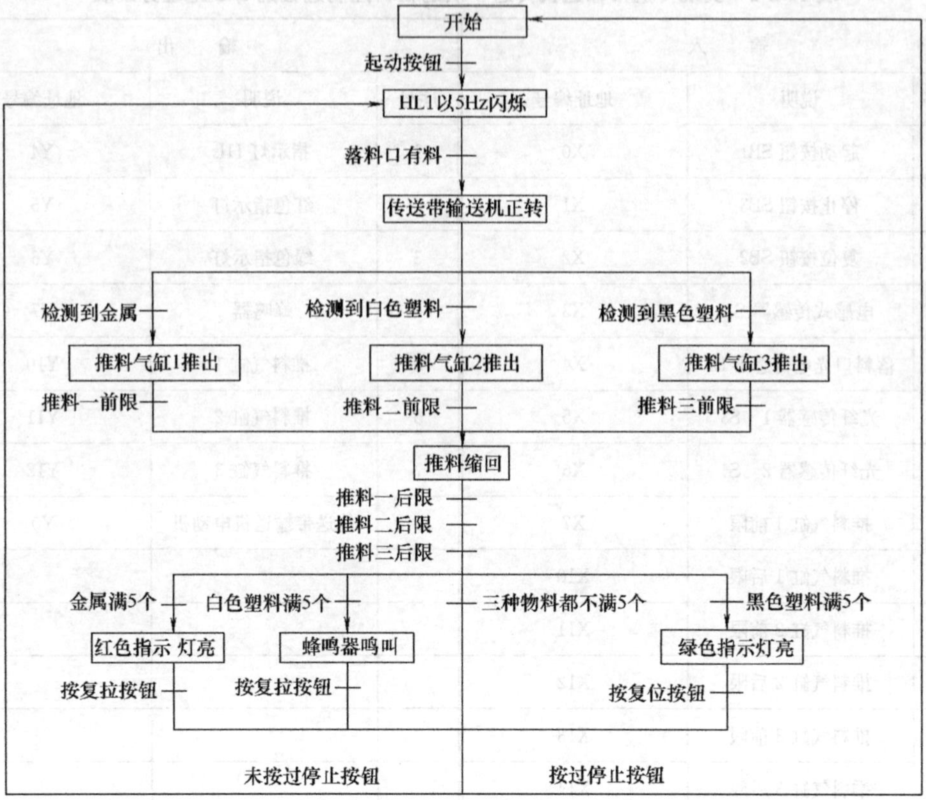

图 11-2-2 传送带输送机传送分拣装置的工作流程图

3. 列出 PLC 实现传送带输送机传送和分拣系统的 I/O 地址分配表

思考与探究：☞

1）传送带输送机传送和分拣过程中的控制信号有哪些？执行元件又有哪些？

2）仔细阅读工作任务中的控制要求，对照图 11-2-2 所示的工作流程图，说明需要多少个输入点，多少个输出点。

参考方案：☞

根据传送带输送机传送和分拣系统控制过程的工作流程图，可以知道传送带输送机传送和分拣系统的控制过程，有三个按钮和10个检测传感器，需要控制传送带输送机正转运行、三个推料气缸和三个指示灯和蜂鸣器工作。因此需要13个输入点和八个输出点。由于传送带输送机拖动电动机电源由交流接触器控制，控制传送带输送机正转运行的输出点用来控制交流接触器，因此电源是交流电源，而指示灯的工作电压为DC 24V，所以控制指示灯的输出点和控制传送带输送机的输出点不能是同一组的，而控制推料气缸动作的单向电磁阀的工作电压是DC 24V，因此控制推料气缸动作的输出和指示灯的输出可以是同一组。列出的参考I/O地址分配表见表11-2-1。

表11-2-1　实现传送带输送机传送和识别物料控制过程的I/O地址分配表

输入			输出		
序号	说明	地址编号	序号	说明	地址编号
1	起动按钮SB1	X0	1	指示灯HL	Y4
2	停止按钮SB3	X1	2	红色指示灯	Y5
3	复位按钮SB2	X2	3	绿色指示灯	Y6
4	电感式传感器S1	X3	4	蜂鸣器	Y7
5	落料口光电传感器S2	X4	5	推料气缸1	Y10
6	光纤传感器1　S3	X5	6	推料气缸2	Y11
7	光纤传感器2　S4	X6	7	推料气缸3	Y12
8	推料气缸1前限	X7	8	传送带输送机电动机	Y0
9	推料气缸1后限	X10			
10	推料气缸2前限	X11			
11	推料气缸2后限	X12			
12	推料气缸3前限	X13			
13	推料气缸3后限	X14			

4. 画出PLC实现传送带输送机传送和分拣系统控制要求的电气控制原理图

思考与探究：☞

1）磁性传感器的图形符号是怎样的？

2）当输入信号比较多时，绘制电气控制原理图应注意些什么？

参考方案：☞

根据表11-2-1所示的I/O地址分配表，画出的传送带输送机传送分拣系统的参考PLC电气控制原理图如图11-2-3所示。

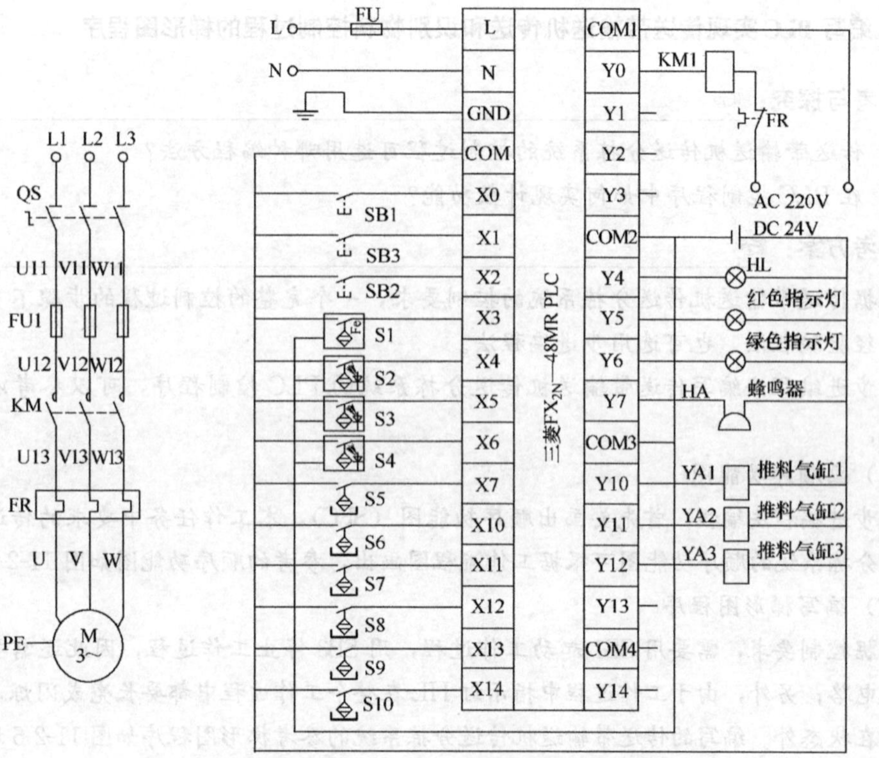

图 11-2-3　传送带输送机传送分拣系统电气控制原理图

5. 连接传送带输送机传送分拣系统的电气控制电路

思考与探究：

1）比较图 11-2-3 和图 11-1-3 所示的电气控制原理图，说明两者的异同。

2）电路连接有哪些工艺要求？

参考方案：

该控制系统中的电源开关、熔断器、热继电器、交流接触器、PLC 和按钮（注意按钮应该是安装在控制面板上的）都安装在同一块电气控制板上，可以参考以下步骤来完成传送带输送机传送分拣系统的电气控制电路的连接。

1）将按钮的连接线按输入点的顺序接到接线端子排上；

2）将传感器的连接线按输入点的顺序接到接线端子排上；

3）将控制推料气缸电磁阀的连接线、指示灯的连接线和蜂鸣器的连接线按输出点的顺序接到接线端子排上；

4）将电动机的电源连接线接到接线端子排上；

5）一般先接控制电路，再安装主电路。在连接控制电路时，PLC、按钮、传感器、电动机和其他电器之间的连线都要经过接线端子排。控制板上所有连接线都应进线槽，并注意电动机的电源线和控制电路要分开。

6. 编写 PLC 实现传送带输送机传送和识别物料控制过程的梯形图程序

思考与探究：☞

1）传送带输送机传送分拣系统的控制过程可选用哪种编程方法？

2）在 PLC 控制程序中如何实现计数功能？

参考方案：☞

根据传送带输送机传送分拣系统的控制要求，一个完整的控制过程的步骤不多，因此既可用经验编程法，也可选用步进编程法。

用步进编程法编写传送带输送机传送分拣系统的 PLC 控制程序，可以参考以下步骤来完成。

（1）画顺序功能图

用步进编程法编程，首先要画出顺序功能图（SFC），本工作任务中要求的传送带输送机传送分拣系统的顺序功能图可根据工作流程图画出，参考的顺序功能图如图 11-2-4 所示。

（2）编写梯形图程序

根据控制要求，需要用 SB1 起动工作过程，用 SB3 停止工作过程，因此还需要一个起停控制电路；另外，由于工作过程中指示灯 HL 在整个工作过程中都要长亮或闪烁，因此输出也放在状态外。编写的传送带输送机传送分拣系统的参考梯形图程序如图 11-2-5 所示。

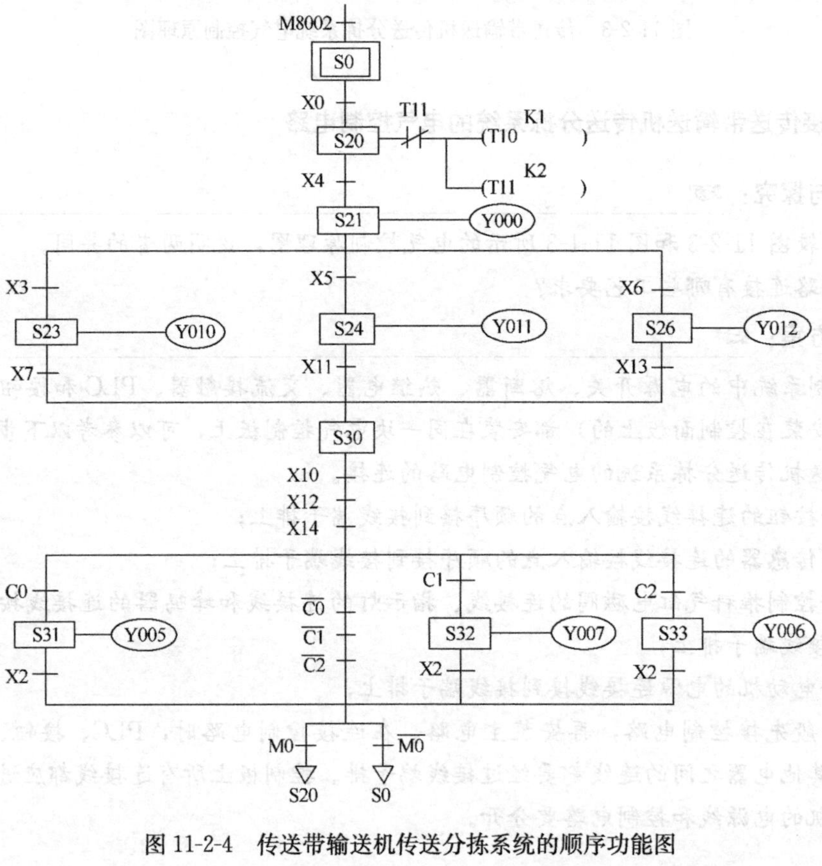

图 11-2-4　传送带输送机传送分拣系统的顺序功能图

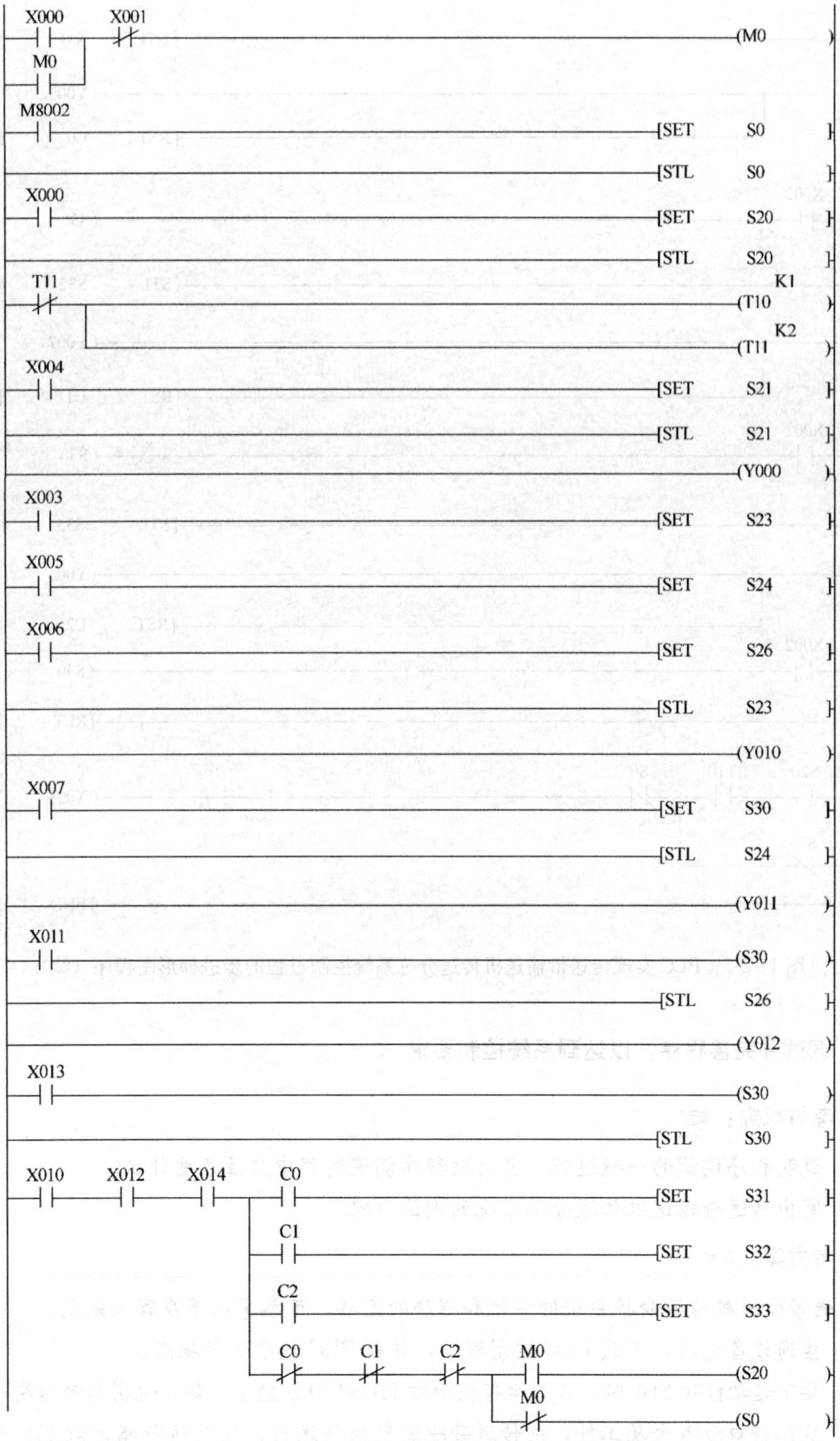

图 11-2-5 PLC 实现传送带输送机传送分拣系统控制过程的步进梯形图程序

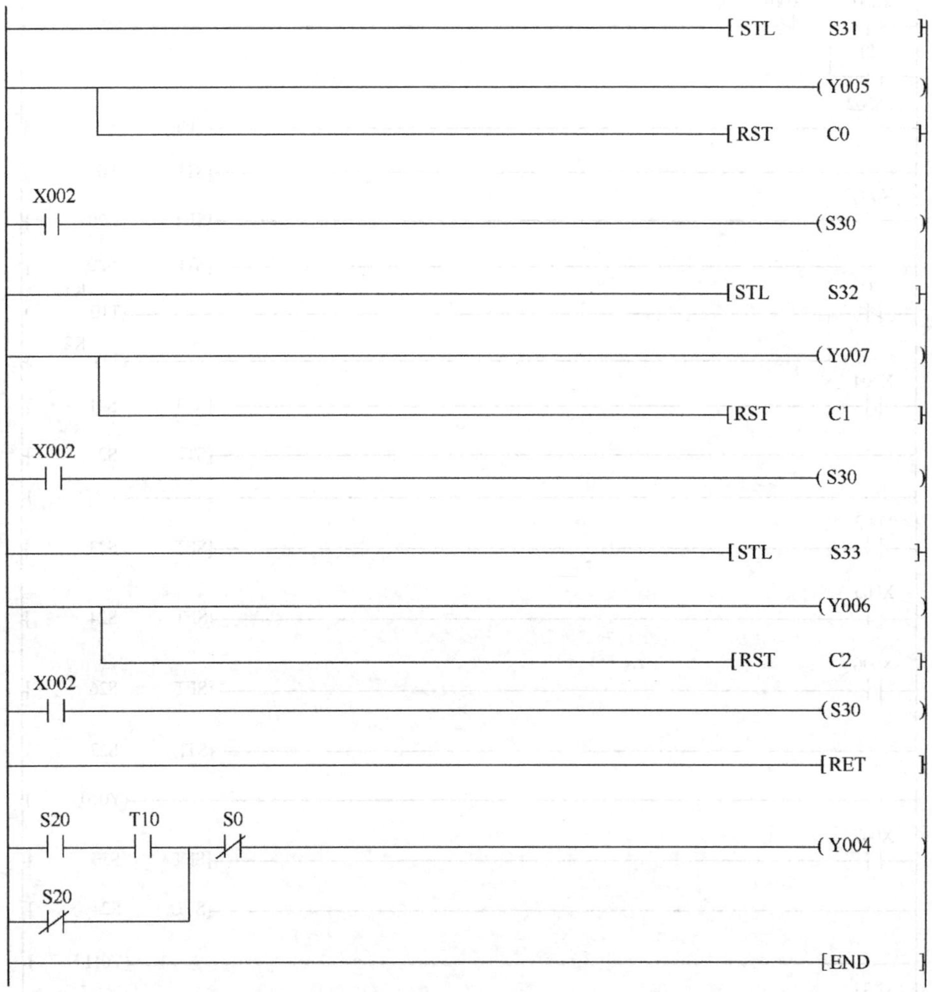

图 11-2-5 PLC 实现传送带输送机传送分拣系统控制过程的步进梯形图程序（续）

7. 调试并完善程序，以达到系统控制要求

思考与探究：☞

1）说明程序调试的一般过程，并总结程序调试过程中应注意些什么。

2）写出传送带输送机传送分拣系统的调试步骤。

参考方案：☞

传送带输送机传送分拣系统的调试和程序的完善，可参考以下步骤来完成。

1）接通设备电源，下载 PLC 控制程序，并让 PLC 处于运行状态。

2）按下起动按钮 SB1 时，设备运行指示灯 HL 以 5Hz 频率闪烁，说明起动功能正常。

3）从落料口放入金属工件，则传送带输送机正转运行，同时运行指示灯 HL 变为常亮，表示传送功能正常。

4）当金属工件到达推料位置一时，传送带输送机停止运行，同时推料气缸 1 伸出，将金属推入滑槽。

5）当推料气缸缩回到位后指示灯 HL 变为以 5Hz 频率闪烁，准备下一工件的传送分拣，表示一个完整的传送分拣的工作过程正常完成。

6）再从落料口放入白色或黑色工件，将重复 3）、4）、5）步的过程，只是白色工件被推料气缸 2 推入滑槽，而黑色工件被推料气缸 3 推入滑槽。

7）重复上述过程，分别观察三种工件达到 5 个后设备是否暂停（落料口放入工件后，传送带输送机也不运行），此时按下复位按钮 SB2，则设备继续运行。

8）按下停止按钮 SB3，只有当传送带输送机上的工件被取走后设备才停止，指示灯不亮，传送带输送机不运行。

9）重复上述操作，则工作过程也不断重复。

如果以上现象都正常，则说明控制过程正确；如有现象不符，则说明设备或程序有问题，需要进行修改，请将相关内容记录在表 11-2-2 中。

表 11-2-2 调试记录表

序号	问题现象	原因	解决方法

总结提高

1. 如果在调试过程中出现：按下停止按钮 SB3 后，设备不停止。则可能是什么原因造成的？

2. 用经验编程法编写实现本工作任务中传送带输送机传送分拣系统控制要求的 PLC 程序，并完成调试。

3. 在完成本次工作任务的过程中，你有什么新的体会？

4. 试用 PLC 实验箱模拟调试传送带输送机传送分拣系统的控制过程。

5. 你认为完成本次工作任务的最佳步骤应该是怎样的？

评价反思

项目	评价内容		分值	学生自评	小组互评	教师评分
实践操作过程评价（50%）	安全文明操作（20%）	按要求穿着工作服、电工鞋	2			
		工具摆放整齐	2			
		完成任务后及时清理工位	2			
		不乱丢杂物	2			
		不带电进行电路连接	3			
		不擅自连接或改接设备线路	3			
		未发生触电事故	3			
		未造成设备或元器件损坏	3			
	工作程序规范（15%）	操作先后顺序安排恰当	3			
		操作过程规范	2			
		操作程序合理	3			
		操作技能娴熟	4			
		工具使用规范	3			
	个人职业素养（15%）	操作时不大声喧哗	2			
		不做与工作无关的事	2			
		遵守操作纪律	2			
		仪表仪态端正	1			
		工作态度积极	2			
		注重交流和沟通	2			
		能够注重协作互助	2			
		创新意识强	2			
实践操作成果评价（50%）	PLC的I/O地址分配（4%）	能正确确定所需要的I/O点数	2			
		能将I/O信号进行正确的分组	1			
		能列出正确的I/O地址分配表	1			
	电气控制原理图的绘制（4%）	元器件采用国家统一标准规定的符号	1			
		对电气控制原理图进行正确布局	0.5			
		电气控制原理图原理正确	2			
		电气控制原理图清晰易读	0.5			
	PLC外部电路的连接（4%）	PLC外部电路连接正确	2			
		PLC外部电路连接符合工艺要求	1			
		PLC外部电路连接方法正确	0.5			
		PLC外部电路的连线分布合理、美观	0.5			

（续）

项目	评价内容		分值	学生自评	小组互评	教师评分
实践操作成果评价（50%）	PLC外部电路的检测测试（4%）	会观察电路连接是否满足工艺要求	1			
		能正确进行通电前的检测	1			
		能正确进行电路的可靠性检测	1			
		电路的检测过程正确	1			
	PLC程序的编写（12%）	编写的梯形图程序能达到控制要求	5			
		会熟练使用编程软件输入程序	3			
		编制的程序简洁、符合编程规则	3			
		编写程序速度快	1			
	用PLC实验箱模拟控制过程的调试（14%）	调试方法正确	3			
		调试步骤合理	3			
		调试过程中考虑到了高效性和安全性	2			
		能解决调试过程中出现的问题	3			
		调试过程的记录清晰、全面	3			
	总结（8%）	能及时完成总结的各项内容	4			
		总结的内容正确、丰富	2			
		总结有独到的见解	2			

参 考 文 献

[1] 肖前慰．机电设备安装维修工实用技术手册［M］．南京：江苏科学技术出版社，2007.
[2] 周建清．PLC 应用技术［M］．北京．机械工业出版社，2007.
[3] 周建清．机床电气控制［M］．北京：机械工业出版社，2008.
[4] 亚龙科技集团有限公司．亚龙 YL-235 型光机电一体化实训考核装置实训指导书．

教学资源网上获取途径

为便于教学，职业教育课程改革创新教材配有电子教案、助教课件、视频等教学资源，选择这些教材教学的教师可登录**机械工业出版社教材服务网**（www. cmpedu. com）网站，注册、免费下载。会员注册流程如下：

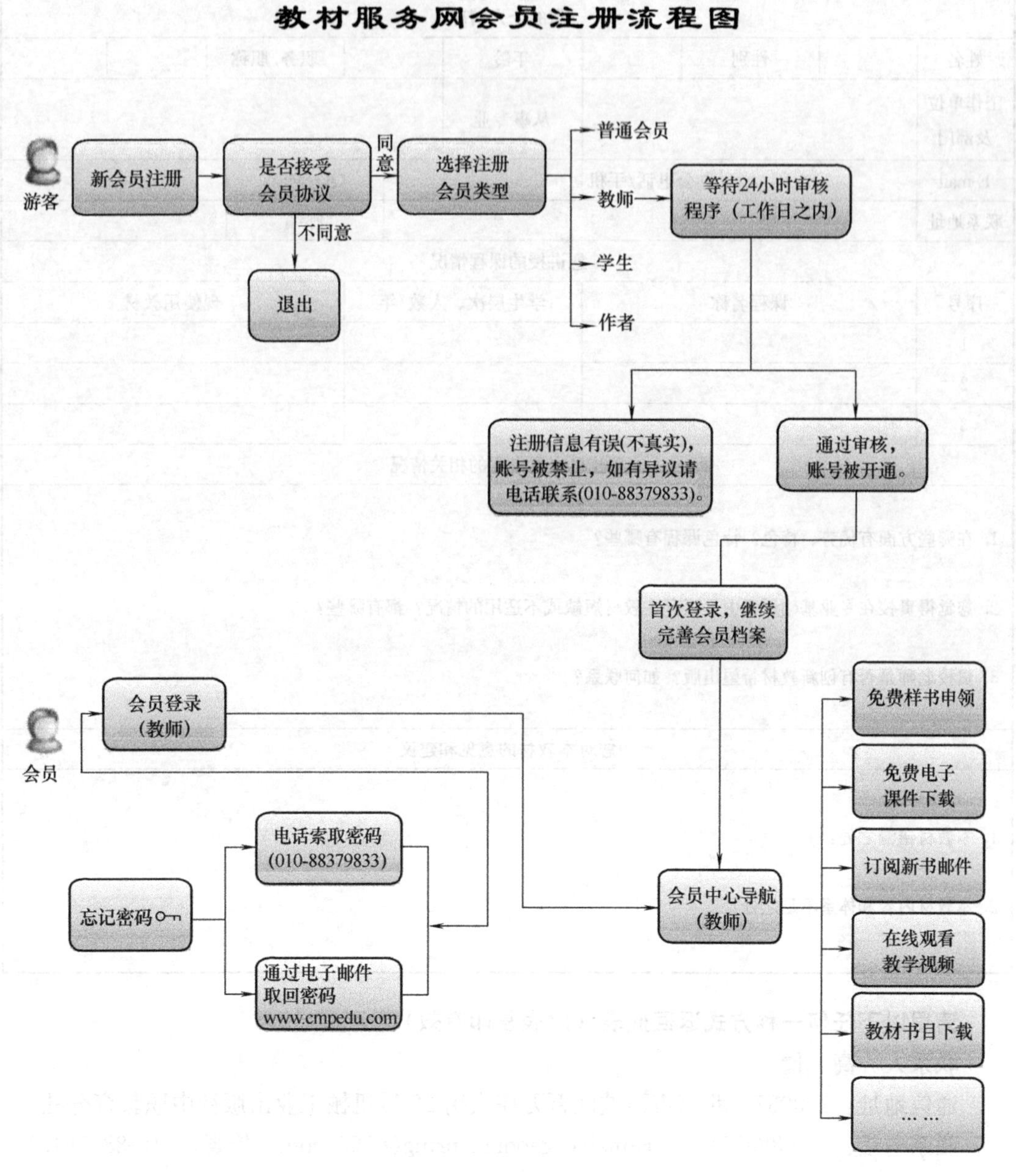

信 息 反 馈 表

尊敬的老师：

您好！为了进一步提高我社教材的出版质量，更好地为我国职业教育发展服务，欢迎您对我社的教材多提宝贵意见和建议。如贵校有相关教材的出版意向，请及时与我们联系。感谢您对我社教材出版工作的支持！

您的个人情况

姓名		性别		年龄		职务/职称		
工作单位及部门				从事专业				
E-mail		办公电话/手机			QQ/MSN			
联系地址					邮编			

您讲授的课程情况

序号	课程名称	学生层次、人数/年	现使用教材
1			
2			
3			

贵校机电类专业的相关情况

1. 在哪些方面有优势、特色？特色课程有哪些？

2. 您觉得贵校在专业基础课程中是否存在教材短缺或不适用的情况？都有哪些？

3. 贵校老师是否有创新教材希望出版？如何联系？

您对本教材的意见和建议

1. 本教材错漏之处：

2. 本教材内容和体系不足之处：

请用以下任何一种方式返回此表（此表复印有效）：

联系人：高 倩

通信地址：100037 北京市西城区百万庄大街22号机械工业出版社中职教育分社

联系电话：010-88379195 E-mail：gaoqianspring@163.com 传真：010-88379181